园林工程在城市绿化中的应用

占昌卿　著

中国原子能出版社

图书在版编目(CIP)数据

园林工程在城市绿化中的应用 / 占昌卿著. --北京：
中国原子能出版社,2024.12. --ISBN 978-7-5221
-4007-0

Ⅰ. S731.2

中国国家版本馆 CIP 数据核字第 20246LD834 号

园林工程在城市绿化中的应用

出版发行　中国原子能出版社(北京市海淀区阜成路 43 号　100048)

责任编辑　王　蕾

责任印制　赵　明

印　　刷　北京九州迅驰传媒文化有限公司

经　　销　全国新华书店

开　　本　787 mm×1092 mm　1/16

印　　张　16.75

字　　数　233 千字

版　　次　2024 年 12 月第 1 版　　　2024 年 12 月第 1 次印刷

书　　号　ISBN 978-7-5221-4007-0　　　定　　价　78.00 元

前 言

在当今时代,城市作为人类文明的汇聚地与社会发展的核心引擎,正以前所未有的速度蓬勃演进。而园林工程,恰似城市这幅宏大画卷中一抹灵动且不可或缺的绚丽色彩,在城市绿化进程中扮演着举足轻重的角色,为城市注入生机与活力,重塑人与自然的和谐共生关系。城市居住区作为市民生活的温馨港湾,其环境绿化设计关乎居民的生活品质与幸福感。优质的居住区绿化,不仅能为居民提供清新空气、舒适的休闲空间,还能促进邻里交流、营造社区归属感。遵循以人为本、生态优先等原则,合理规划绿地布局,巧妙设计景观小品、健身设施,搭配适宜的植物,让居民足不出户,便能沉浸于自然之美,享受绿色健康生活。当绿色城市理念深入人心,园林绿化种植施工与管理迎来全新挑战与机遇。传统模式已难以满足城市对生态、宜居环境的急切需求,亟须融入绿色、环保、可持续思维。从苗木选择的乡土化、多样性,到种植施工的精细化、科学化,再到后期管理的常态化、智能化,每一步都需紧扣绿色城市脉搏,以实现园林绿化生态效益、社会效益与经济效益的最大化。

《园林工程在城市绿化中的应用》一书秉持理论与实践并重、传承与创新兼顾的理念,开篇详述园林工程相关理论及城市绿化的核心理念,继而介绍了园林各分项工程的实用技术,最后进行园林工程行业人才的培养路径的探索,为打造绿色、宜居城市提供全方位智力支撑。本书深入剖析园林工程与城市绿化之间的复杂关系，既是园林从业者的实操宝典，也是城市规划者、相关专业师生汲取前沿知识的智慧源泉。

笔者在撰写的过程中，得到了许多专家、学者的帮助和指导，在此表示诚挚的谢意！书中涉及的内容难免有疏漏之处，希望各位读者多提宝贵意见，以便笔者进一步修改，使之更加完善。

目 录

第一章　园林

第一节　园林的产生及发展

一、园林的产生

园林是在一定自然条件和人文条件综合作用下形成的优美的景观艺术作品，而自然条件复杂多样，人文条件更是千奇百态。如果我们剖开各种独特的现象，从共性视角来看，园林的形成离不开大自然的造化、人们的精神需要和社会历史的发展三大背景。

(一)自然造化

伟大的自然具有移山填海之力，鬼斧神工之技。它既为人类提供了花草树木、鱼虫鸟兽等多姿多彩的造园材料，又为人类创造了山林、河湖、峰峦、深谷、瀑布、热泉等壮丽秀美的景观，具有很高的观赏价值和艺术魅力，这就是所谓的自然美。自然美为不同国家、不同民族的园林艺术共同追求，每个优秀的民族似乎都经过自然崇拜→自然模拟与利用→自然超越三个阶段。到达自然超越阶段时，具有本民族特色的园林也就完全形成了。然而，各民族对自然美或自然造化的认识存在着较显著的差异。西方传统观点认为，自然本身只是一种素材，只有借助艺术家的加工提炼，才能达到美的境界，离开艺术家的努力，自然不会成为艺术品，亦不能最大限度地展示其魅力。因此，笔者认为整形灌木、修剪树木、几何式花坛等经过人工处理的"自然"，与真正的自然本身比较，是美的提炼和升华。

中国传统观点认为，自然本身就是美的化身，构成自然美的各个因子都是美的天使,如花木、虫鱼等是不能加以改变的,否则就破坏了天然、纯朴和野趣。但是,中国人尤其是中国文人观察自然因子或自然风景往往融入个人情怀,借物喻心,把抒写自然美的园林变成挥洒个人感情的园地。所以中国园林讲究源于自然而高于自然,反映出一种对自然美的高度凝练和概括,把人的情愫与自然美有机融合,以达到诗情画意的境界。而英国风景园林的形成,也离不开英国人对自然造化的独特欣赏视角。他们认为大自然的造化美无与伦比,园林越接近自然则越达到真美境界。因此,刻意模仿自然、表现自然、再现自然、回归自然,然后使人从自然的琅嬛妙境中油然而生发万般情感。可见,不同地域、不同民族的园林各以不同的方式利用着自然造化。自然造化形成的自然因子和自然物为园林形成提供了得天独厚的条件。

(二)人们的精神需要

园林的形成离不开人们的精神追求,这种精神追求来自神话仙境,来自宗教信仰,来自文艺浪漫,来自对现实田园生活的回归。中外文学艺术中的诗歌、故事、绘画等是人们抒怀的重要方式,它们与神话传说相结合,以广阔的空间和纵深的时代为舞台,使文人的艺术想象力得到淋漓尽致地挥洒。文学艺术创造的"乐园"对现实园林的形成有重要的启迪意义,同时,文学艺术的创作方法,无论是对美的追求和人生哲理的揭示,还是对园林设计、艺术装饰和园林意境的深化等,都有极高的参考价值。

古今中外描绘田园风光的诗歌和风景画,对自然风景园林的勃兴曾起到积极作用。其是人类文明的产物,也是人类依据自然规律,利用自然物质创造的一种人工环境,或曰"人造自然"。如果人们长期生活在城市中,就越来越和大自然环境疏远,从而在心理上出现抑郁症,必然希望寻求与大自然直接接触的机会,如踏青、散步等,或者以兴造园林作为一种间接补偿方式,以满足人们的精神需要。园林还可以看作是人们为摆脱日常烦恼与失望的产物。当现实社会充满矛盾和痛苦,难以使人的精神得到满足时,人们便沉醉于园林所构成的理想生活环境中。

(三)社会历史的发展

园林的出现是社会财富积累的反映,也是社会文明的标志。它必然与社会历史发展的一定阶段相联系,同时,社会历史的变迁也会导致园林种类的新陈代谢,推动新型园林的诞生。人类社会初期,人类主要以采集、渔猎为生,经常受到寒冷、饥饿、禽兽、疾病的威胁,生产力十分低下,也就不可能产生园林。直到原始农业出现,开始有了村落,附近有种植蔬菜、果园的园圃,有圈养驯化野兽的场所,虽然是以食用和祭祀为目的,但客观上具有观赏的价值,因此,开始产生了原始的园林,如中国的苑囿、古巴比伦的猎苑等。生产力进一步发展以后,财富不断地积累,出现了城市和集镇,又随着建筑技术、植物栽培、动物繁育技术以及文化艺术等人文条件的发展,园林经历了由萌芽到形成的漫长的历史演变阶段,在长期发展中逐步形成各种时代风格、民族风格和地域风格。如古埃及园林、古希腊园林、古巴比伦园林、古波斯园林等。后来,随着社会的动荡、野蛮民族的入侵、文化的变迁、宗教改革、思想的解放等社会历史的发展变化,各个民族和地域的园林类型、风格也随之变化。以欧洲园林为例,中世纪之前,曾经流行过古希腊园林、古罗马园林;中世纪1300多年风行哥特式寺院庭园和城堡园林;文艺复兴开始,意大利台地园林流行;宗教改革之后法国古典主义园林勃兴,而资产阶级革命的成功加速了英国自然风景式园林的发展。这一事实表明,园林是时代发展的标志,是社会文明的标志,同时,园林又随着社会历史的变迁而变迁,随着社会文明的进步而发展。

二、城市的发展对景观需求的变化

(一)城市发展促使景观的服务性功能升级

最初,城市园林景观的发展来源于对绿化基础栽植需求,如城市周边栽植防护林带起到防风固沙、改善城市空气环境、缓解城市热岛效应等作用;栽植行道树,便于行人遮阴纳凉。随着城市的不断发展扩充,新区的落成,往往会带动提升城市发展的新理念模式,不仅满足了景观最基础的服务需求,而且渐渐由景观的单一化应用模式演变为四季皆为景的城市综合景观,融入人文、功能、季节、颜色等诸多因素去打造景观,使景观富有层次感、设计感和人情味,景观小品也融入了生活化,成为景观亮点。

1.以运动为主的城市服务型景观步道的设置

随着城市的品质和形象不断提升,大量的城市公园和沿河景观带的建设,首先极大地满足了城市居民的基本生活服务需求,同时也提高了城市公共景观空间的品质。进一步地,随着人们生活水平的持续提升和文化精神的进步,对于景观的功能性需求也变得日益多样化和丰富,这已经成为现代景观改革和发展的一个重要课题。随着城市的快速发展,亚健康问题逐渐成为许多城市居民的主要健康挑战。越来越多的城市居民喜欢在空闲时间选择公园或沿河的道路进行徒步、慢跑或骑行,以此来缓解他们的工作和生活压力。因此,城市森林步道受到了越来越多人的喜爱。这也意味着公园景观园路不再仅仅是一个单一的步道,而是需要具备行人导向性和景观共享性,同时还需要整合景观空间、交通引导、自然生态、文化社交、运动和健身等多方面的功能需求。为了满足各种需求,我们新增了骑行车道和慢跑步道,确保绿色和安全地通行。这代表了景观从静态到动态的需求转变,同时人性化的使用方法也经历了变革。随着现代园林景观步道的演变,步道沿途的景观观赏标准也得到了更高的提升。通过对季节、颜色和层次等多种景观元素的标准化搭配,更有效地满足了城市居民的休闲和游览需求,帮助他们从疲惫、压力和消极情绪中恢复过来,进而提高他们的工作和生活效率。这也体现了现代园林景观在满足城市居民服务需求方面的功能升级。

2.以康养为主的城市周边服务型景观兴起

人口老龄化伴随大规模的城乡人口流动,给城镇发展带来了极大的挑战。在未来,中国人口老龄化加速的同时,城镇化同步高速发展。城市将周边开发打造为以"老"而居的康养中心,集合了日常照顾、家政服务、康复护理、紧急救援、精神慰藉、休闲娱乐、法律维权等综合性的服务项目,建立智能化、信息化的多元居家养老服务景观体系,构建没有围墙的养老社区。首先,强调景观环境与设施的重要性,从人性化角度思考景观在老龄化人群中的需求度,如活动中心、游园等为老年人日常的休憩和停留提供环境支持,以安全、舒适的无障碍绿色通行为前提,尽量缩短步行时间,吸引老年人短距离出行。城市逐渐在周边发展以康养为主的景观综合体,是拉动城市周边多元化经济、城市人口老龄化服务需求的创新发展模块。

(二)景观规模化带动城市经济的多元化发展

近年来,国家对生态环境、空气质量的改革力度越来越大。改善治理城中河,使废弃地变荒为宝,成为城市一项改善民生、提高经济水平、带动城市发展的规模化景观工程。沿河景观的多样化表现形式,打造不同风格定位的园林景观,呈现出人在画中行的城市美丽画卷。一条河、一片湿地、一座景观公园,成为人们聚集、休憩、徒步、采摘、赏游的风景景观带,同时也带动了周边的商业地产、酒店餐饮、医疗便利服务等行业的聚集兴起,加速城市经济的多元化增长。绿色人居、生态人居构成现代美丽人居,既包含与人居有关的生态景观环境的提升、与自然的和谐程度,又包含人们居住心灵和精神文明的提升的层面。现代景观环境是人们聚集区与周边空间搭配的综合体,包括社会、经济、自然生态、文化的相互融合,也是人与空间的关系存在,形成对视觉和精神感受的环境质量。

现代园林景观的未来展望与城市发展期许在当今快速发展的城市中,无论是工作环境还是生活环境,都需要完善的景观体系营造和支撑,才能提高城市中人们的精神素质,给精神一个放空、冥想的安逸空间,才能更高效率地工作。"心中若有桃花源,何处不是水云间",未来园林景观是带有治愈系的景观,可以被吸引,又可以被留恋,在不断创新中寻找景观里的节点。

第二节　园林的界定及造景手法

一、园林的界定

园林,是人类文明发展到一定阶段的产物。"园林学就是研究人类生活境遇的,自然和人文科学相结合的学科。"①人类从其幼年起,当生存的第一本能得到满足时,便在生存环境的改造实践过程中逐步获得了生理和心理上的美感与愉悦。这种对于美好居住环境的憧憬和向往,在世界上许多国家的神话传说中都有提及,如其中几乎都有关于"乐园"的描写,体现了早期人类对园林的理解,这些都是人们根据自然美景加以艺术修饰,再经过流传、完善,直到使人感到环境美的极致。

现实中,人们在生产、生活中尽其所能地利用自然因素来改善生存环境,追求浑然天成的环境美,形成了人类环境的艺术境界。园林在中国古代有多种名称,先秦时称囿、园、圃等。"囿"就是筑垣以设界,而于其中饲养禽兽的场所;"园"的意思是平整过土地后,四周设置轻便的围墙,内有水源浇灌,栽植果树;"圃"是栽植蔬菜的地域。先秦以后的"苑",即"囿",它是统领者建造的。"园林"一词最早出现于东晋,唐宋后广为应用,沿用至今。在中国历史上,园林是因供人欣赏、游憩需要而创建的自然环境场所。除以上名称外,还有庭园、山庄、别业等。

根据现代园林的定义,园林不只是供人们休闲的地方,它还具有保护和优化自然环境、缓解人们的身心疲惫的功能。因此,园林的定义不仅涵盖了公园、植物园、动物园、纪念性园林、游园、花园、休闲绿化带和城市的各种绿地,还包括了郊区的休闲区、森林公园、风景名胜区、自然保护区和国家公园等。另外,"山水园林城市"这一以整个城市作为园林空间的概念,也是近几年新提出的,用以体现城市园林化的新理念。

总而言之,园林就是在一定的地域运用工程技术和艺术手段,通过改造地形或进一步筑山、叠石、理水,种植树木、花草,布置园路、园林小品等途径创作而成的优美的自然环境和游憩境域。

随着园林在现代社会的广泛应用,景观概念逐渐被引入到园林学科领域中,生态学思想在园林中所占的比重也越来越大,这也恰恰反映了人们对人类与自然关系的认识在不断加深,同时,园林学科领域中关于园林风景的理解也随之发生重大变化,其研究方向和内容得以进一步的发展

---

① 张建庭.园林绿化[M].杭州:浙江科学技术出版社,2005.

和丰富。

二、园林的造景

园林艺术是园林学研究的主要内容,是园林创作的理论体系,集合了美学、艺术、文学等多学科理论的综合运用,尤其是美学的运用。中国园林艺术是伴随着诗歌、绘画艺术而发展起来的,因而它表现出诗情画意的内涵,我国人民又有着崇尚自然、热爱山水的风尚,所以它又具有师法自然的艺术特征。就全国范围而言,虽有南流北派、东西风格之别,或受其他国家古今造园艺术的影响,但中国的园林艺术却始终一脉相承,流传至今。

(一)园林造景的审美内容

园林艺术是园林创作升华到艺术境界的称呼,它属于多维空间的艺术范畴,包括长、宽、高和时间、空间和联想空间(意境)。园林艺术主要的反映对象是自然美,以自然美作为主要的表现主题,它既有再现的因素,也有表现的因素,两者兼备。园林艺术是以自然形态的物质材料,如山石、土、水、花草树木等作为主要的艺术手段来反映现实世界的风景美。

园林艺术是一种特殊的造型艺术。与一般造型艺术不同的是,园林风景通过众多风景形象的组合,构成了一个个连续的风景空间。园林艺术不只是空间艺术,同时也是时间艺术,是多维的时空艺术,所以园林是物质与精神空间的总和,人们从中可以感受到美的形态,主要有自然美、生活美和艺术美三大类。

1.园林造景的自然美

自然界的日月星辰、春秋两季、昼夜晨昏、山峦峰岳、江河湖海、鸟语花香都是自然美的组成。自然美千姿百态、千变万化、引人入胜,而且往往是曲折、隐晦、间接的。人们对自然美的欣赏常常偏重形式,注重其形式的新奇、雄浑、雅致,而不注重它所包含的社会功能内容。随着人类对自然认识的深化,自然景物越来越多地进入了人们的生活,既美化了人们的生活环境,还给人们带来了物质与精神上的美好感受。如杭州西湖、桂林山水、泰山日出、峨眉佛光、沙漠绿洲等都有使人身心和谐、精神升华的独特美感,并能够寄寓人们美好的情感。

园林的自然美还具有变化性、多面性、综合性等特点。随着时间、空间和人的文化心理结构的不同,自然美常常会发生明显的或微妙的变化,直接影响自然美的发挥。宋代画家郭熙在《林泉高致》的画论中指出"山春夏看如此,秋冬看又如此,所谓四时之景不同也,山朝看如此,暮看又如此,阴晴又如此,所谓朝暮之变态不同也。如此是一山而兼数十百山之意态,可得不究乎?"一幅画尚能揭示了时空交感的美学原理,何况丰富多彩的园林要素,特别是园林植物,随四季晨昏昼夜的节奏,左右着东南西北上下左右的空间,呈现的景观,季季景不同,岁岁又常新。植物生发枯荣的交替,又为人们的审美情趣提供了季相和体态各异的景观变化。苏轼在《题西林壁》写道:"横看成岭侧成峰,远近高低各不同。不识庐山真面目,只缘身在此山中。"园林景观之美,随着视距和视角的变化,同一景物,产生的景观效果,可谓异彩纷呈、变幻无穷。园林中的同一自然景物,可以因人的主观意识与处境而向相互对立的方向转化。而园林中完全不同的景物,却可以产生同样的美的效果。

2.园林造景的生活美

园林作为一个现实的生活环境,是一个可游、可憩、可赏、可学、可居、可食的综合活动空间,必须使其布局保证使用的舒适性。它要求有卫生清洁、空气清新、无烟尘污染、水体清透的环境,要求有适于人生活的气候,冬季防风,夏季凉爽,有一定的水面、空旷的草地及大面积的庇荫树林。

此外,园林的生活之美也应根据各种不同的功能需求来设计不同的功能区域,例如便捷的交通、良好的治安保障、完备的服务设施、宽广的户外活动空间以及丰富的文化生活设施。这会使人们的性格变得愉快,并为生活带来审美体验。

3.园林造景的艺术美

(1)造型美。园林中的建筑、雕塑、瀑布、喷泉、植物等都讲求造型,这在西方古典园林中体现得尤为显著。

(2)意境美。园林不仅给人以环境舒适、心旷神怡的物境感受,还可使不同审美经验的人产生不同审美心理,即意境。园林的意境创作产生意境美。意境是中国文学与绘画艺术的重要美学特征,也贯穿于"诗情画意写入园林"的园林艺术表现中。中国文学和绘画艺术采用比拟、联想的手法将园林赋予人格化,借以表达人的思想、品格、意志,作为情感的寄托,或寄情于景或因景而生情。如以松柏的苍劲挺拔、蟠虬古拙的形态比拟人的坚贞不屈、傲骨峥嵘的意志和体魄。

园林的审美感受,综合着人的眼、耳、鼻、舌、肤等器官,通过从感知产生联想,再生发情感的心理形式进行传递。其中视觉感受是主要的,如春花烂漫、秋林红叶。

(二)园林造景的艺术构图

园林艺术构图是园林艺术理论应用的表现形式。在艺术构图中,任何形式的图形都是由点、线、面的运动、变化组合而成的。点、线、面的区分取决于一定视野或它们之间的相互对比关系,习惯于直观性的判断。点,以其位置为主;线,以其形态、长度和方向为主;面,则以其形态和面积为主,它们各有独特的魅力和作用。在园林艺术构图中,孤植树、假山、置石、亭塔等是具有一定位置的,均可视为点;有相对长度和方向的园路、长廊、围墙、溪流等均可视为线;而湖面、广场、草坪、树林等具有一定面积的形式则可称之为面。

1. 园林艺术构图的形式美

形式美是人类在长期社会生产实践中发现和积累起来的,它由表现形态和规律两部分构成,其理论在反映和指导各类艺术形式中具有一定的普遍性、规律性和共同性。在园林艺术构图中,形式美的表现形态主要有形体美、色彩美和天象美。形体是构成景物外观的基本因素,包括线条、图形和形体三部分内容。不同类型的景物有不同的形体美,同一类型的景物也具有多种状态的形体美。色彩美则是将形体从纯形态的组合提升到丰富的色彩变化之中,从而形成新的视觉互补关系,使构图趋于完美,而且色彩具有联想性、象征性和感情性,如红色使人联想到红日和火,意味着热情、奔放、勇敢;蓝色使人想到蓝天和碧海,显得平和、稳重、冷静;绿色在色感上居于前两者之间,给人以安宁、清爽和放松,是生命和友谊的象征。天象美是形式美的一种特殊的表现形态，它给游赏者留有较大的虚幻空间和思维余地，如大自然的阴晴、昼夜、风云雨雪、日月星辰以及由此产生的诸如雾中景、雨中花、云间佛光、烟雨细柳的景观。苏轼诗中的"水光潋滟晴方好，山色空蒙雨亦奇"，就准确地描述了一种虚实相生、扑朔迷离的美感。

多样统一的构图原理是形式美的基本原理。变化与统一是对立的，又是相互依存的。变化是绝对的，统一是相对的，要在变化中求统一，统一中求变化，整体统一，局部变化，局部变化服从整体，即所谓"变中求整""平中求奇""稳中觅趣"。对比与协调、均衡与稳定、整齐与参差、比例与尺度、节奏与韵律等形式美艺术手法是多样统一的构图原理的表现形式。

（1）对比与协调。对比和协调是运用布局中的因素差异取得不同艺术效果的表现形式。

对比是比较心理的产物，它是将两种或多种性质相异的构图因素并置在一起，使彼此不同的特色更加明显。在园林艺术构图中采用对比手法，可使景象生动活泼，产生强烈的艺术感染力，给游赏者新鲜兴奋的感受。对比手法在园林中应用广泛，可分为以下三种：

第一，空间对比。在空间处理上，常运用开敞空间和闭锁空间的对比来产生欲扬先抑、柳暗花明的艺术效果。如苏州留园，其入口既曲折又狭长，且十分封闭，但由于处理得巧妙，充分利用其狭长、曲折、忽明忽暗等特点，应用空间对比的手法，使其与园内主要空间构成强烈的反差，使游赏者经过入口闭锁空间后，到达开敞空间——园内中心水池，顿觉豁然开朗。

第二，虚实对比。虚给人轻松，实给人厚重。虚实间互相穿插可使园林景象变化万千，玲珑生动。园林中虚实对比常常是指山（陆地）与水的对比，杭州西湖十景之一的"三潭印月"是这方面的一个佳例。从西湖湖面上看，岛的四周绿树成荫，将堤岛围得严严实实，一旦游赏者上了堤岛，岛内湖光山色美不胜收，"湖（虚）中有岛（实），岛（实）中有湖（虚），内湖（虚）中又有岛（实）"。此外，园林中的墙，常做成漏花墙或栅栏墙，这就打破了实墙的沉重闭塞感，产生虚实对比效果，隔而不断，要求变化与统一，与园林环境协调一致。

第三,疏密对比。为求得气韵生动,在布局上必须疏密有致,而不能平均对待,即所谓"宽可走马,密不容针"。园林中的密林与疏林草地就是疏密对比手法的具体应用。如杭州花港观鱼公园中的雪松草地中有树丛,树丛中又留出小的草地,疏密变化有致。

协调。协调又称调和、和谐,主要是强调了布局形式、造园材料统一的一面,使人们在柔和宁静的氛围中获得美的享受。如苏州留园中心水池、清风池馆、西楼、曲溪楼、小蓬莱形成自然和谐的景观。取得协调的方法很多,归结起来具体如下:

第一,相似协调法,指形状基本相同的几何形体、建筑体、花坛、树木等,因其大小及排列顺序的不同而产生协调感。

第二,近似协调法,也称微差协调,是指相互近似的景物重复出现或相互配合而产生的协调感。

第三,局部与整体的协调,这种协调可以表现在整个园林空间中,也可以表现在某一景物上。如表现"梅影横窗瘦"或"夜半钟声到客船"之类的意境,把它置于苏州园林中比较合适,但如果置于法国平面图案式园林中就不合适了;又如,在园林中叠石假山,所造石材必须服从假山风格所要求的纹理走向(横纹式或竖纹式)。

第四,适合度的协调概念。适合度是进行园林艺术评价的重要依据之一。一般认为使园林景观与功能效果以及空间环境三者协调一致,就会取得适合度的协调。

(2)均衡与稳定。探讨均衡与稳定,是为了获得园林布局的完整和安全感。

均衡。均衡是指景物群体的各部分之间对立统一的空间关系,在园林中一般表现为静态均衡和动态均衡两大类型。静态均衡,亦称对称均衡,一般在轴线两侧以相等的距离、体量、形态取得左右(或上下、前后)对称的形式,给人以庄重严肃的感觉。静态均衡小至大门、行道树、花坛、雕塑、水池的对称布置,大到整个园林绿地的对称布局,在规则式园林中采用较多。动态均衡,亦称不对称均衡、动势均衡或拟对称均衡,其创作手法具体如下：

第一，构图中心法，即在群体景物之中，有意识地强调一个视线构图中心，而使其他部分均与其取得对应关系，从而在总体上取得均衡感。

第二，杠杆平衡法，又称动态平衡法，是根据杠杆力矩的原理，将不同体量或重量的景物置于相对应的位置以取得平衡。

第三，运动平衡法，又称惯性心理法。人们在长期的生产劳动过程中形成了习惯性重心感，若重心产生偏移，则必然会出现动势趋向，以求得新的均衡。一般认为右为主（重），左为辅（轻），故鲜花、胸卡等戴在左胸显得较为均衡。根据这个规律，我们在园林艺术构图中就可以广泛地运用三角形构图法、重心处理法等运动平衡法。

第四，动态均衡。小至树丛、散置山石、自然形水池的不对称布置，大到整个园林绿地的不对称布局，给人以轻松、自由、活泼、变化的感觉，在自然式、自由式园林中采用较多。在园林艺术构图中，常常在体量上采用下大上小的方法以取得稳定坚固感，如西安的大雁塔和杭州的雷峰塔等。

第五，稳定。在园林建筑和山石处理上也往往利用材料、质地给人不同的重量感来获得稳定感。如园林建筑的基部墙面多用粗石和深色的表面处理，而上层部分则采用较光滑或色彩较浅的材料。在土山带石的山丘上，也常常把山石设置在山麓处以产生稳定感。

（3）整齐与参差。整齐是指景物形式中多个相同或相似部分之间的重复出现，或是对等排列与延续，其美学特征是庄重、威严、力量，给人一种秩序感和规整感。如园林中的大片草地、竹林等都显现出一种完整而不杂乱的美感。

参差与整齐相对，一般是通过景物的高低起伏、前后大小、远近疏密、开合浓淡、冷暖明暗、强弱轻重等无周期的连续变化和对比方法，形成无秩序的秩序，不整齐的整齐，使景观波澜起伏，丰富多变。但参差并非杂乱无章，在人们长期的艺术实践中，摸索出了一套变化规律，即所谓章法。如园林中的堆山叠石、植物配植、雕塑轮廓、地形变化等，均能取得主次分明、层次丰富、错落有致的艺术景观效果。

（4）节奏与韵律。节奏为音乐的术语，音响运动的轻重缓急形成节奏。在园林中,节奏就是景物简单地反复连续出现,通过时间的移动而产生美感,如灯柱、花坛、行道树等。韵律则是节奏的深化,它借用了诗歌中的术语。诗歌中音的高低、轻重、长短组合,均匀地间歇或停顿在一定的位置上,以相同音色的反复出现,以及句末或行末利用同韵同调的音相应和时,便构成了韵律。由于节奏与韵律有着内在的共同性,故可以用节奏韵律来表示它们的综合意义。节奏韵律应用于园林艺术构图中较多,常见的有简单节奏韵律、交替节奏韵律、交错节奏韵律、渐变节奏韵律、突变节奏韵律等。

简言之,形式之美并不是一成不变的,它会随着人类的生产和审美实践的进步而逐渐完善,并为其注入新的元素。形式之美的出现拓宽了审美的范围,而传统的构图方法大多仅从形式的角度去探讨美,这显然存在其固有的局限。因此,在当代,众多设计师开始从人的生理、行为、心理和美学等多个维度来探讨创作过程中应当遵守的原则。形式之美的快速进步和持续完善将极大地拓展人们的审美视野,并推动人们对美的探索和创新。

2. 园林艺术构图的组成要素

色彩是物质的属性之一。园林艺术构图中各种组成要素的色彩表现,就是园林色彩构图。色彩丰富了形态组合,形成新的视觉互补,使园林构图趋于完美。园林色彩构图可分为以下类型:

(1)天空、水面及天然山石的色彩构图。天空、水面和天然山石的色彩,在园林色彩构图中,一般都是当背景来处理的,以远看为主。天空的色彩,晴天以蔚蓝色为主,多云的天气以白灰色为主,阴雨天以灰黑色为主,早晨和傍晚天空的色彩最为丰富多彩,故朝霞和晚霞往往成为园林中借景的对象之一。天空的色彩大部分以明色调为主,在以天空为背景布置园林主景时,主景宜采用暗色调为主,或者与蔚蓝色的天空有对比的白色、金黄色、橙色、灰白色等,不宜采用与天空色彩类似的淡蓝、淡绿等颜色。在园林景点和广场上设青铜像时,多以天空为背景,效果较好。杭州的保椒塔,以天空为背景,因仰角大,晴天时观看效果较好。叶色暗绿的树种如湿地松、杜英等,种在山上以天空为背景,效果也很好。在实际运用中,同时还要考虑到地方的气候特点,如阴雨天多的地方,以天空为背景的景物就不宜采用灰白的花岗岩。

水面的色彩与水质的清洁度和水深有关。水面主要是反映天空及水岸附近景物的色彩。水平如镜、水质很清的水面,由于光的散射,它所反映的天空和岸边景物的色彩,好像透过一层淡绿色的玻璃而显得更加调和与清新动人,而在微风吹来、水波荡漾的时候,景物的轮廓线虽然不清楚,色彩的表现却更富于变幻,同时能引发巨大的艺术感染力,如看江中夜月比抬头看天空的月亮更耐人寻味。

常见的天然山石色彩多属灰白、灰、灰黑、灰绿、紫、红、褐红、褐黄等,大部分属暗色调,少数属明色调,如汉白玉、灰白的花岗岩等。因此,在以山石为背景,布置园林主景时,无论是建筑或是植物等,都要注意与山石背景的色彩产生对比和调和的作用,一般在以暗色调山石为背景布置主景时,主景主体物的色彩宜采用明色调,这样容易起到好的作用。如北京香山的碧云寺,碧云寺的红墙、灰瓦和白色的五塔寺与周围山林的灰黑、暗绿色,有明显的对比,远远就映入游人的眼里,吸引人们前往观看。

(2)园林建筑、道路和假山石的色彩构图,这些园林要素在园林构图中所占的比重较小,但由于这些园林要素和人们的生产、生活、游憩等活动关系极为密切,往往是游人在园林游览中活动最频繁的场所。因此,这些园林要素的色彩表现对园林色彩构图起着重要的作用。

园林建筑的色彩构成是这些景物美观与否的因素之一,如果色彩选配得当,则可达到锦上添花的效果,反之,将会损坏这些景物给人的美感。在设计时,应注意以下方面:

与环境的协调。与园林环境的关系既要取得协调又要有对比,在水边宜取用米黄、灰白、淡绿等色彩,以雅淡和顺为主;山边宜取用与山色、土壤、露岩表面相近的色彩,以取得协调或有对比;在绿树丛中,宜用红、橙、黄等暖色调或在明度上有对比的近似色;纪念性建筑物、雕塑的色彩则选择与四周环境和背景有明显对比的效果较好。

气候因子。要结合所在地的气候条件来考虑设色,在炎热地带应少用暖色调,而在寒冷地带宜少用冷色调。

建筑色彩的风格。园林建筑的色彩应能表达功能效果,做到表里一致、形式与内容统一,并显示其应有的风格。如游憩性的亭、廊、茶室等园林建筑的设色,应能分别激发人们愉快、兴奋、安静等情绪为宜。对一个建筑本身而言,要考虑所处位置的不同,其设计也需慎重对待。

传统习惯。各地群众对色彩的选择和爱好有共同的文化传统,也存在地方色彩的差异,故在园林建筑设色时,要考虑当地群众的爱好。

需要注意的是,道路的色彩多数为灰、灰白、灰黑、青灰、黄褐、暗红等色,色调比较暗沉,这与材料有关。在运用时,也要注意与四周环境相结合的关系。一般而言,不宜把道路处理得很突出、醒目,而应处理得比较温和、暗淡。如在自然式园林的山林部分,宜用青石或黄石的路面;在建筑附近,可用灰白色的卵石和灰黑的沥青路面;通过草坪的路面,宜采用留缝的冰纹石板路面。假山石的色彩宜选灰、灰白、黄褐为主,能给人以沉静、古朴、稳重的感觉。当园林所用石材的颜色不甚合适时,可用植物巧妙配合,以弥补假山石在色彩上的缺陷。

(3)园林植物的色彩。园林植物是园林色彩构图的骨干,也是最活跃的因素,运用得当,往往能达到美妙的境界。许多风景名胜园林,因为有园林植物四季多变的色彩,从而构成难能可贵的天然图画,如北京香山红叶,对提高风景评价起到了极大的作用。在园林中观赏植物配色的方法,常用的具体如下:

观赏植物补色对比的运用。在花卉装饰中,应该多用补色的对比组合,相同数量补色对比的花卉较单色花卉在色彩效果上要强烈得多,尤其是灰色的铺装广场上、灰色建筑物前作用更大。常见花木和花卉的对比色主要为同时开花的黄与紫、青与橙,如紫色三色堇与橙色或黄色金盏菊的对比、蓝色风信子与喇叭水仙的对比、玉蝉花与萱草的对比等。在草地上栽植大红的碧桃、大红的美人蕉、大红的紫薇都能起到很好的对比效果。但是大红花卉如果与常绿树配置,或与背光的草地树丛结合,最好加上大量的白花,才能使对比活跃起来。

观赏植物邻补色对比的运用。在花卉中,除补色对比外,应用邻补色对比亦能得到活泼的色彩效果。如金黄与大红的五色苋、黄色与大红的美人蕉、橙色的金盏菊与紫色的三色堇、大红与金黄的半枝莲等。同时开花的不同花卉一般均能找到邻补色的对比,如金黄与大红、大红与青色、橙色与紫色。

冷色花卉与暖色花卉的运用。炎热的季节,要多利用冷色花卉,在花卉中蓝色与青紫色的花卉冷感最强,但这种颜色的花卉极少,尤其在木本植物中,有青色花卉的更为罕见。在夏季青色花卉不足的情况下,混植大量的白色花卉,仍可增加其冷感。冬春宜用暖色花卉,春季的青色花卉,不宜与白色配合,不宜单独栽植,最好与其他补色的花卉混合栽植,以减低其冷感,而变为温暖的色调。如青色的矢车菊与橙色的花菱草配合就消除了冷感。

白色花卉的运用。白色花卉在观花植物上所占比例很大,园林景色喜好明快,如在暗色调的花卉中混入大量白色花卉可使色调明快起来。在饱和对比与补色对比花卉的混交配合中,混入大量的白花,则可以使强烈的对立缓和而趋向于调和的明色调。暖色花卉中混入白花不减其暖感,冷色花卉中混入白花不减其冷感。大红的花木配白色花木来调和,如早春大红的贴梗海棠与白色的白玉兰配植、大红碧桃与白碧桃配植、玉兰与大红山茶配植等等,效果都很好。

观赏植物类似色的配合。以橙色与金黄色金盏菊为例,如果单纯栽植大片的橙色金盏菊或单纯栽植大片的金黄色金盏菊,就没有对比和节奏的变化,如把两种色彩的金盏菊混合起来,成为自然散点式的配合,则色彩就显得比单色活跃得多,使色度提升,格外华丽。在绿色植物中,叶色的变化十分丰富,如萱草、玉簪的叶色是黄绿色的,书带草、紫露草则是暗绿色的。各种草地的颜色也各不相同,如早熟禾都略带点浅绿色,结缕草带深绿色。木本植物中,一般常绿针叶树带暗绿色,如油松;落叶阔叶树带黄绿色,如柳树;常绿阔叶树带有光泽的绿色,如广玉兰。而秋季变色的树,叶色是大不相同的。在江浙,红枫为暗红色,枫香为橙色,无患子为黄色,银杏则为金黄色,这些都是很富于变化的类似色,在配色中必须注意很细微的变化。

夜晚的植物运用。在月光下,红花显为褐色,黄花显为灰白,白花则带青灰色,淡青色和淡蓝色的花卉则比较清楚。因此举行月光晚会的夜花园,应该采用色彩亮度较强、明度较高的花卉,如淡青色、淡蓝色、白色和淡黄色的花卉。

在月光下,为了使月夜的景色迷人,补救花卉色彩的不足,最好多运用具有强烈芳香的植物。古人有"疏影横斜水清浅,暗香浮动月黄昏"(林逋·《山园小梅》)之句,描写的就是梅花的芳香与月光结合的景色。

自然界的植物中有许多虫媒花。由于蛾类都在夜间活动,长期自然选择的结果是许多夜间开花的花卉大都为白色、淡蓝色或淡黄色,且一般都具有浓烈的芳香,以吸引昆虫,如月见草是淡黄色的,晚香玉花朵为白色的,两者都具有强烈的芳香,花朵只在光照极弱的黄昏才展开。木本植物中,含笑花、栀子花等都是白色的,且具有强烈的芳香,是布置夜花园的极好植物种类。

植物在一年的四个季节里会经历巨大的变化,每个季节都有其独特的色调。从事园林工作的专业人员有责任对各类园林植物的生长周期进行详尽和深入的记录,从简单的组合方式到复杂的组合方式,根据不同季节的变化进行实时的分组记录,以便更好地应用于设计实践中。

(三)园林造景的布局形式

园林的布局,就是在选定园址的基础上,根据园林的性质、规模、地形特点等因素,进行全园的总布局。不同性质、功能要求的园林,都有着各自不同的布局特点、形式。不同的布局形式反过来必然反映不同的造园思想,所以,园林布局是园林艺术的构思过程,也是园林内容与形式统一的创作过程。因此,园林布局的基本形式是为园林绿地性质和功能服务的,是为了更好地表现园林绿地内容,它既是空间艺术形象,又受历史时期、自然条件、造园材料、工程技术、民族习俗等因素的影响。

1.自然式园林

自然式园林以意境美为布局宗旨,又称为东方式、风景式、不规则式或山水式园林。自然式园林 16 世纪从中国传入日本,18 世纪后半叶传入英国。我国园林从有历史记载的周秦时代开始,无论是大型的皇家宫苑还是小型的私家宅园,多以自然式园林为主,代表作有北京颐和园、承德避暑山庄、苏州拙政园、扬州个园、无锡寄畅园等。自然式园林主要有以下特征：

（1）地形。自然式园林的创作讲求相地合宜，构园得体。地形处理的主要手法是"高方欲就亭台，低凹可开池沼"（《园冶》）的得景随从，自成天然之趣，不烦人事之工是其最主要的地形特征。因此，在园林中，要求再现自然界的峰、峦、巅、岗、岭、峡、岬、谷、坞、坪、洞、穴等地貌景观。若是平原地带则要求有自然起伏、和缓的断面曲线。

（2）水体。自然式园林的水体讲求"疏源之去由，察水之来历"（《园冶》）。其轮廓为自然曲线，水岸保持自然曲线的倾斜坡度，如有驳岸，也可以自然山石驳岸为主，从而再现海、湖、河、池、溪、涧、潭、沼、瀑、洲、港、湾等自然水体形式。

（3）园林建筑。园林内个体建筑为静态或动态均衡的布局，建筑群或大规模的建筑组群则多采用动态均衡的布局。全园不以轴线控制，而以主要导游线构成的连续构图控制全园。园林建筑的主要类型有亭、台、楼、阁、榭、舫、厅、堂、轩、斋、馆、塔、祠、殿等。

（4）植物。植物配置以反映自然界植物群落的自然参差之美为主调，形成由大乔木、亚乔木、灌木、地被草本组成的复层绿化体系，且不作规则式整形。树木配置以孤植、丛植、群植和密林为主要形式，以自然的树丛、树群和树带来区划和组织园林空间；花卉布置以自然式的花境、花丛、花群为主要形式。

（5）园路和铺装。自然式园林中的空旷地和广场的轮廓多为自然式园路的走向，布列多随地形，其平曲线和竖曲线以自然起伏、曲折有致的布置形式为主。

2.规则式园林

规则式园林以体现造型美为布局宗旨，又称为整形式、建筑式、几何式、轴线式或对称式园林。西方园林在 18 世纪英国出现风景式园林之前，基本上是以规则式为主。从古埃及的墓园、古罗马的柱廊园到文艺复兴时期意大利的台地园、17 世纪法国的古典园林都是以建筑所形成的空间为园林的主体，在平面规划上有明显的中轴线，并沿此轴线对称布置，追求几何图案美。规则式园林有如下主要特征：

（1）地形。规则式园林地形处理的主要手法是将水平面、倾斜面和竖立面有机结合，其剖面均由直线组成。在平原地区，由不同标高的水平面及坡度平缓的倾斜面组成；在山地及丘陵地，由水平面、倾斜面和竖立面组成大小不同的台地，并以台阶相联系。

（2）水体。水体讲求规整，其轮廓为几何形，以圆形和矩形为主，采用规则式驳岸。园林水景的类型主要有整形水池、壁泉、喷泉、整形瀑布、水渠、运河等，常以古代神话与喷泉作为水景的主题。

（3）园林建筑。园林内个体建筑、建筑群或大规模的建筑组群均采用中轴对称的布局，多以主体建筑群和次要建筑群所形成的主、副轴系统控制全园。

（4）植物。园林内的植物进行规则式造型，以体现人工整形之美，形成疏林草地的绿化景观。树木配置以等距离行列式、对称式为主，常模拟建筑形体、动物造型将树木修剪成绿柱、绿墙、绿门、绿塔、绿亭或鸟兽状等。园内常运用大量的绿篱、绿墙和丛林来区划和组织园林空间；花卉布置常用体现图案美的模纹花坛、花带、花柱、花钵，有时也布置成大规模的花坛群。

（5）园路和铺装。规则式园林中的空旷地和广场的轮廓均为几何形式，以对称的建筑群或广场、林带、绿墙围合出广场空间，园路有直线形、折线形和几何曲线形。

3.混合式园林

混合式园林以体现融合美为布局宗旨，又称为折中式、交错式园林。混合式园林有两种布局形式：一是将自然式园林和规则式园林的特点用于同一园林中，如在园路布局中，规则式的主园路与自然式的园林小径交错布置；又如在植物配植中，外围采用等距离行列式的规则式配置方式，内部则采用丛植、群植等自然式配置方式。二是将一个园林分为若干个区域，一部分区域采用规则式布局，另一部分区域采用自然式布局。

需要注意的是，无论是哪一种布局形式，只有当规则式与自然式布局所占的比例大致相等时，方可称之为混合式园林。

4.自由式园林

自由式园林以体现意象美为布局宗旨,又称为抽象式、意象式或现代园景式园林。自由式园林是随着园林事业的不断发展而形成的一种融传统意象与现代园景于一体的新型园林布局形式,它将园林美学特点和自然景观加以高度概括,通过变形、集中、提炼,表达了一种以观赏艺术思想为主题的内涵,又以直观优美的图案造型形式,给人一种赏心悦目的视觉享受。这种布局形式采用动态均衡的构图方式,它的线条比自然式的流畅而有规律,比规则式的活泼而有变化,形象生动、亲切而有气韵,具有强烈的时代气息和景观特质。

(四)园林造景的创作方法

1.园林景观的主题构思

园林景观,是指在园林绿地中,自然的或经人工创造的、以能引起人的美感为特征的一种供游览观赏的空间环境。园林中的景观有大有小,大者如开阔的西湖、昆明湖,小者如庭院角隅的竹石小景。景亦有不同特色,有高山峻岭、江河湖海之景;有树木花草、鱼跃虫鸣之景;有亭台楼阁之景;也有文物古迹之景。景是园林的核心,中国古典园林非常重视景的建设,名园多为"集景式园林",如断桥残雪、苏堤春晓、平湖秋月、三潭印月、柳浪闻莺、雷峰夕照、曲院风荷、双峰插云、花港观鱼和南屏晚钟构成了杭州西湖十景。此外,如圆明园四十景、避暑山庄七十二景等,均是佳例。

园林景观的主题能集中地、具体地反映设计思想和功能。以杭州西湖为例,由平静的湖水、绵延的长堤、湖周柔和起伏的丘陵衬托所组成的景观,表达出西湖风景的特点;湖水丰满清澈,堤岸山丘绿荫覆盖,环境宜人,迎接众多游客,满足了活动功能要求。主题和功能的结合,不仅体现了现代园林的环境美化作用,而且满足了人们物质和精神生活的需求。各类造园材料都可以作为设计的主题,以地形和植物两类较为常用。此外,历史、人物、典故等内容也经常成为园林设计的主题。

(1)地形主题。地形是园林景物的基础,自然界的平原、山地、河湖及人工创造的各种地形,能反映出不同的风景主题。如平原、大湖面的开阔、空旷;山体的雄壮、秀丽、险峻;溪流的奇特多变、幽深等,都可贯穿于园林设计中,由此来创造不同的空间,成为园景的表现主题。例如杭州西湖,充分利用景区水景优势,既自然又富于变化。

(2)植物主题。植物是园林的"毛发",是园林自然美的主题,具有显著观赏特点的乔木、灌木、草本花卉等,以其种类、树形、色彩形成品种、季相、群体、单体等的风景主题。例如,以种类为主的牡丹园、芍药圃、兰圃等,以季相为主的枫林、落羽杉林等,以植物特性产生比拟联想,表达思想感情的三友园、梅园、荷池等。总而言之,植物的主题非常丰富,可以广泛应用,发挥其造景的优势。

(3)建筑主题。建筑是园林的"眉目",在园林中起点缀、点题、控制等作用,利用建筑的风格、建筑位置、组合关系可产生出园林主题。例如,同一格式的建筑,可以从材料、外观造型等体现别具一格的园景主题;利用建筑位置,创造良好的观景点,形成景区或景点主题;利用建筑组合形成园中园,也可表达造景意图。另外,园林建筑及小品,如雕塑、小水池、喷泉、置石、花架、花廊、景门、景墙等均可形成建筑景物主题。例如,杭州玉泉"片霞弦月"亭。

(4)历史、人物、典故主题。应用历史、人物、典故作为园林主题,可增加园林的文化内涵,产生深远意义。历史事件作为园林主题,可以产生纪念意义,通过游园游人可进行凭吊,学习历史知识,达到科普教育、爱国宣传等目的。人物主题以著名人物为中心,通过人物生平事迹的展示来使游人了解名人,亦可达到纪念和教育目的。例如,四川成都杜甫草堂,纪念馆周围大量栽植诗人生前歌颂过的松、楠、竹等树木,并建造了一座素雅质朴的草亭,这种处理,既表现了园林主题,又令人想起杜甫当年的爱国情怀、坚强品质以及他在《茅庐为秋风所破歌》中所抒发的那种时刻关心大众疾苦的崇高品德,为草堂烘托出幽静的凭吊气氛。利用典故或故事作园林主题,可使景物生动含蓄,韵味深长,使人浮想联翩。

园林的主题可以由一种或多种题材组成。在小庭园或大园林中的个别景区常为一种主题,大园林和风景名胜区则往往由密切组合的几种题材构成主题。以桂林的山水为例,那里的风景主题除了秀丽挺拔的山体外,还有奇趣的岩洞、倚山而流的清澈河溪,分布在山间原野上碧翠的桂花树、樟树和马尾松。桂林山水秀美之处便在于这几种题材很自然地组成一幅"峰峦倒影山游水,无山无水不入神"的动人景色。

虽然园林的主题通常仅限于一个,并在整个园林景观中起到贯穿作用,但园区内还可能存在多个与主题紧密相关的副主题,这些副主题用于突出和增强主题的多样性。而整个园区的主题则是通过这些副主题的有机组合而变得更加丰富。

2. 园林景观的造景方式

园林工作者常以高度的思想性、科学性、艺术性,将山林、水体、建筑、声音等因素为素材,巧运匠心,反复推敲,组织成优美的园林,此种美景的设计过程称"造景"。通过塑造而成的园林环境,可以启发人们对锦绣河山的热爱,激发人们奋发向上和为人类做贡献的精神。因此,"景"能给人以美的享受,可以引起人们的遐思和联想,陶冶人们高尚的情操。园林无"景",就没有生气,就无法引人入胜,造园的关键在于"造景"。

(1)园林造景的技巧。关于园林景观的塑造,有种种手法和许多不同的技巧,此处将造景的技巧阐述如下:

主景。在园林空间里,观景时能使人们集中视线,成为画面中心的重点景物,此景即为主景。一般而言,公园的主景,常按照其所处空间范围的不同而有差异,一般有两个含义:一是指整个公园(或城市)大范围的主景;二是指景区局部空间内的主景。例如,北京北海公园的主景是琼华岛和团城,但就琼华岛来说,则以岛上的白塔为主景了。

突出主景的手法一般有以下四种:

第一,主体升高。主景的主体升高,可产生仰视观赏的效果,并可以蓝天、远山为背景,使主体的造型轮廓鲜明突出,不受或少受其他环境因素的影响,如南京中山陵的中山纪念堂、广州越秀公园的五羊雕塑等都是升高主体景观的处理。

第二,轴线和风景视线的焦点。一条轴线的端点或几条轴线的交点带有较强的表现力,故常把主景布置在轴线的端点或几条轴线的交点上。风景视线的焦点,则是视线集中的地方,也有较强的表现力。如成都杜甫草堂的布置,自大门起,过大殿到诗史堂、柴门,到达工部祠,虽然诗史堂比工部祠体量大而居中,但因轴线的延伸引导关系,使其至工部祠方能终结,因此工部祠成了主景。

第三,动势。一般四周环抱的空间,如水面、广场、庭院等,其周围景物往往具有向心的动势,这些动势可集中到水面、广场、庭院中的焦点上,主景如布置在动势集中的焦点上就能突出出来。如杭州西湖四周景物和山势基本朝向湖中,湖中的孤山便成了焦点,在西湖上格外突出。

第四,空间构图的重心。在规则式园林绿地中将主景布置在几何中心上,在自然式园林绿地中将主景布置在构图的重心上,也能将主景突出。

园林的主要景观因其庞大和高耸的体积,自然地能够呈现出主景的视觉效果,然而,对于较低和较小的景观,只要其位置设置得当,也有可能成为主景。利用小的背景来衬托大的部分,而使用低的背景来衬托高的部分,这样可以更好地凸显主要的景观;采用高衬低、大衬小的方式,同样可以作为主要的景观。如园路的两边种满了高大的树木,而面向园林的小建筑则显得矮小,反而成为了主要的景观。亭子里放置了一块碑,这块碑成为了主要的景观。因此,设计主景的关键在于进行规划和设计,可以选择特定的地点,也可以选择特定的环境。

配景。在公园的造景设计中首先安排好主景,同时也要考虑好配景。在艺术作品中,例如绘画、乐章、雕塑或单体建筑等设计,在其各个组成部分之间,都有一个主、从关系,突出和强调某一部分,而使其他部分均处于从属的地位,这个突出和强调的部分,对表现艺术作品的主题起着决定性的作用,而其他部分,则仅起陪衬、烘托的作用。园林属于空间艺术,亦同其他艺术作品一样,故园景也一定要有主、从之分,以主景为主,配景为从,配景起着陪衬主景的作用。如苏州拙政园水池中的石塔配景。

对景。把景点设置在道路的端点或广场上中轴线的端点,作为对景,此为进行园林空间组织时经常运用的方法。对景可作严整、规则的对称处理,但亦可作灵活、拟对称的处理,因此对景又有正对与反对的分别。正对的景物,具有庄严、肃穆和一目了然的效果,有时可将它作为主景。

例如，苏州拙政园中的远香堂与其隔水相望的假山上的雪香云蔚亭，一高一低，遥遥相对，使园林景观参差多变。

夹景。利用树丛、岩石或建筑，分列在视线的两旁，使观景者的视线只能由两树丛（或两建筑物）之间通过，才能看到前方的美景。由于此景被树木（或建筑）所夹，故称夹景。如无锡寄畅园以柏树为夹景，是为佳例。

分景。分是划分和分割的意思，将园林划分成若干空间，使园景达到"园中有园、景中有景"的境界。分景可使景色丰富、含蓄，空间多变。根据功能作用与艺术效果的不同，具体又可分为障景与隔景两种。

第一，障景，众所周知，园景须寓意曲折，切忌和盘托出，一览无余。因此园林设计者往往在入园之处运用障景，不使来人一眼看到全园。例如，杭州曲院风荷公园，在园门口，设有照壁一座，拦住去路，穿过后豁然开朗，又一天地呈现于眼前，大有桃源古洞的意境，这就是障景的具体运用。

第二，隔景，对园林景色进行分隔，称为隔景。通过分隔，可使园中若干景点、景区各显特色，游者可各有所好，同时亦可避免互相干扰。对园景而言，能使景致丰富、深远，增添构图变化。例如杭州胡雪岩故居利用墙分隔园景，墙面开门洞、漏窗，由门洞透视墙外的景物，忽隐忽现，顿觉景观丰富多变；又如颐和园昆明湖的亭、桥、岛组合，分隔水面景观，形成多层次的画面，大有看不尽、游不完的韵味。分隔的作用是使景藏起来，所谓景愈藏则意境愈大。隔景将园林绿地隔成若干空间，产生园中有园、池中有池、岛中有岛和大景之中包蕴着小景的境界，从而扩展意境。

框景。框景是由画家在野外写生中用镜框取景的手法演化出来的。通过园林的门框、廊柱、窗、山洞、洞、树丛等空缺之处，观看前方的景物，所看到的景观即称之为框景。由于画框的作用，将赏景人的视觉高度集中在框子中间画面的主景上，于是景物便能给人以强烈的感染力。

漏景。漏景与框景，似是而非，其不同点为：框景是通过框架观赏的景致，而漏景的名词乃是由漏窗取景而来的。框景的景致，清明爽朗；而漏景之景，则扑朔迷离。特别在沿漏窗之长廊或沿花格之围墙，走马观景时,廊外、墙外的景色,忽断忽续,时隐时现,使人感到另有一番滋味。例如,杭州曲院风荷公园柳堤环绕,柳丝如帘,透帘赏景,如雾似烟,诗情画意,远胜框景。因此,框景与漏景虽相似,但艺术效果则截然不同。

添景。为使园景完美,往往在景物疏朗或感到不足之处,增设一些景色,是为添景。一般多用建筑小品、景石或有形树木等充当添景,借以丰富园景的层次。如苏州拙政园宜两亭以盆栽荷花填补下部空间,丰富园景。

借景。根据园林造景的需要,在视线所及的范围内可以有选择地将本空间以外的景色组织到园中来,此所谓借景。借景可使风景画面的构图生动,能够突破园界,扩大园林空间,增添变幻,丰富园林景色。明末造园家计成的《园冶》一书中说:"园林巧于因借,精在体宜。借者,园虽别内外,得景则无拘远近,晴峦耸秀,绀宇凌空,极目所至,俗则屏之,嘉则收之,……斯所谓巧而得体者也。"可见,景亦可以借用,但必须有选择地去借,应在园林内外或近或远的景色中进行取舍。"嘉则收之"即是把美好的景色吸收进来;"俗则屏之"乃是把不雅观的东西用障景的办法掩藏,使它不入画面,从而使最为优美的景色映入眼帘。

借景在园林造景中十分重要。依环境、状况等不同,借景的具体做法亦不相同,具体如下:

第一,借用本园附近的景物,谓之邻借。例如,苏州的沧浪亭,园林的北部临河,此处不筑高墙,反而沿着河边用黄石驳岸,循岸建造一条曲折长廊和一个"面水轩"。轩、廊倒映于河内,景色极美,这样,无形中把园外临界的这条普溪河,与自己的园景组织在一起,使水景贫乏的沧浪亭,一变而为水上园林,借景之妙,无与伦比。

第二,借用山峰和高塔景色,则需依赖仰借。例如,南京玄武湖公园之借钟山,苏州拙政园以借北塔而成景,均为佳创。其他如悬空之虹霞,天光与云影,黄莺、飞鸽、白鹭、鸿鹄等,都属仰借。

第三,居高临下观赏美景,称为俯瞰。例如,在北京颐和园万寿山,可俯视昆明湖全景,又如,攀登杭州六和塔,钱江如带,大桥飞架,水色山光,尽收眼底。故山地造园,俯瞰风景最为方便,鸟瞰大地,山川形胜,历历在目,有神话般的腾云驾雾、遥看人间仙境的感受。

第四,因时而借与因地而借。四时佳景,不胜枚举。例如,朝花夜月、风霜雨雪、日月星辰、春燕秋雁、钟音泉声、鸟语蝉鸣、寺殿庙宇、楼阁亭台、松涛飞瀑等,均可应时而借,就地而借。晋代诗人陶渊明在他的诗《饮酒·其五》中写道:"采菊东篱下,悠然见南山。"他向南山借景,一边采菊赏花,一边自由自在地欣赏南山风景。又如,承德避暑山庄的"锤峰夕照",每当夕阳西下,落日余晖独映其棒锤峰上,光彩夺目。《园冶》中所说的"园虽别内外,得景则无拘远近",就是这个道理。

题景。对厅、堂、轩、馆等建筑,根据它们的性质、用途而予以命名和题匾,为我国古代建筑艺术中的一种传统手法,这种方法后来亦应用于园林的风景中,为各种景色标名题字,它能起画龙点睛的作用,所以题景亦称之为点景。如北京北海濠濮间水榭的题词点景,使景点顿生意境。

根据园林每一景观的特点和空间环境的景象,结合文学艺术的要求,进行高度概括,点出景致的精华,标出景观的境界,这就是题景。题词能使游人产生更深的感受。西湖十景的题名就是情景交融的范例,色、声、时、空,交响成曲。古代诗人张继在他的《枫桥夜泊》诗中写有"月落乌啼霜满天,江枫渔火对愁眠。姑苏城外寒山寺,夜半钟声到客船"的名句,使苏州的寒山寺既有美景又有名诗,仿佛还有钟声在空中回旋。诗、景、声三者浑然融合而成的交响曲,余音萦绕,给人以无穷的回味。因此,景的题名、题咏,不但使有色、有香、有形、有季节变化的景色画面增添了有声、有名、有时、有节的意义,而且运用比拟、夸张的命题,还可以使人们联想到更丰富的"情"和"意",使景色的画面具有更深的表现力和更强的感染力。

(2)园林造景的组景。

景点与景区。凡有观赏价值的一定区域称为景点,它是园林绿地构成的基本单元。园林绿地均是由若干个景点组成一个景区,再由若干个景区组成整个园林绿地,即"园中有园、景中有景"。组景的基本方法是建立景区的分级概念,使各景点、景区在功能上有明确分工,构图上有特色,空间分割多变而不失整体。下面以杭州花港观鱼公园为例进行说明。

花港观鱼公园地处西湖西南,三面临水(北接里西湖,东接苏堤,南临小南湖),一面倚山(西山),其规划布局充分利用原有地形的特点,恢复和发展了历史景点,分区如下:

第一,鱼池古迹景区,位于该园东部,由苏堤进入东大门,北侧临湖的是旧鱼池和御碑亭,为花港观鱼旧址。景区中部为筑有假山和藏山亭的一片草坪,草坪南接建于20世纪初的私家园林蒋庄。

第二,大草坪景区,位于该园北部,以东西长200m,南北宽80m的大草坪为主体,供青少年开展集体活动。草坪北临里西湖视野开阔,可远眺湖光山色,其余三面以土丘及常绿树林带与其他景区分隔。草坪边缘丛植雪松,形成葱翠、高耸的景观。

第三,红鱼池景区,位于该园中部,为全园的平面构图中心。主体为大片鱼塘,塘中置岛,以曲桥、土堤与外围园地相接。规划设置亭、廊、榭三组建筑环抱中央鱼池,将鱼池分为内外两个空间,以形成园中有园、层次丰富的景观空间。

第四,牡丹园景区,位于该园中部,邻接红鱼池,为全园的立面构图中心。园内筑有土丘假山,山顶置牡丹亭、山上牡丹、山石与其他花木相结合,配置自然。悬崖叠石、苍松蟠曲、牡丹吐艳、红枫点染,构成了一幅层次丰富的天然图画。

第五,密林景区,位于该园西部,有贯通里西湖和小南湖的新花港水体,港岸自然曲折,两岸遍植花木及密林,每当春季,绿岸花径,野趣盎然。

第六,新花港景区,位于该园南部,设有草坪、疏林、亭廊及花港茶室。茶室坐落在花港与小南湖交汇处,骑岸临水,可与蒋庄、牡丹亭相互因借。

(3)园林游览的空间展示。园林对于游人而言,是一个流动的空间,一方面表现为自然风景的时空转换;另一方面表现在游人步移景异的过程中。园林空间的风景界面构成了不同的空间类型,不同的空间类型组成有机整体,并对游人构成丰富的连续景观,这就是园林景观的动态序列。如同写文章,有开有合,有发展也有转折。园林空间展示可分为一般序列、循环序列和专类序列。

一般序列指园林绿地的景点、景区,在展现风景的过程中通常也可分为高潮和结景合为一体的二段式处理或起景、高潮、结景三段式处理。二段式由序景—起景—发展—转折—高潮(结景)构成。如北京颐和园从东宫门进入,以仁寿殿为起景,穿过牡丹台转入昆明湖边豁然开朗,再由北转西通过长廊的过渡到达排云殿,拾级而上直到佛香阁、智慧海,到达主景高潮,然后向后山转移再游后湖、谐趣园等园中园,最后到东宫门结束。此外,还可从知春亭往南过十七孔桥到龙王庙岛,再乘船北上到石舫码头,上岸再游主景区。无论怎么走,均是一组多层次的动态展示序列。

循环序列是为了适应现代生活节奏的需要,多数综合性园林或风景区采用了多入口、循环道路系统、多景区划分(也分主次景区)、分散式游览线路的布局手法以容纳成千上万游人的活动需求。因此,现代综合性园林或风景区系采用主景区领衔、次景区往来的多条展示序列。各序列环状相连,以各自入口为起景、主景区主景物为构图中心,以方便游人的综合循环游憩。以景观为主线、满足园林功能需求为主要目的来组织空间序列,这已成为现代综合性园林的特点。

专类园林形成的专类序列有着它们各自的特点。植物园多以植物演化系统组织园景序列。如从低等植物到高等植物,从裸子植物到被子植物,从单子叶植物到双子叶植物等。还有部分植物园因地制宜,创造自然生态群落景观,形成其特色,如杭州植物园的植物分类区。动物园一般从低等动物、鱼类、两栖类、爬行类到鸟类、食草动物、食肉动物及国内外珍稀动物乃至灵长类高级动物等等,形成完整的系统。这些都为空间展示提出了规定性序列要求,故称其为专类序列。

(4)园林游览空间的组织。园林游览空间的组织由"实线"——导游路线和"虚线"——赏景视线两部分组成。

"实线"即导游路线,是引导游人游览观赏的路线,用于解决园林的交通问题和组织风景视线以及造景。导游线的布置不是简单地将各景点、景区联系在一起,而要有系统的结构和艺术程序,要有序幕、转折、高潮、尾声的处理。导游路线的组织一般在游览线上布置动态景观和静态景观。

导游路线在平面布置上宜曲不宜直,立面设计上也要有高低变化,这样易达到步移景异,层次深远,高低错落,抑扬进退,引人入胜的效果。在较大的园林绿地中,为了减少游人步履劳累,宜将景区沿主要导游路线布置;在较小的园林中,要小中见大,宜曲折迂回,拉长路线。为了引起游兴,道路景观要丰富多彩,经悬"岩"峭壁、山洞石室、桥梁舟楫而达到不同境界。

在小型的园林游览主干道上只需一条即可,而在中到大型的园林中,可以规划多条游览干道,这些干道可以通过串联、并联或串并联的方式进行布局,并搭配多条环形小路来形成一个完整的游览系统。然而,游客中应区分常规游览和初次游览,初次游览的游客希望游览完整的园区,以确保不遗漏任何参观的细节,并应遵循导游的路线。普通游客通常更倾向于直接前往主要的旅游景点,因此应该提供快速通道并尽量隐藏,以避免与主要的导游路线产生混淆。主要的道路最好是环路,同时在公园里避免设置没有出口的小径。

由于园林中空间变化很大,因此,在考虑"实线"之余还必须仔细考虑空间构图中的"虚线",即赏景视线。赏景视线可以随导游路线而步移景异,也可以完全离开导游路线而纵横上下四处观赏,但都必须经过匠心独运的精心设计,使园林景观发挥最大限度的感染力。赏景视线的布置原则,主要体现在"隐、显"。一般是小园宜隐,大园宜显,小景宜隐,大景宜显。

开门见山的赏景视线是采用显的手法,可用对称或均衡的中轴线引导视线前进。中心内容、主要景点始终呈现在前进的方向上,利用人们对轴线的认识和感觉,使游人始终知道主轴的尽端是主要景观所在。在轴线两侧,适当布置一些次要景色,然后一步步去接近,这在纪念性园林中采用较宜。如北京天坛公园的布置。

深藏不露、探索前进的赏景视线常用于深藏在山峦丛林之中的景点、景区,整个风景变幻莫测,景观是在游人的探索之中开展的,由甲赏景视线引导至乙赏景视线,再引导至丙赏景视线等,其间景点或串或并,赏景视线可从景点的正面或侧面迎上去,甚至从景点的后部较小的空间内导入,然后再回头观赏,形成峰回路转、柳暗花明、深谷藏幽、豁然开朗的境界,如杭州灵隐景点的布置。

第三节　园林的组成要素及具体功能

一、园林的组成要素

中国园林主要由建筑、山石、水体、动物、植物等五大要素组成。历代造园匠师都充分利用这些要素,精心规划,辛勤劳作,创作了一座座巧夺天工的优秀园林,成为封建帝王、士大夫、富商巨贾等"放怀适情,游心玩思"的游憩环境。下面拟分为园林建筑艺术,掇山叠石、理水、园林动物与植物等四个部分分别予以说明。

(一)园林建筑艺术

我国建筑艺术实质上是木材的加工技术和装饰艺术。园林建筑不同于一般的建筑,它们散布于园林之中,具有双重的作用,除满足居住休息或游乐等需要外,它与山池、花木共同组成园景的构图中心,创造了丰富变化的空间环境和建筑艺术。我国园林建筑艺术的成熟经历了漫长而曲折的发展过程。

1.园林建筑的历史沿革

据《易经》记载:"上古穴居而野处,后世圣人易之以宫室,上栋下宇,以待风雨"。说明了一个上古时代穴居游牧生活逐渐向着建筑房屋的演变过程。至夏、殷时代,建筑技艺逐渐发展,出现了宫室、世室、台等建筑物,建筑材料开始使用砖、瓦和三合土(细沙、白灰、黄土)。周时始定城郭宫室之制,前朝后市,左庙右社,并规定大小诸侯的级别,宫门、宫殿、明堂、辟雍等都定出等级。宫苑之中囿、沼、台三位一体,组成园林空间,直到周代确立下来。

春秋战国时建筑技艺已相当发达。梁柱等上面都有了装饰,墙壁上也有了壁画,砖瓦的表面都模制出精美的画案花纹和浮雕图画。《诗经》上形容周代天子的宫殿式样是"如翚斯飞",说明我国宫室屋顶的出檐伸张在周朝末期就已经有了,而且在建筑设计时能考虑到殿馆、阁楼、廊道等建筑物与池沼楼台的景物的联系,相映生辉。

秦汉时代是我国园林建筑发展的里程碑。秦始皇在咸阳集中各地匠师进行大规模的建筑活动。汉代砖瓦已具有一定的规格,除了一般的筒板瓦、长砖、方砖外,还烧制出扇形砖、楔形砖和适应构造和施工要求的定型空心砖。从汉代的石阙、砖瓦、明器、房屋和画像砖等图像来看,框架结构在汉代已经达到完善地步,从而使建筑的外形也逐渐改观。各种式样的屋顶如四阿、悬山、硬山、歇山、四角攒尖、卷棚等在汉代都已出现,屋顶上直博脊、正脊上有各种装饰。用斗拱组成的构架也出现,而且斗拱本身不但有普通简便的式样还有曲拱柱头,铺作和补间铺作。不但有柱形、柱础、门窗、拱券、栏杆、台基等,而且本身的变化很多,门窗栏杆是可以随意拆卸的。总的说来,汉代在建筑艺术形式上的成就为我国木结构建筑打下了坚实的基础,其外形一直代代传承下来。

此外,汉代的精美雕刻,为园林建筑增光添彩,如太液池和昆明池旁的石人和石刻的鲸鱼、龟,以及立石作牵牛织女,还有不少铜铸的雕像如仙女承露盘,更增加了园林的观赏游乐情趣。

南北朝的园林建筑极力追求豪华奢侈。在建筑艺术上特别是细部手法和装饰图案方面,吸收了一些外来因素、卷草纹、莲花纹等图案花纹逐渐融汇到传统形式中,并且使它丰富和发展起来。

宫苑的营造上"凿渠引水,穿池筑山",山水已是筑苑的骨干,同时"楼殿间起,穷华极丽",为隋代山水建筑宫苑开其端,掇山的工程已具相当技巧,如景云山"基于五十步,峰高七十丈"。

随着佛教兴起,佛寺建筑大为发展。塔,是南北朝时期的新创作,是根据佛教浮图的概念用我国固有建筑楼阁的方式来建造的一种建筑物。早期时候,大都是木结构的木塔,在发展过程中砖石逐渐代替了木材作为建塔的主要材料,有的砖塔在外形上还保留着木塔的形式。

自从北魏奉佛教为国教后,大兴土木敕建佛寺,据杨衒之《洛阳伽蓝记》所载,从汉末到西晋时只有佛寺 42 所,到了北魏时,洛阳京城内外就有 1000 多所,其他州县也多有佛寺,到了北齐时代全国佛寺有 3 万多所,这些佛寺的建筑,尤其是帝王敕建的,都是装饰华丽金碧辉煌,跟帝王居住的宫苑一样豪华。以北魏胡太后所建的永宁寺在当时最为有名。

隋唐时期，土木结构的基本形式，用料标准已有定型，都市规划详密，布局严整，设计中不仅使用图样，还有木制模型，这是我国建筑技术史上的一大突破。此外，桥梁建筑以其精美独特的风格与施工技巧而闻名于世。

唐代寺观建筑得到全面的发展，从现存于山西五台山的唐代建筑，即建于公元 782 年的南禅寺大殿和建于公元 857 年的佛光寺大殿，可称为唐代寺观建筑典范，不难看出秀丽庄重的外形和内部艺术形象处理是唐代寺观建筑的特色。

宋朝建筑不仅承继了唐朝的形式但略微华丽，而且在结构、工程技法上更加完善，这时出现了一部整理完善的建筑典籍，它就是李诚的《营造法式》。这本书从简单的测量方法、圆周率等释名开始，依次叙述了基础、石作、大小木作、竹瓦泥砖作、彩作、雕作等制度及功限和料例，并附有各式图样。这本古代建筑专著是集历代建筑经验之大成，成为后世建筑技术上的典则。

宋代园林建筑的造型，几乎达到了完美无缺的程度，木构建筑相互之间的恰当比例关系，预先制好的构件成品，采用安装的方法，形成了木构建筑的顶峰时期。当时还有了专门造假山的"山匠"。这些能"堆掇峰峦，构置洞壑，绝有天巧"的能工巧匠，为我国园林艺术的营造和发展，都作出了极为宝贵的贡献。

由于唐、宋打下了非常厚实的造园艺术基础，才使我国明末清初时期的园林艺术，达到炉火纯青的地步。明清之际，由于制砖手工业的发展，除重要城市以外，中心县城的城垣，民间建筑也多使用砖瓦，宫廷建筑完全定型化、程式化，而缺乏生气，但也留下了许多优秀建筑作品。园林建筑这时期数量多，富于变化，设计与施工均有较大发展。明末计成的《园冶》是一部专门总结造园理论和经验的名著，他系统地研究了江南一带造园技术的成就，主张"虽有人作，宛自天开"，强调因地制宜，使园林富有天然色彩，并以此作为衡量园林建筑优劣的重要尺度之一。

古代一度蓬勃发展的科学技术到清朝中、后期失去了前进的势头，园林建筑技艺回归为匠师们的口授心传,清乾嘉以后园林终于走向逐渐衰落的局面。

2.园林建筑类型及装饰

(1)园林建筑种类

园林建筑有着不同的功能和取景特点,种类繁多。计成的《园冶》就有门楼、堂、斋、室、房、馆、楼、台、阁、亭、榭、轩、卷、广、廊等15种,实际上远不止此。它们都是一座座独立的建筑,都有自己多样的形式。甚至本身就是一组组建筑构成的庭院,各有用处,各得其所。园景可入室、进院、临窗、靠墙,可在厅前、房后、楼侧、亭下,建筑与园林相互穿插、交融,你中有我,我中有你,不可分离。在总的园林布局下,做到建筑与环境协调和谐统一,艺术造型参差错落有致,园景变化无穷。

亭。亭的历史十分悠久。周代的亭,是设在边防要塞的小堡垒,设有亭吏。到了秦汉,亭的建筑扩大到各地,成为地方维护治安的基层组织。《汉书》记载:"亭有两卒,一为亭父,掌开闭扫除;一为求盗,掌逐捕盗贼"。魏晋南北朝时,代替亭制而起的是驿。此后,亭和驿逐渐废弃。但民间却有在交通要道筑亭作为旅途歇息的习俗而沿用下来,也有的作为迎宾送客的礼仪场所,一般是十里为长亭,五里为短亭。同时,亭作为景点建筑,开始出现在园林之中。

唐时期,苑园之中筑亭已很普遍,造型也极精巧。《营造法式》中就详细地描述了亭的形状和建造技术,此后,亭的建筑便愈来愈多,形式多种多样。

亭子不仅是供人旅途休息的场所,又是园林中重要的景点建筑。布置合理,全园俱活,不得体则感到凌乱。明代著名的造园家计成认为,山顶、水涯、湖心、松荫、竹丛,花间都是布置园林建筑的合适地点,在这些地方筑亭,一般都能构成园林空间中美好的景观艺术效果。也有在桥上筑亭的,扬州瘦西湖的五亭桥、北京颐和园中西堤上的桥亭等,亭桥结合,构成园林空间中的美好景观艺术效果,又有水中倒影,使得园景更富诗情画意。如扬州的五亭桥,还成为扬州的标志。

园林中高处筑亭,既是仰观的重要景点,又可供游人通览全景,在叠山脚前边筑亭,以衬托山势的高耸,临水处筑亭,则取得倒影成趣,林木深处筑亭,半隐半露,既含蓄而又平添情趣。

在众多类型的亭中,方亭最常见,它简单大方。圆亭更秀丽,但额枋挂落和亭顶都是圆的,施工要比方亭复杂。在亭的类型中还有半亭和独立亭,桥亭等,半亭多与走廊相连,依壁而建。亭的平面形式有方、长方、五角、六角、八角、圆、梅花,扇形等。亭顶除攒尖以外,歇山顶也相当普遍。

台。中国古代园林的最初小品,《尔雅·释宫》曰:"四方而高曰台";《释名》曰:"台,持也。言筑土坚高,能自胜持也"。《诗经·大雅》郑玄注:"国之有台,所以望氛,察灾祥,时观游,节劳佚也"。《吕氏春秋》高秀注:"积土、四方而高曰台"。《白虎通·释台》:"考天人之际,查阴阳之会,揆星度之验"。以上是秦汉时期人们关于台的认识,表明台是用土堆积起来的坚实而高大、方锥状的建筑物,具有考察天文、地理、阴阳、人事和观赏游览等功能。其实,台最初是独立的敬天祭神的神圣之地,无其他建筑物。以后才和宫室建筑结合,如钧台(夏启),鹿台(商纣王)等。春秋以后,台又与其他观赏建筑物相结合,共同构成园林景观,如姑苏台(吴王夫差)鸿台(秦始皇)、汉台、钓鱼台等。计成的《园冶》载:"园林之台,或掇石而高,上平者;或木架高而版平无层者;或楼阁前出一步而敞者,俱为台"。表明以后园林中设台只是材料有所变化,而仍然保持高起,平台,无遮的形式,达到登高望远等效果。

廊。我国建筑中的走廊,不但是厅堂、馆阁、楼室的延伸,也是由主体建筑通向各处的纽带。而园林中的廊,既起到园林建筑的穿插、联系的作用,又是园林景色的导游线。如北京颐和园的长廊,它既是园林建筑之间的联系路线,或者说是园林中的脉络,又与各种建筑组成空间层次多变的园林艺术空间。

廊的形式有曲廊、直廊、波形廊、复廊。按所处的位置分,有沿墙走廊、爬山走廊、水廊、回廊、桥廊等。

计成对园林中廊的精练概括为:"宜曲宜长则胜""随形而弯,依势而曲;或蟠山腰,或穷水际,通花渡壑,蜿蜒无尽"。

廊的运用,在江南园林中十分突出,它不仅是联系建筑的重要组成部分,而且是在划分空间,组成一个个景区的重要手段,廊又是组成园林动观与静观的重要手法。

廊的形式以玲珑轻巧为上,尺度不宜过大。沿墙走廊的屋顶多采用单面坡式,其他廊的屋面形式多采用两坡顶。

桥。桥的种类繁多,千姿百态。在我国园林之中,有石板桥、木桥、石拱桥、多孔桥、廊桥、亭桥等。置于园林中的桥,除了实用之外,还有观赏、游览以及分割园林空间等作用。园林中的桥,又多以矫健秀巧或势若飞虹的雄姿,或小巧多变,精巧细致,吸引着众多的游客慕名而来。

我国桥梁的类型,在江南园林中,可以说是应有尽有。而且在每个园林,以致每个景区几乎都离不开桥。如杭州西湖园林区,白堤断桥“西村唤渡处”的西泠桥、花港观鱼的木板曲桥、“三潭印月”的九曲桥、“我心相印亭”处的石板桥等。各种各样的桥,在园林的平面与空间组合中都发挥了极其重要的作用。

在北方皇家园林中,北京颐和园的桥最具有特色。如昆明湖的玉带桥,全用汉白玉雕琢而成,桥面呈双向反曲线,显得富丽、幽雅、别致,又有水中倒影,成为昆明湖极重要的观赏点。昆明湖东堤上的十七孔桥,更是颐和园水面上必不可少的景点和水面分割,联系的一座造型极美的联拱大石桥。桥面隆起,形如明月,桥栏雕着形态各异的石狮,只只栩栩如生。在昆明湖的西堤上,又有西堤六桥,六桥特点各异,桥与西堤成为昆明湖水面分割的重要组成部分。

中国园林中的桥是艺术品,不仅在于它的姿态,而且还由于它选用了不同的材料。石桥之凝重,木桥之轻盈,索桥之惊险,卵石桥之危立,皆能和湖光山色配成一幅绝妙的图画。

楼与阁。在园林建筑中,楼与阁是很引人注目的。它们体量较大,造型复杂,位置十分重要。在众多的园林中它往往起到控制全园的作用。

楼与阁极其相似,而又各具特点。《说文》曰:“重屋曰楼”。《尔雅》曰:“狭而修曲为楼”。楼的平面一般呈狭长形,也可曲折延伸,立面为二层以上。园林中的楼有居住、读书、宴客、观赏等多种功能。通常布置在园林中的高地、水边或建筑群的附近。阁,外形类似楼,四周常常开窗,每层都设挑出的平坐等。计成《园冶》载"阁者,四阿开四牖"。表明阁的造型是四阿式屋顶,四面开窗。阁的建筑,一层的也较多,如苏州拙政园的浮翠阁,留听阁。临水而建的就称为水阁,如苏州网师园的濯缨阁等。但大多数的阁是多层的,颐和园的佛香阁为八面三层四重檐,整个建筑庄重华丽,金碧辉煌,气势磅礴,具有很高的艺术性,是整个颐和园园林建筑的构图中心。

厅、堂、轩。厅与堂在私家园林中,一般多是园主进行各种娱乐活动的主要场所。从结构上分,用长方形木料做梁架的一般称为厅,用圆木料者称堂。

厅又有大厅、四面厅、鸳鸯厅、花厅、荷花厅、花蓝厅。大厅往往是园林建筑中的主体,面阔三间五间不等。四周有回廊、桶扇,不做墙壁的厅堂称四面厅。如拙政园的远香堂。

厅内脊柱落地,柱间以屏风、门罩、纱桶等将厅等分为南北两部分。梁架一面用扁料,一面用圆料,装饰陈设备不相同。似两进厅堂合并而成的称为鸳鸯厅,如留园的林泉耆硕之馆,平面面阔五间,单檐歇山顶,建筑的外形比较简洁、朴素、大方。花厅,主要供起居和生活或兼用会客之用,多接近住宅。厅前庭院中多布置奇花异石,创造出情意幽深的环境,如拙政园的玉兰堂。荷花厅为临水建筑,厅前有宽敞的平台,与园中水体组成重要的景观。如苏州怡园的藕香榭、留园的涵碧山房等,皆属此种类型。花厅与荷花厅室内多用卷棚顶。花蓝厅的当心步柱不落地,代以垂莲柱,柱端雕花蓝,梁架多用方木。

轩是建在高旷地带而环境幽静的小屋,园林中多作观景之用。在古代,轩指一种有帷幕而前顶较高的车,"车前高曰轩,后低曰轾"。《园冶》中说得好:"轩式类车,取轩欲举之意,宜置高敞,以助胜则称"。轩在建筑上,则指厅堂前带卷棚顶的部分。园林中的轩轻巧灵活,高敞飘逸,多布局在高旷地段。如留园的绿阴轩,闻木樨香轩、网师园的竹外一枝轩。轩建于高旷的地方,对于观景有利。

榭、舫。榭与舫,《园冶》中说:"榭者,藉也。藉景而成者也。或水边,或花畔,制亦随态"。

榭与舫相同处是多为临水建筑,而园林中榭与舫,在建筑形式上是不同的。榭又称为水阁,建于池畔,形式随环境而不同。它的平台挑出水面,实际上是观览园林景色的建筑。建筑的临水面开敞,也设有栏杆。建筑的基部一半在水中,一半在池岸,跨水部分多做成石梁柱结构,较大的水榭还有茶座和水上舞台等。

舫,又称旱船。是一种船形建筑,又称不系舟,建于水边,前半部多是三面临水,使人有虽在建筑中,却又犹如置身舟楫之感。船首的一侧设平板与岸相连,颇具跳板之意。船体部分通常采用石块砌筑。

在我国古代园林中,榭与舫的实例很多,如苏州拙政园中的芙蓉榭,半在水中、半在池岸,四周通透开敞。颐和园石舫的位置选得很妙,从昆明湖上看去,好像正从后湖开来的一条大船,为后湖景区展开起着景露意藏的作用。

园门。园林中的门,犹如文章的开头,是构成一座园林的重要组成部分。造园家在规划构思设计时,常常是搜奇夺巧,匠心独运。如南京瞻园入口的门,简洁、朴实无华,小门一扇,墙上藤萝攀绕,于街巷深处显得清幽雅静,游人涉足入门,空间则由"收"而"放"。苏州留园的入口处理更是苦心经营,园门粉墙、青瓦,古树一枝,构筑可谓简洁,入门后经过三个过道三个小厅,造成了游人扑朔迷离的游兴。最后看见题额"长留天地间"的古木交柯门洞,门洞东侧开一月洞窗,细竹插翠,指示出眼前即到佳境。这种建筑空间的巧妙组合中,门起到了非常重要的作用。

园林的门,往往也能反映出园林主人的地位和等级。例如进颐和园之前,先要经过东宫门外的"涵虚"牌楼、东宫门、仁寿门、玉澜堂大门,宜芸馆垂花门,乐寿堂东跨院垂花门,长廊入口邀月门这七种形式不同的门,穿过九进气氛各异的院落,然后步入七百多米的长廊,这一门一院形成不同的空间序列,又具有明显的节奏感。

园林中的景墙。粉墙漏窗,已经成为人们形容我国古代园林建筑特点的口头语之一,在我国的古代园林中,经常会看到精巧别致、形式多样的景墙。它既可以划分景区,又兼有造景的作用。在园林的平面布局和空间处理中,它能构成灵活多变的空间关系,能化大为小,能构成园中之园,也能以几个小园组合成大园,这是"小中见大"的巧妙手法之一。

所谓景墙,主要手法是在粉墙上开设玲珑剔透的景窗,使园内空间互相渗透。如杭州三潭印月绿洲景区的"竹径通幽处"的景墙,既起到划分园林空间的作用,又通过漏窗起到园林景色互相渗透的作用。上海豫园万花楼前庭院的粉墙,北京颐和园中的灯窗墙,苏州拙政园中的云墙,留园中的粉墙等都以其生动的景窗,令人叹为观止。

景窗的形式多种多样,有空窗、花格窗、博古窗、玻璃花窗等。

广。"因岩为屋曰广,盖借岩成势,不完成屋者为广"。《园冶》中的意思是说,靠山建造的房屋谓之广,凡是借用山的一面所构成半面,而又不完整的房子,都可以称为"广"。

塔。塔起源于印度,译为浮屠,塔波等,最初是佛家弟子们为藏置佛祖舍利和遗物而建造的。公元1世纪随佛教传入我国。早期的中国佛塔是平面呈正方形的木构楼阁式塔,是印度式的塔与我国秦汉时期高层楼阁建筑形式结合的产物。塔层多为奇数,以七级最常见;刹安置于塔顶,高度为塔高的$1/4 \sim 1/3$,刹既具有宗教意义(修成正果、大觉大悟),同时又具装饰作用。

南北朝时出现密檐式塔(一层特别高大)。隋唐时有:①单层亭阁式塔;②金刚座宝塔(一座高台并立5座)。塔由佛殿前退居佛殿后,砖石逐渐取代木料,塔平面有六角、八角、圆形等。元代出现喇嘛塔,主要在藏族、蒙古族。著名的塔有:①山西应县木塔;②西安慈恩寺塔;③妙应寺白塔(元);④北京阜城门白塔;⑤河南登封嵩岳寺塔;⑥苏州虎丘云岩寺塔;⑦云南大理三塔;⑧北海白塔(顺治);⑨西湖雷峰塔;⑩钱塘江白塔、六和塔。

谯楼。古代城墙上的高楼,作战时可瞭望敌阵。楼中有鼓,夜间击鼓报时,亦称鼓楼。以后,逐渐进入皇家园林和寺观园林中。

馆。馆也与厅堂同类,是成组的起居或游宴处所。最初的馆为帝王的离宫别馆,后发展成为招待宾客的地方。特点是规模较大,位置一般在高敞清爽之地。但在江南园林中是园主人休憩、会客的场所。如拙政园玲珑馆、网师园的蹈和馆,沧浪亭的翠玲珑馆等。

斋。幽深僻静处的学舍书屋,一般不做主体建筑。计成《园冶》曰:"斋较堂,惟气藏而致敛,有使人肃沭斋敬之义,盖藏修密处之地,故或不宜敞显"。多指专心静修或读书的场所,形式较模糊,多以个体出现,一般设在山林中,不甚显露。

(2)园林建筑局部造型与装饰

第一,屋顶造型艺术。

我国古典园林艺术建筑的外观一般具有屋顶、屋身和台基三个部分,历史上称为"三段式",因此构成的建筑外形有独特风格。屋顶形式是富有艺术表现力的一个重要部件。园林建筑艺术贵在看顶,造型多变,翼角轻盈,形成我国园林建筑玲珑秀丽的外形,是构成我国园林艺术风格的重要因素之一。

屋顶有庑殿或四阿、硬山、悬山、歇山、卷棚、攒尖、穹隆式等数十种。

庑殿。传统建筑屋顶形式之一,四面斜坡,有一条正脊和四条斜脊,屋面略有弧度,又称四阿式,多用于宫殿(寺观亦用)。

穹隆式。屋顶形式之一,屋盖为球形或多边形,通称圆顶。此外,用砖砌的无梁殿,室内顶呈半圆形,亦称穹隆顶。

卷棚顶。传统建筑双坡屋顶形式之一,即前后坡相接处不用脊而砌成弧形砌面。

悬山。传统建筑屋顶形式之一,屋面双坡,两侧伸出于山墙之外,屋面上有一条正脊和四条垂脊,又称"挑山"。

硬山。传统建筑双坡屋顶形式之一,两侧山墙同屋面齐平或略高于屋面。

歇山。传统建筑屋顶形式之一,是硬山,庑殿式的结合,即四面斜坡的屋面上部转折成垂直的三角形墙面。有一条正脊,四条垂脊和垂脊下端处折向的戗脊四条,故又称九脊式。

攒尖顶。传统建筑的屋顶形式之一,平面为圆形或多边形,上为锥形,见于亭阁,塔等。

第二,屋脊与屋面装饰。

屋脊是与屋顶斜面结合一起的连线,具有"倒墙屋不坍"的特征,有正脊、斜脊、戗脊垂脊等。屋面即屋顶斜面。屋顶如为歇山式或攒尖式,其屋角做法有水戗发戗和嫩戗发戗,前者起翘较小,后者起翘大。屋角起翘升起的比例恰当,则建筑造型优美,反之艺术效果则差。

飞檐。古典建筑屋檐形式,微度上翘,屋角反翘较高。清代反翘突出,其状如飞。

瓦当。筒瓦之头,表面有凸出的纹饰或文字。先秦为半圆形,秦汉后出现圆形。

鸱尾,也叫鸱吻。古建筑屋面正脊两端的脊饰。汉代用凤凰,六朝到唐宋,用鸱尾(尾向内卷曲),明清也用鸱尾(尾向外卷曲)。此外,屋面上也有其他的吉祥物装饰。

雀替。我国传统建筑中,柱与枋相交处的横木托座,从柱头挑出承托其上之枋,以减少枋的净跨度,起加固和装饰作用。

第三,梁架。

木构架建筑以木作为骨架,常用迭梁式,即在基座或柱础上立木柱,柱上架梁,梁上再迭短柱和短梁,直到屋脊为止。在硬山,悬山,歇山三种屋顶中,前两种梁架结构由立贴组成,天花多用卷棚,梁架用方料或圆料皆可。攒尖顶的做法一是老戗支撑灯心木,二是用大梁支撑灯心木,三是用搭角梁的做法。另外混合式屋顶,这要根据平面等形式灵活运用了。

斗拱。木构建筑的独特构件之一。一般置于柱头和额枋,屋面之间,用以支承梁架,挑出屋檐,兼具装饰作用。由斗形的木块和弓形的横木组成,纵横交错层叠,逐层向外挑出,形成上大下小的托座。

第四,天花。

建筑物内顶部用木条交叉为方格,上铺板,发遮蔽梁以上部分,称天花。其中,小方格叫"平暗",大方格叫"平棋",上面多施鸟兽、花卉等彩绘。

第五,门窗。

园林内部的洞门,漏窗形式多样,千变万化。窗棂也用木、竹片、铁片、铁丝,砖等制成各种图案花纹,使建筑物里里外外增添许多情趣。

相轮。塔刹的一部分,数重圆环形的铁圈,每重又有内外两道圈,中间小圈套在塔心柱上端。

第六,基座。

木构架建筑最怕潮湿,故一般都有基座。基座可以是一层也可以多层,用土或灰土夯成,周围用砖石包围成平整平面,或做成须弥座形式。须弥座又名金刚座,我国古建筑台基的一种形式。用砖或石砌,上置佛像和神龛等。座上有凸凹的线脚,并镌刻纹饰。

藻井为古代建筑平面上凹进部分,有方形、六角形、八角形、圆形等,上有雕刻或彩绘。多在寺庙佛座上和宫殿的宝座上。

第七,塔刹。

佛塔顶部的装饰,多用金属制成,有覆钵、相轮、宝盖或仰月、宝珠等部件,使塔的造型更神圣美观。

(二)掇山叠石

中国园林的骨干是山水。"疏源之去由,察水之来历",低凹可开池沼,掘池得土可构岗阜,使土方平衡,这是自然合理而又经济的处理手法。

我国园林中创作山水的基本原则是要得自然天成之趣,明代画家唐志契在《绘画微言》中说:"最要得山水性情,得其性情便得山环抱起伏之势,如跳如坐,如俯如仰","亦便得水涛浪萦洄之势,如绮如鳞,如怨如怒"。

因此,我们对于园林作品中山水创作的评价,首先要求合乎自然之理,就是说要合乎山水构成的规律,才能真实,同时还要求有自然之趣,也就是说从思想感情上把握山水客观形貌的性格特点,才能生动而形象地表现自然。园林里的山水,不是自然的翻版,而是综合的典型化的山水。

1.掇山总说

因地势自有高低,园林里的掇山应当以原来地形为据,因势而堆掇。掇山可以是独山,也可以是群山,"一山有一山之形,群山有群山之势",而且"山之体势不一,或崔巍,或嵯峨,或崎拔,或苍润,或明秀,皆入巧品"。

(清唐岱:《绘事发微》)怎样来创作不同体势的山,这就需要"看真山,……辨其地位,发其神秀,穷其奥妙,夺其造化"。

掇山时,把岗阜连接压覆的山体就称作群山。要掇群山必是重重叠叠,互相压覆的,有近山,次山,远山,近山低而次山,远山高,近山转折而至次山,或回绕而到远山。近山、次山、远山,必有其一为主(称主山),余为宾(称客山),各有顺序,众山拱伏,主山始尊,群峰盘亘,主峰乃厚,这是总的立局。不论主山、客山都可适当地伸展,而使山形放阔,向纵深发展,这样就可以有起有伏,有收有放,于是山的形势就展开了,动起来了,一句话就能富有变化了。同时古人又指出,即使群山必然峰峦相连,必须注意"近峰远峰,形状勿令相犯",不要成笔架排列。

就一山的形势来说,山的主要部分有山脚(即山麓)、山腰、山脊和山头(即山顶)之分。掇山必须相地势的高低,要"未山先麓,自然地势之嶙赠"(《园冶》);至于山头山脚要"俯仰照顾有情",要"近阜下以承上",这都是合乎自然地理的。山又分两麓,山的阴坡土壤湿润,植被丰富,阳坡土壤干燥,植被稀少,山的各个不同部分又各有名称,而且各有形体。"尖曰峰,平曰顶,员(圆)曰峦,相连曰岭,有穴曰岫,峻壁曰崖,崖下曰岩,岩下有穴而名岩穴也"。"山岗者,其山长而有脊也"。"山顶众者山颠也"。"岩者,洞穴是也,有水曰洞,无水曰府,言堂者,山形如堂屋也。言嶂者,如帷帐也"。"土山曰阜,平原曰坡,坡高曰陇""言谷者,通路曰谷,不相通路者曰壑。穷渎者无所通,而与水注者,川也。两山夹水曰涧,陵夹水曰溪,溪中有水也"。(宋韩拙:《山水纯全集》)。此外,山峪(两山之间流水的沟)、山壑(山中低坳的地方)、山坞(四面高而当中低的地方)、山限(山水弯曲的地方)、山岫(有洞穴的部分)也是常见的一些名称,所有这些,都各具其形,可因势而作。

另外,"山有四方体貌,景物各异"。这就是说山的体貌因地域而有不同,性情也不一样。所谓"东山敦厚而广博,景质而水少"。西山川峡而峭拔,高耸而险峻,南山低小而水多,江湖景秀而华盛。北山阔嫚而多阜,林木气重而水窄。韩拙这段议论确是深刻地观察了我国各方的山貌而得其性情的高论。

2.掇山种类

(1)高广的大山

要堆掇高广的大山,在技术上不能全用石,还需用土,或为土山或土山带石。因为既高而广的山,全用石,从工程上说过于浩大,从费用上说不太可能,从山的性情上说,磊石垒垒,草木不生,未免荒凉枯寂。堆掇高广的大山,全用土,形势易落于平淡单调,往往要在适当地方叠掇点岩石,在山麓山腰散点山石,自然有峻增之势,或在山的一边筑峭壁悬崖以增高巉之势,或在山头理峰石,以增高峻之势。所以堆掇高广的大山总是土石相间。李渔在《闲情偶寄》中写道:"以土代石之法,既减人工,又省物力,且有天然委曲之妙……垒高广之山,全用碎石则如百纳僧衣,求一无缝处而不得,此其所以不耐观也。以土间之,则可泯然无迹,且便于种树,树根盘固,与石比坚,且树大叶繁,混然一色,不辨其为谁石谁土……此法不论石多石少,亦不必定求土石相半。土多则是土山带石,石多则是石山带土,土石二物,原不相离。石山离土,则草木不生,是童山矣。"例如:北京景山、北海的白塔山皆是如此,然而像北海白塔山后山部分不露土的堆石掇山,工程巨大,非一般人力所能及。

(2)小山的堆叠

小山的堆叠和大山不同。这里所说的小山,是指掇山成景的小山,例如颐和园谐趣园中的掇山和北海静心斋中的掇山。李渔在《闲情偶寄》中认为,堆叠小山不宜全用土,因为土易崩,不能叠成峻峭壁立之势,尽为馒头山了。同时堆叠小山完全用石,也不相宜。从未有完全用石掇成石山,甚或全用太湖石的。大抵全石山,不易堆叠,手法稍低更易相形见绌。例如苏州狮子林的石山,在池的东、南面,叠石为山,峰峦起伏,间以溪谷,本是绝好布局,但山上的叠石,在太湖石上增以石笋,好像刀山剑树,彼此又不相连贯,甚或故意砌仿狮形,更不耐观。

通常情况下,如果你想让小山具备一定的地形条件,可以采用"外石内土"的方法,这样你就能找到峭壁和险峻的地方。采用外石内土的方法也能有效地防止冲刷而不会导致坍塌。因此,尽管山的形状不大,但仍然可以根据地形来设计,包括陡峭的悬崖、洞穴和涧谷,这都体现了对山林的深入理解和独特的设计理念。以北海静习斋的掇山、苏州环秀山庄和拙政园的掇山为例,它们都是近在咫尺的山林,拥有丰富的风景和深邃的意境。

(3)庭院掇山

一般宅第庭院或宅园中虽仅数十平方米也可掇山,但所掇的山只能称作小品。计成在《园冶》的掇山篇中认为对于叠山小品,因简而易从。计成根据掇山小品的位置、地点或依傍的建筑物名称而分为多种。"园中掇山"就称园山,"而就厅前一壁楼面三峰而已,是以散漫理之,可行佳境也"。计成认为:"人皆厅前掇山(称厅山),环堵中耸起高高三峰,排列于前殊为可笑,加之以亭,及登一无可望,置之何益,更亦可笑"。这样塞满了厅前,成何比例,而又高又障眼,成何体态。他的意见:不如"或有嘉树稍点玲珑石块。不然墙中嵌理壁岩,或顶植卉木垂萝,似有深境也"。或有依墙壁叠石掇山的可称"峭壁山""靠壁理也,籍以粉壁为纸以石为绘也。理者相石皴纹,仿古人笔意,植黄山松柏古梅美竹,收之圆窗,宛然镜游也"。这就是说选皴纹合宜的山石数块,散点或聚点在粉墙前,再配以松桩(好似生在黄山岩壁上的黄山松)梅桩,岂不是一幅松石梅的画。以圆窗望之,画意深长,不必跋山涉水而可卧游。《园冶》掇山篇写道"书房山,凡掇小山,或依嘉树卉木,聚散而理,或悬崖峻壁各有别致。书房中最宜者,更以山石为池,俯于窗下,似得濠濮间想。更有池山。池上理山,园中第一胜也,若大若小,更有妙境。就水点其步石,从巅架以飞梁,洞穴潜藏,空岩径水,峰峦飘渺,漏月招云,莫言世上无仙,斯住世之瀛壶也。"苏州环秀山庄的掇山,称为池山杰作。

(4)峰峦谷的堆叠

峰。掇山而要有凸起挺拔之势,应选合乎峰态的山石来构成,山峰有主次之分。主峰应突出居于显著的位置,成为一山之主并有独特的属性。次峰也是一个较完整的顶峰,但无论在高度、体积或姿态等属性应次于主峰。一般地说,次峰的摆布常同主峰隔山相望,对峙而立。

拟峰的石块可以是单块形式,也可以多块叠掇而成。作为主峰的峰石应当从四面看都是完美的。若不能获得合意的峰石,比如说有一面不够完整时,可在这一面拼接,以全其峰势。峰石的选用和堆叠必须和整个山形相协调,大小比例恰当。若做巍峨而陡峭的山形,峰态尖削,峰石宜竖,上小下大,挺拔而立,可称剑立式。若做宽广而敦厚的中高山形,峰态鼓包而成圆形山峦,叠石依玲珑面垒,可称垒立式。或像地垒那样顶部平坦叠石宜用横纹条石层叠,可称层叠式。若做更低而坡缓的山形,往往没有山脊或很少看出山脊,为了突出起见,对于这种很少看到山脊较单调的山形有用横纹条石参差层叠,可称作云片式。

掇山而仿倾斜岩脉,峰态倾劈,叠石宜用条石斜插,通称劈立式。掇山而仿层状岩脉,除云片式叠石外,还可采用块石坚叠上大下小,立之可观,可称作斧立式。掇山而仿风化岩脉,这种类型的峰峦岭脊上有经风化后残存物。常见的凸起小型地形有石塔、石柱、石钻、石蘑菇等。这些小品可选用合态的块石拼接叠成。

峰顶峦岭本不可分,所谓“尖曰峰,平曰峦,相连曰岭”。(《山水纯全集》)。从形势说,“岭有平夷之势,峰有峻峭之势,峦有圆浑之势”(《绘事发微》)。峰峦连延,但“不可齐,亦不可笔架式,或高或低,随致乱掇,不排比为妙”(《园冶》)。

悬崖峭壁。两山壁立,峭峙千仞,下临绝壑的石壁叫作悬崖;山谷两旁峙立着的高峻石壁,叫作峭壁。在园林中怎样创作悬崖峭壁呢?垒砌悬崖必须注意叠石的后坚,就是要使重心回落到山岩的脚下,否则有前沉陷塌的危险。立壁当空谓之峭,峭壁常以页岩、板岩,贴山而垒,层叠而上,形成峭削高竣之势。

理山谷。理山谷是掇山中创作深幽意境的重要手法之一。尤其立于平地的掇山,为了使意境深幽,达到山谷隐隐现现,谷内宛转曲折,有峰回路转的效果,必须理山谷。园林上有所谓错断山口的创作。错断和正断恰恰相反。正断的意思是指山谷直伸,可一眼望穿,错断山口是指在平面上曲折宛转,在立面上高低参差、左右错落,路转景回那样引人入胜的立局。

洞府的构叠。计成在《园冶》中写道:"峰虚五老,池凿四方,不洞上台,东亭西榭。"这表明堆叠假山时,可先叠山洞然后堆土成山,其上又可作台以及亭榭。

园林中的掇山构洞,除了像北海、颐和园顺山势穿下曲折有致的复杂山洞外,有时也创作不能空行的单口洞。单口洞有的较宽好似干间堂屋,也可能仅是静壁垒落的浅洞,李渔在《闲情偶寄》里写道:"作洞,亦不必求宽,宽则籍以坐大,如其太小,不能容膝,则以他屋联之。屋中亦置小石数块,与此洞若断若连,是使屋与洞混而为一,虽居屋中与坐洞中无异矣。"

关于理山洞法,计成在《园冶》里认为:洞基两边的基石,要疏密相间,前后错落而安,在这基础上,"起脚如造屋,立几柱著实",但理洞的石柱可不能像造屋的房柱那样上下整齐,而应有凹有凸,能差上叠。在弯道曲折地方的洞壁部分,可选用玲珑透石如窗户能起采光和通风作用,也可以采用从洞顶部分透光,好似天然景区的所谓"一线天"。及理上,合凑收顶,可以是一块过梁受力,在传统上叫单梁;也可以双梁受力,也可以三梁受力,通称三角梁;也可以多梁而构成大洞的就称复梁。洞顶的过梁切忌平板,要使人不觉其为梁,而好似山洞的整个岩石一部分。为此,过梁石的堆叠要巧用巧安。传统的工程做法上为了稳住梁身,并破梁上的平板,在梁上内侧要用山石压之,使其后坚。过梁不要仅用单块横跨在柱上,在洞柱两侧应有辅助叠石作为支撑,即可支撑洞柱不致因压梁而歪倒,又可包镶洞柱,自然而不落于呆板。

从上洞的纵长的构叠来说,先是洞口,洞口宜自然,其脸面应加包镶,既起固着美观作用,又和整个叠石浑为一体,洞内空间或宽或窄,或凸或凹,或高或矮,或敞或促,随势而理。洞内通道不宜在同一水平面上而宜忽上忽下,跌落处或用踏阶,通道不宜直穿而曲折有致,在弯道的地方,要内收外放成扇形。山洞通道达一定距离或分叉道口的地方,其空间应突然高起并较宽大,也就是说,这里要设"凌空藻井",如同建筑上有藻井一般。

3. 叠石

我国园林艺术中,对于岩石材料的运用,不仅叠石掇山构洞,而且成为园林中构景的因素之一。如同植物题材一样,运用岩石的点缀只要安置有情,就能点石成景,别有一番风味,统称为叠石。运用岩石点缀成景时,一块固可,八九块也可。其次,在运用岩石作为崇台楼阁基础的堆石时,既要达到工程上的功能要求,又要满足局部的艺术要求,因此,这类基础工程的叠石也是园林艺术上叠石方式之一。此外,在园林中还利用岩石来建筑盘道、蹬阶、跛径、铺长路面等。这类工程也都是既要完成功能要求又要达到艺术要求的特殊的叠石方式。

叠石的方式众多,归纳起来可分为三类:第一类是点石成景为主,其手法有单点,聚点和散点。第二类是堆石成景。用多块岩石堆叠成一座立体结构的,完成一定形象的堆石形体。这类堆石形体常用作局部的构图中心或用在屋旁道边、池畔,水际、墙下、坡上,山顶、树底等适当地点来构景。在手法上主要是完成一定的形象并保证它坚固耐久。据明末山石张的祖传:在体形的表现上有两种形式;一称堆秀式,一称流云式。在叠石的手法上有挑、飘、透、跨、连、悬、垂、斗、卡、剑十大手法;在叠石结构上有安、连、接、斗、跨、拼、悬、卡、钉、垂十个字。第三类是工程叠石,首要着重工程做法尤其是作为崇台楼阁的基石,但同要完成艺术的要求。至于盘道、蹬级、步石、铺地等不仅要力求自然随势而安,而且要多样变化不落呆板。

(1)点石手法

单点。由于某个单个石块的姿态突出,或玲珑,或奇特,立之可观时,就特意摆在一定的地点作为一个小景或局部的一个构图中心来处理。这种理石方式在传统上称作"单点"。块石的单点,主要摆在正对大门的广场上,门内前庭中或别院中。

块石的单点不限于庭中的院中,就是园地里也可独立石块的单点。不过在后者的情况下,一般不宜有座,而直接立在园地里,如同原生的一般,才显得有根。园地里的单点要随势而安,或在路径有弯曲的地方的一边,或在小径的尽头,或在嘉树之下,或在空旷处中心地点,或在苑路交叉点上。单点的石块应具有突出的姿态,或特别的体形表现。古人要求"透""漏""瘦""皱",甚至"丑"。

聚点。摆石不止一块而是两三块,甚至八九块成组地摆列在一起作为一个群体来表现,称之为"聚点"。聚点的石块要大小不一,体形不同,点石时切忌排列成行或对称。聚点的手法有重气势,关键在一个"活"字。我国画石中所谓"嵌三聚五""大间小,小间大"等方法跟聚点相仿佛。总的来说,聚点的石块要相近不相切,要大小不等,疏密相间,要错前落后,左右呼应,高低不一,错综结合。聚点手法的运用是较广的,前述峰石的配列就是聚点手法运用之一。而且这类峰石的配列不限于掇山的峰顶部分。就是在园地里特定地点例如墙前、树下等也可运用。墙前尤其是粉墙前聚点岩石数块,缀以花草竹木,也就好比以粉墙为纸,以石和花卉为图案。嘉树下聚点玲珑石数块,可破平板同时也就是以对比手法衬托出树姿的高伟。此外,在建筑物或庭院的角隅部分也常用聚点块石的手法来配饰,这在传统上叫作"抱角"。例如避暑山庄、北海等园林中,下构山洞为亭台的情况下,往往在叠石的顶层,根据亭式(四方或六角或八角)在角隅聚点玲珑石来加强局势,或在榭式亭以及敞阁的四周的隅角,每隅都聚点有组石或堆石形体来加强形势,例如颐和园的"意迟云在"和"湖山真意"等处。在墙隅、基角或庭院角隅的空白处,聚点块石二三,就能破平板得动势而活。例如北海道宁斋后背墙隅等,这种例子是很多的。此外,在传统上称作"蹲配"的点石也属于聚点,例如在垂花门前,常用体形大小不同的块石或成组石相对而列。更常用的是在山径两旁,尤其是蹬道的石阶两旁,相对而列。

散点。乃是一系列若断若续,看起来好像散乱,实则相连贯而成为一个群体的表现。散点的石,彼此之间必须相互有联系和呼应而成为一个群体。散点处理无定式,应根据局部艺术要求和功能要求,就地相其形势来散点。散点的运用最为广大,在掇山的山根、山坡、山头,在池畔水际,在溪涧河流中,在林下,在花径中,在路旁径缘都可以散点而得到意趣。散点的方式十分丰富,主取平面之势。例如山根部分常以岩石横卧半含土中,然后又有或大或小,或竖或横的块石散点直到平坦的山麓,仿佛山岩余脉或滚下留住的散石。山坡部分若断若续的点石更应相势散点,力求自然。土山的山顶,不宜叠石峻拔,就可散点山石,好似强烈风化过程后残存的较坚固的岩石。为了使邻近建筑物的掇山叠石能够和建筑连成一体,也常采用在两者之间散点一系列山石的手法,好似一根链子般贯连起来,尤其是建筑的角隅有抱角时,散点一系列山石更可使嶙峋的园地和建筑之间有了中介而联结成一体。不但如此,就是叠石和树丛之间,或建筑物和树丛之间也都可用散点手法来联结。

（2）堆石形体

堆叠多块石构造一座完整的形体,既要创作一定的艺术形象,在叠石技法上又要恰到好处,不露斧琢之痕,不显人工之作。历来堆石肖仿狮、虎、龙、龟等形体的,往往画虎不成反类犬,实不足取。堆石形体的创作表现无定式,根据石性,即各个石块的阴阳向背,纹理脉络,就其石形石质堆叠来完成一定的形象,使形体的表现恰到好处。总之堆石形体既不是为了仿狮虎之形而叠,也不是为了峻峭挺拔或奇形古怪而作,它应有一定的主题表现,同时相地相势而创作。

据山石张祖传口述,堆石形体的表现有"堆秀式""流云式"。堆秀式的堆石形体常用丰厚积重的石块和玲珑湖石堆叠,形成体态浑厚稳重的真实地反映自然构成的山体或剪裁山体一段。前述拟峰的堆叠中有用多块石拼叠而成峰者可有堆秀峰(即堆秀式)和流云峰(流云式)。掇山小品的厅山,峭壁山,悬崖环断等都运用堆秀式叠法。流云式的堆石形体以体态轻飘玲珑为特色,重视透漏生奇,叠石力求悬立飞舞,用石(主为青石,黄石)以横纹取胜。据称这种形式在很大程度以天空云彩的变化为创作源泉。

（3）基础和园路叠石

有时为了远眺,为了借景园外而建层楼敞阁亭榭,宜在高处。于是叠小山作为崇台基础,而建楼阁亭榭于其上或其前或其侧。《园冶·掇山》篇中写道:"楼面掇山,宜最高才入妙,高者恐逼于前,不若远之,更有深意。"对于阁山,计成认为:"阁,皆四敞也,宜于山侧,坦而可上,便以登眺,何必梯之。"此外,从假山或高地飞下的扒山廊、跨谷的复道、墙廊等,在廊基的两侧也必有叠石,或运用点石手法和基石相结合,既满足工程上要求又达到艺术效果。飞渡山涧的小桥,伸入山石池的曲桥等,在桥基以及桥身前后也常运用各种叠石方式,它们与周围的环境相协调,形势相关联。

园路的修建不只是用石,这里仅就园林里用石的铺地、砌路、山径、盘道、蹬级、步石和路旁叠石的传统做法简述如下。计成在《园冶·铺地》篇中认为:园路铺地的处理,可相地合宜而用。有时,通到某一建筑物的路径不是定形的曲径而是在假定路线的两旁散点和聚点有石块,离径或近或远,有大有小,有竖有横,若断若续的石块,一直摆列到建筑的阶前。这样,就成为从曲径起点导引到建筑前的一条无形的但有范围的路线。有时必须穿过园地到达建筑但又避免用园路而使园地分半,就采用隔一定蹀距安步石的方式。如果步石是经过草地的,可称跋石(在草地行走古人称"跋")。

假山的坡度较缓时山路可盘绕而上,或虽峭陡但可循等高线盘桓而上的路径,通称盘道。盘道也可采用不定形的方式,在假定路线的两旁散点石块,好似自然而然地在山石间踏走出来的山径一般,这样一条山径颇有掩映自然之趣。如果坡度较陡,又有直上必要,或稍曲折而上,都必须蹬级。山径,盘道的蹬级可用长石或条石。安石以平坦的一面朝上,前口以斜坡状为宜,每级用石一块可,或两块拼用亦可,但拼口避免居中,而且上下拼口不宜顺重,也就是说要以大小石块拼用,才能错落有致。在弯道地方力求内收外放成扇面状,在高度突升地方的蹬级,可在它两旁用体形大小不同的石块相对剑立,即常称作蹲配的点石。这蹲配不仅可强调突高之势,也起扶手作用,同时也有挡土防冲刷的作用。有时崇台前或山头临斜坡的边缘上,或是山上横径临下的一边,往往点有一行列石块,好似用植物材料构成的植篱一样。这种排成行列的点石也起挡土防冲刷的作用。

（4）选石

掇山叠石都需要用石。我国山岭丘壑广大,江河湖海众多,天然石材蕴藏丰富,历代造园家慧眼独具,从中筛选出很多名石。计成《园冶》对中国古代园林常用石品归纳为16种,主要如下:

（1）太湖石:产于苏州洞庭山水边。石性坚实而润泽,具有嵌空、穿眼、宛转、险怪等各种形象。一种色白,一种色青而黑,一种微黑青色。石质纹理纵横交织,笼络起伏,石面上遍布很多凹孔。此石以高大者为贵,适宜竖立在亭、榭、楼、轩馆堂等物之前,或点缀在高大松树和厅花异木之下,堆成假山,景观伟丽。

（2）昆山石:产于江苏昆山县马鞍山土中,石质粗糙不平,形状奇突透空,没有高耸的峰峦姿态。石色洁白,可以做盆景,也可以点缀小树和花卉。

（3）龙潭石:产于南京以东约70里一个叫七星观的地方。石有数种,一种色青质坚,透漏,纹理频似太湖石。一种色微青,性坚实,稍觉顽笨,堆山时可供立根后覆盖椿头之用。一种花纹古拙,没有洞,宜于单点。一种色青有纹,像核桃壳而多皱,若能拼合皱纹掇山,则如山水画一般。

（4）青龙山石:产于南京青龙山。有一种大圈大孔形状,完全由工匠凿取下来,做成假山峰石,只有一面可看。可以堆叠成像供桌上的香炉,花瓶式样,如加以劈峰,则呈"刀山剑树"模样。也可以点缀在竹树下,但不宜高叠。

（5）灵璧石:产于安徽宿县的磬山。形状各异,有的像物体,有的像峰峦,险峭透空。可以置放几案,也可制成盆景。

（6）岘山石:产于镇江城南的大岘山。形状奇怪万状,色黄,质清润而坚实。另有一种灰青色,石眼连贯相通。三者都是掇山的好石料。

（7）宣石:产于安徽宣城县东南。石色洁白,且越陈旧越洁白。另有一种宣石生棱角,形似马牙,可摆放在几案上。

（8）湖口石:产于江西九江湖口县。一种青色,自然生成像峰峦、崖、壑或其他形状。一种扁薄而有孔隙，洞眼相互贯通，纹路像刷丝，色微润。苏轼视为"壶中九华"，并有"百金归贾小玲珑"之礼赞。

(9)英石：产于广东英德县。有十数种，色分别呈白、青灰、黑及浅绿，呈峰峦壑之形，以"瘦、透、漏、皱"的质地而闻名。可置放几案，也可点缀假山。

(10)散兵石：产于巢湖之南。石块或大或小，形状百出，质地坚实，色彩青黑，有像太湖石的，有古雅质朴而生皱纹的。

(11)黄石：常州的黄山，苏州的尧峰山，镇江的圃山，沿长江直到采石矶都有出产。石质坚实，斧凿不入，石纹古朴拙茂，奇妙无穷。

(12)锦川石：据陈植先生考，此石产地不一，一为辽宁锦县小凌河，一为四川等地。有五色石的，也有纯绿色的，纹路像松树皮。纹眼嵌空，青莹润泽，可插立花间树下，也可堆叠假山，犹如劈山峰。

(13)六合石子：产于江苏南京灵崖山。石很细小，形似纹彩斑斓的玛瑙，有的纯白，有的五花十色。形质和润透亮，用来铺地，或置之涧壑溪流处，令人赏心悦目。

掇山叠石的用石，不限于上述石材，古代造园家都能够根据当地物产，因地制宜地选择石料，如北京地区选用北太湖石、西山湖石，岭南地区选用珊瑚礁、石蛋等。计成在《选石》篇前言中就说："是石堪堆，便山可采，石非草木，采后复生。"在篇末又说："夫葺园圃假山处处有好事，处处有石块，但不得其人，欲询出石之所，到地有山，似当有石，虽不得巧妙者，随其顽夯，但有文理可也。从岩石学分类来说，属火成岩的花岗岩各类、正长岩类、闪长岩类、辉长岩类、玄武岩类、属层积岩的砂岩、有机石灰岩以及属变质岩的片麻岩、石英岩等都可选用。"

采用多种岩石时，应当把石头分类选出，地质上产生状态相类生在一起的才可在叠石时合在一起使用，或状貌、质地、颜色相类协调的才适合在一起使用，有的石块"堪用层堆"，有的石块"只宜单点"，有的石块宜作峰石或"插立可观"，有的石头"可掇小景"，都应依其石性而用。至于作为基石，中层的用石，必须满足叠石结构工程的要求，如质坚承重，质韧受压等。

石色不一,常有青、白、黄、灰、紫、红等。叠石中必须色调统一,而且要和周围环境调和。石纹有横有竖,有核桃纹多皱,有纹理纵横,笼络起隐,面多坳坎,有石理如刷丝,有纹如画松皮。叠石中要求石与石之间的纹理相顺,脉胳相连,体势相称。还要看石面阴阳向背,有的用石还稍加斧琢,使之或成物状,或成峰峦。

(三)理水

1.理水总说

中国山水园中,水的处理往往是跟掇山不可分的。掇山必同时理水,所谓"山脉之通,接其水径;水道之达,理其山形"。古人往往根据江、河、湖、泊等而因地因势在园林中创作,随山形而理水,随水道而掇山。

园林里的理水,首先要察水之源,没有水源,当然就谈不上理水。另一方面,在相地的时候,通常就应考虑到所选园地要有水源条件。就水的来源而说,不外地面水(天然湖泊、河流、溪涧),地下水(包括潜流)和泉水(指自溢或自流的)。实际上只要园址内或邻近园址地方有水源,不论是哪一种,都可用各种方法导引入园而造成多种水景。

一个园林的具体理水规则是看水源和地形条件而定,有时还要根据主题要求进行地形改造和相应的水利工程。假设在园址的邻近地方有地上水源但水位并不比园地高,就可在稍上的地点打坝筑闸贮水以提高水位,然后引到园中高处,就可以"行壁山顶,留小坑,突出石口,泛漫而下,才如瀑布"(《园冶》),这是一景;瀑布的"涧峡因乎石碛,险夷视乎岩梯",全在因势视形而创作飞瀑、帘瀑、叠瀑,尾瀑等形式,瀑布之下或为砂地或筑有渊潭,又成一景;从潭导水下引,并修堰筑闸,也成一景;我国园林中常在闸上置亭桥,又成一景。导水下引后流为溪河,溪河中可叠石中流而造成急湍,溪河可萦回旋绕在平坦的园地上,或由东而西或由北而南出。溪流的行向切忌居中而把园地切半,宜偏流一边。溪流的末端或放之成湖泊或汇注成湖池。湖泊广阔的更可有港湾岛洲,或长堤横隔,岸茸蒲汀,景象更增。总之在地形条件较为理想的情况下,可以有种种理水形式。一般来说,一个园林中理水形式并不需一应俱全,往往只要有一二种,水景之胜就能突出。

2.理水手法

园林里创作的水体形式主要有湖泊池沼,河流溪润,以及曲水、瀑布、喷泉等水型。对于湖泊,池沼等水体来说,大体是因天然水面略加人工或依地势就低凿水而成。这类水体,有时面积较大。为了使水景不致陷于单调呆板和增进深远可以有多种手法,如果条件许可时,可以把水区分隔成水面标高不等的二三水区,并把标高不等的水区或用长桥相接从而在递落的地方形成长宽的水幕。也可以用长堤分隔,堤上有桥。标高不等的水区也可以各自成为一个单位,但在湖水连通地方建闸控制。也可以使用安排岛屿,布置建筑的手法增进曲折深远的意境。

对于开阔水面的所谓悠悠烟水,应在其周围或借远景,或添背景加以衬托,开阔水面的周岸线是很长的,要使湖岸天成,但又不落呆板,同时还要有曲折和点景,湖泊越广,湖岸越能秀若天成。于是在有的地方垒做崖岸,或有的地方突出水际,礁石罗布并置有亭、码头、傍水建筑前,适当的地方多用条石整砌。规模小的园林或宅园,或大型园林中的局部景区,水体形式取水池为主。水池的式样或方或圆或心形,要看条件和要求而定。如果是庭中做池多取整形,往往把池凿成四方或长方,池岸边廊轩台基用条石整砌。庭园里又常在池上叠山,水点步石,从山巅架以飞梁,洞穴潜藏,穿岩径水,峰峦飘渺,漏月招云,更有妙境。

对于河流溪润等水体形式的处理,规模较大的园林里的河流可采取长河的形式。溪润的处理要以萦回并出没岩石山林间为上,或清泉石上流,漫注砾石间,水声淙淙悦耳;或流经砾石沙滩,水清见底;或溪润绕亭榭前后,或穿岩入洞而回出。

瀑布这一理水方式,必须有丰富的水源、一定的地形和叠石条件。从瀑布的构成来说,首先在上流要有水源地(地面水或泉),至于引水道可隐(地下埋水管)可现(小溪形式)。其次是有落水口,或泻两石之间(两崖迫而成瀑),或分左右成三四股甚至更多股落水。再次,瀑身的落水状态必须随水形岩势而定,或直落或分段成二叠三叠落下,或依崖壁下泻或凭空飞下等。瀑下通常设潭,也可以铺设砂地。

瀑布的水源可以是天然高地的池水,溪河水,或者用风车抽水或虹吸管抽到蓄水池,再经导管到水口成泉,在沿海地区,有利于每天海水涨潮后造成地下水位较高的时候,湖池高水线安水口导水造成瀑泉。有自流泉条件时,流量大水量充裕可做成宽阔的幕瀑直落,水花四溅;分段叠落时,绝不能各段等长应有长有短,或为二叠,或为三叠,或仅有较小水位差时,可顺叠石的左左右右蜿转而下;若两个相连的水体之间水位高差较大时,可利用闸口造成瀑布,在设有闸板时,往往可在闸前点石掩饰,其前后和两旁都可包镶湖石,处理得体时妙趣自然。闸下和闸前水中点石,传统做法是先有跌水石,其次在岸边设抱水石,然后在水流中叠劈水石,最后在放宽的岸边有送水石。

我国山水园中各种水体岸边多用石,小型山石池的周岸可全用点石,既坚固(护岸)又自然。此外码头和较大湖池的部分驳岸都可用点石方式装饰,更有近者在浅水落滩或出没花木草石间的溪水,或水点步石,自然成趣。

(四)园林动物与植物

1.动物

动物是中国园林的组成要素之一,它给园林平添无限生机与活力。莺歌燕舞,方显出园林花繁叶茂,虎啸猿啼,更映衬园林的山重水复,曲径通幽。飞禽走兽地来往穿梭,使中国园林真正具备了返璞归真,自然天成的意境。此外,园林动物品种多寡,数量的大小又是园主人财富、地位和权势的象征。

中国古代园林从萌芽期便与飞禽走兽联系在一起,并从狩猎为主发展到观赏保护为主,直到近代公园兴起,才把动物划分开来。即使如此,为了人们游憩和观赏需要亦保留了动物园林。早在新石器时代,先民们除了采集草木果实以外,狩猎活动是经常性的社会劳动,从内蒙阴山岩画中可以清楚地看出,鹿类、野猪、野马、羚羊、鼠类、野兔等动物同人类生活发生了密切关系。

传说轩辕黄帝的悬圃(亦作平圃)畜养着飞鸟百兽。据《史记·殷本记》载,殷纣王曾广益宫室,收狗马奇物于其中。同时扩建沙丘苑台,放养各类野兽蜚鸟。另据《诗经》《孟子》等文献记载,周文王的灵圃麀鹿攸伏,鸟翔鱼跃,樵夫、猎人随意出入。可见,初期苑囿中动物活动的繁荣景象。《周礼·地官》中记载:"囿人,掌囿游之兽禁,牧百兽"。囿人的职责是管理和饲养禽兽,举凡熊、虎、孔雀、狐狸、兔、鹤等诸禽百兽,皆有专人饲养和管理。

秦汉时期的上林苑是专供皇帝观赏游猎的场所,苑中畜养百禽走兽。汉武帝时,四方贡献珍禽异兽。北朝曾献来一只猛兽,其状如狗,鸡犬四十里不敢吠叫,老虎见了闭目低头。另据《汉书·扬雄传》载,成帝命右扶风发民入南山,西自褒斜,东至弘农,南驱汉中,遍地撒布罗网,捕熊罴、豪猪、虎、豹、兕、狐、菟、麋鹿等,载以槛车,输入长杨射熊馆。上林苑又设鱼鸟观、走马观、犬台观、观象观、燕升观白鹿观等分门别类驯养禽兽。

秦汉时期的私家园林也同样畜养鸟兽以供观赏娱乐。袁广汉园,奇兽怪禽,委积其间,见于记录的有白鹦鹉、紫鸳鸯、牦牛、青兕等。这一时期,动物分类知识逐渐提高,《尔雅》明确将动物分为虫、鱼、鸟、兽、畜5类,并收录哺乳动物50多种,《说文解字》收录鸟类100多种,兽类60多种。

魏晋六朝时期,寺观园林异军突起,佛、道二教崇尚自然,追求返璞归真,凡飞禽走兽皆可徜徉于寺观园林中。据《洛阳伽蓝记》载,景明寺有三池,莲蒲菱藕,水物生焉,或黄甲紫鳞,出没于繁藻,或青凫白雁,浮沉于碧水;景林寺春鸟秋蝉,鸣声相续,不绝于耳;七山寺周围林蔽弥密,猿猴连臂,鸿鹄翔集,白鸟交鸣,虎豹往来安详,熊罴隐木生肥,巨象数仞,雄蟒十围,麀鹿易附,狎兔俱依,另有秋蝉、寒鸟、蟋蟀、狐猿、鸿雁、鹍鸡等嬉戏其中,呈现一派返璞归真,民胞物与的升平景象。

隋炀帝建洛阳西苑,命天下州郡贡献珍禽异兽;宋徽宗修寿山艮岳,派太监宫人四方搜求山石花木,鸟兽宠物;明永乐皇帝派遣郑和船队七下西洋,引来非洲,西亚、东南亚诸国使节朝拜,同时,把这些地区的珍禽异兽作为方物贡献给天朝大国;康熙皇帝规定,宫中禁军每年一度去木兰围场围猎,从而使宠物常新,满清几代宫苑里翠鸟满林,野兽成群。

明末清初,文人士大夫受禅悦之风影响,或由于森林植被大规模破坏而造成大范围的狼灾虎患,从而使园林动物饲育、观赏活动有较大改观,理论上不大提倡在园林中放养大型凶禽猛兽,而提倡吉鸟祥兽。在园林实践中,一些文人园林在表现形式上,并不真正放飞禽兽以悦视听,而以奇木怪石创作各种动物姿态,令人触物生情,激发联想。无锡寄畅园的九狮台,扬州的九狮山,苏州网师园冷泉亭中展翅欲飞的鹰石等栩栩如生的鸟兽形象,通过艺术的感受力和想象力,以形求意,以意示"意",达到内心情感的深化和天人合一哲理的实现。园林动物观赏呈现明显的写意化趋势。然而,这只是私家园林,尤其是江南一些文人园林的表现,受其影响。当时皇家园林、寺观园林虽有个别园林模仿这种艺术,然而这些园林的动物驯养及观赏活动仍然是十分繁荣的。即使是江南园林中亦处处可见以园林动物为景题的景区,或蛙鸣鱼跃,鸳鸯戏嬉,或鹿游猿飞,鹦歌鹤舞,一派濠濮之情。

中国古代园林中的动物来源有以下途径:一是划地为牢。通过围猎,将鸟兽限制在一定的范围,然后经人工驯化而成;二是在国内搜求鸟兽,巧取豪夺(私家园林一般是买卖方式);三是国外贡献方物时带来的奇禽怪兽。通过长期的围猎、驯养,我国古代园林动物知识不断丰富,到清初叶,见于历史文献记载的高级动物达到 675 种。其中,兽类 236 种,鸟类 439 种。

2. 植物

观赏植物(树木花卉)是构成园林的重要因素,是组成园景的重要题材。园林里的植物群体是最有变化的景观。植物是有机体,它在生长发育中不断地变换它的形态、色彩等,这种景观的变化不仅是从幼到老,从小苗到参天大树的变化,亦表现在一年之中随着季节的变换而变化。这样,由于植物的一系列的形象变化,凭借它们构成的园景也就能随着季节和年分的推移而有多样性的变化。

历来园林文献对于植物的记录语焉不详。或"奇树异草,靡不具植"(《西京杂记》袁广汉条),或"树以花木""茂树众果,竹柏药物具备"(《金谷园记》),或"高林巨树,悬葛垂萝"(《华林园》),或举例松柏竹梅等花木的植物名称而已。从这样简单的三言两语中,很难了解园林里的植物题材是怎样配置的,怎样构成园景和起些什么作用。但另一方面,特别是宋代以来的花谱、艺花一类书籍中,有对于植物的描写,写出了人们对于观赏植物的美的欣赏和享受。此外,从前人对于植物的诗赋杂咏中也可以发掘到人们由于植物的形象而引起的思想情感,从诗赋中也可以间接地推想和研究古人在园林中,组织植物题材和欣赏的意趣。

我国园林中历来对于植物题材的运用,如同山水的处理一样,首要在于得其性情,从植物的生态习性、叶落、花貌、气味及其色彩和枝干姿态等形象所引起的情感来认识植物的性格或个性。当然这种情感和想象要能符合于植物形象的某个方面或某种性质,同时又符合于社会的客观生活内容。

(1)对植物的艺术认识

由于人们处在不同的社会层面,生活环境之中,对同一种植物会有不同的艺术感受。譬如白杨树是我国古今常见的乡土树种,古人有"白杨潇潇""杨柳悲北风"的感受,是别恨离愁的咏叹。沈雁冰(茅盾)在抗日战争时期曾写过一篇《白杨礼赞》,描写了白杨的活力、倔强、壮美等性格。这个描写情景交融,更符合客观现实中的白杨的性质、特征和社会生活的内容,因此也就更能引导人们去欣赏白杨。又如菊花是我国普通的花卉,不同的人赋予它以不同的感情色彩。杜甫有"寒花开已尽,菊蕊独盈枝";梅尧臣有"零落黄金蕊,虽枯不改香";黄巢有"冲天香阵透长安,满城尽带黄金甲";毛泽东有"不似春光,胜似春光,寥廓江天万里霜"的感慨。虽然我们承认不同时代,不同社会环境的人们对植物认识的差异,但是我们更要看到这种认识的趋同化和共性化。从《诗经》《楚辞》赋予植物比德思想开始,历经数千年传承、发展,形成了中华民族共同的思想、文化和艺术鉴赏标准。

比如说西方人对某种植物的美的感受就跟我们不同。拿菊花来说，我们爱好花型上称作卷抱、追抱、折抱、垂抱等品种，而西方人士却爱好花型整齐像圆球般圆抱类品种。从中国画中可以体会到我们对于线条的运用喜好采取动的线条。譬如画个葫芦或衣褶的线条都不是画到尽头的，所谓意到笔不到，要求含蓄，余味深长。正因为这样，在选取植物题材上常用枝条横施、疏斜、潇洒，有韵致的种类。由于爱好动的线条，在园林中对植物题材的运用上主要表现某种植物的独特姿态，因此以单株的运用为多，或三四株、五六株丛植时也都是同一种树木疏密间植，不同种的群植较少采用。西方人就爱好外形整齐的树种，能修剪整枝的树种，由于线条整齐，树冠容易互相结合而构成所谓林冠线。

再从植物的生态和生理习性方面来看我国人民的传统认识。以松为例，由于松树生命力很强，无论是瘠薄的砾石土，干燥的阳坡上都能生长，就是峭壁崖岩间也能生长，甚至生长了百年以上还高不满三四尺。松树，不仅在平原上有散生，就是高达一千数百米的中高山上也有生长。由于松"遇霜雪而不凋，历千年而不殒"，因此以松为坚贞不渝的象征。就松树的姿态来说，幼龄期和壮龄期的树姿端正苍翠，到了老龄期枝矫顶兀，枝叶盘结，姿态苍劲。因此园林中若能有乔松二三株，自有古意。再以垂柳为例，本性柔脆，枝条长软，洒落有致，因此古人有"轻盈袅袅占年华，舞榭妆楼处处遮"的诗句。垂柳又多植水滨，微风摇荡，"轻枝拂水面"，使人对它有垂柳依依的感受。

由于树木的花容，色彩、芬香等引起的精神上的影响，让多少诗人为之倾倒。宋代的《全芳备祖》，明代的《群芳谱》，清代的《广群芳谱》，皆辑录有丰富的诗词。这里以梅为例："万花敢向雪中出，一树独先天下春"（杨商夫诗）道出了梅花品格，"疏影横斜水清浅，暗香浮动月黄昏"（林逋），更道出了梅的神韵。人们都爱慕梅的香韵并称颂其清高，所谓清标雅韵，亮节高风，是对梅的性格的艺术认识。

正由于各种花木有不同的性质，品格，园林里种植时必须位置有方，各得其所。清代陈扶瑶在《花镜》课花十八法之一的"种植位置法"里有很好的发挥。他提到花木种植的位置时,首先从植物的生态习性,叶容花貌等感受而引起的精神上的影响出发,从而给予不同植物以不同性格或个性,也就是所谓"自然的人格化"。然后凭借这种艺术的认识,以植物为题材,创作艺术形象来表现园林的主题,这是我国园林艺术上处理植物题材的优秀传统。我国历来文人,特别是宋以后,常把植物人格化后所赋予的某种象征固定下来,认为由于植物引起的这样一种象征的确立之后,就无须在作品中再从形象上感受而从直接联想上就产生某种情绪或境界。梅花清标韵高,竹子节格刚直,兰花幽谷品逸,菊花操节清逸,于是梅兰竹菊以四君子入画,荷花是出淤泥而不染也是花中君子。此外还有牡丹富贵、红豆相思、紫薇和睦、鸟萝姻娅等。象征比拟的广泛运用简化了园林植物表现手法,能引起联想,增强了艺术感染力。然而,由于游园者个人修养的不同,艺术感受不完全一致。

(2)园林植物的配置方法

在我国的园林设计中,关于植物主题的布局方式会因不同的场合和具体环境而有所区别。以庭院为例,大部分场合都展现出了整洁的设计。在这样的环境中,最好选择整形的布局,通常沿着正房的中心轴线,在其左右两侧对称地放置庭院的阴树或各种花卉。如果是由砖石铺成的庭院,为了进行种植,或者是在屋檐前预先规划出方形、长方形、圆形的种植畦池;当植物铺得满满当当时,你也可以选择用盆来种植各种花木,或者利用花台来栽种灌木和其他花木。这是一种高于地面、四面由砖石构建的光台,可能是沿着墙壁建造的,也可能是正中位置的。在花台上,你还可以用山石点缀,并搭配各种花草。通常在后院、跨院、书房前或花厅前,不会使用上述的整形布置方式,也不会在粉墙前摆放一丛翠竹或几株花木,并撒上石块,或者在嘉树下加上山石和花草。

再就宅园单独的园林场合来说,树木的种植大都不成行列,具有独特姿态的树种常单植作为点景。或三四株、五六株时,大抵各种的位置在不等边三角形的角点上,三三两两,看似散乱,实则左右前后相互呼应,有韵律有连结。花朵繁荣,花色艳丽的花木常丛植成片,如梅林、杏林、桃林等。这类花木的品种都有十多种到数十种,花色以红、粉、白为主,成丛成片种植时,红白相间,色调自然调和。片植在明清时期逐渐减少。

少量花木的丛植很重视背景的选择。一般地说,花色浓深的宜粉墙,鲜明色淡的宜于绿丛前或空旷处。以香胜的花木,例如桂花、白玉兰、腊梅等,要结合开花时的风向植于建筑物附近才能凉风送香。

植物的配置跟建筑物的关系也是很密切的。居住的堂屋,特别是南向的、西向的都需要有庭阴树遮于前。更重要的,是根据花木的性格和不同的建筑物结构互相结合地配置。梅宜疏篱竹坞,曲栏暖阁;桃宜别墅幽限,小桥溪畔;杏宜屋角墙头,疏林广榭,梨宜闲庭旷圃,榴宜粉壁绿窗等。

我国园林中对于单花的配置方式也是多种多样的。在有掇山小品或叠石的庭院中,就山麓石旁点缀几株花草,风趣自然。叠石小品要结合种植时,还应在叠石时就先留有植穴,一般在庭前、廊前或栏杆前常采用定型的栽花床地,或用花畦,或用花台。在畦中丛植一种花卉或群植多种花卉。花畦边也可种植特殊的草类。在路径两旁,廊前栏前,常以带状花畦居多,但也有用砖瓦等围砌成各种式样的单个的小型花池,连续地排列。在粉墙前还可用高低大小不一的石块圈围成花畦边缘。

我国园林里也有草的种植,但不像近代西方园林里那样加以轧剪成为平整的草地。历来在台地的边皮部分或坡地上,主要用沙草科的苔草(Caren)禾本科的爬根草(Cynodon),草熟禾(Pod)的梯木草(Phleum)等,种植后任它们自然成长,绿叶下向,天然成趣。在阶前、路旁或花畦边常用生长整齐的草类,例如吉祥草(Liriope)和沿阶草(又称书带草 Ophio-pogon)等形成边境。

对于水生和沼泽植物,既要根据水生植物的生态习性来布置,又要高低参差,团散不一,配色协调。在池中栽植,为了不使其繁生满池,常用竹篓或花盆种植,然后放置池中。庭院中的水池里要以形态整齐、以花取胜的水生植物为宜,也可散点茨苈、蒲草、自成野趣。至于园林里较大的湖池溪湾等,可随形布置水生植物,或芦苇成丛形成荻港等。

二、园林的具体功能

(一)构筑人类的生存环境

环境是指人们赖以生存的周围空间的各种自然条件。《中华人民共和国环境保护法》规定环境是指：大气、水、土地、矿藏、森林、草原、野生动物、名胜古迹、风景游览区、温泉、自然保护区、生活居住区等。在人类历史上，新鲜的空气和清洁的水，从来是靠大自然赐予的，而在今天情况下就完全不同了，在许多城市里，不但清洁的水，就是新鲜的空气，也是不容易取得的，而要靠人的劳动去创造，要付出相当的代价，才能取得，它已经成为一种劳动产品。因此，园林绿化事业，是属于生产性质的事业。它的性质与环境保护工程中的消烟除尘，降低噪声，工业生产过程中的防暑降温，回收有害气体；农田工程中的防风，筑堤有同样效果，只是园林绿化的防护作用，是通过有生命的植物材料实现罢了。它的效果不是在一个局部、一个短时间内所能反映出来的，因而往往被有的人所忽略，可是一旦奏效以后，在合理的养护管理下，它的效果是与日俱增的。

环境质量的好坏，与人们的生存和身体健康有密切关系，而园林绿化是影响环境质量的重要因素。我们知道生物界在生命活动过程中，生物与生物之间，生物与非生物之间，存在着一种互相依赖又互相制约的状态，在正常情况下它们中间保持着一种动态的平衡，我们称之为生态平衡。但是，就人类来说，如果因为人为的因素，人的生活环境遭到污染，或是自然环境遭到破坏，人类的生活，甚至生存就会受到威胁。植物的生命活动对保护自然环境中的生态平衡，保持城市环境，促进人们身体健康具有重要作用。

人们对园林绿化功能的认识，是随着科学的发展逐步提高的。园林绿化是环境保护的重要手段。对环境保护这个概念，过去我们往往理解得比较狭窄，好像就是对工厂的"三废"治理而言的。实际上它的内容和方法是非常广泛的。用植树绿化的方法保持生态平衡，保护自然环境是重要的方法之一。自然环境的破坏，较之于环境污染对国民经济和人民生活的影响,严重得多。

近年来,在世界环境科学研究中,有一个值得注意的动向,就是对环境的自然净化方法被日益重视。绿色植物材料存在着强大的净化能力。在各种净化活动中,生物净化作用是一种十分活跃的因素。植物有不同的改造污染物的作用。实际上,千万年来自然净化作用一直在为保护自然界的生态平衡起着重要的作用。但是,人类与污染的长期斗争中,对自然净化的作用,没有得到足够的重视。当环境污染问题困扰着人类世界的时候,环境保护已然成为社会生活中的一个大问题。这时,有人提出把污染物消灭在工厂围墙之内的设想,通过工厂内部的处理技术来控制污染。可是经过几十年的实践证明,单纯依靠这个办法是不够的,也是不全面的。因为这样做不但技术上困难很多,而且经济上消耗很大。厂内处理"三废"要消耗电能,而生产电能,可能又要产生新的污染。从生态学的观点来看,那种完全依靠消耗能源来治理污染的方法,在一定意义上讲,只能是转移污染。因此,许多国家的专家,已经开始研究采用不消耗人工能源的办法来保护环境,探索如何利用自然净化的能力来消除污染。由此可见,自然净化已成为一种新的自然资源。人们对园林绿化的功能作用的认识已进入了一个新的阶段,对园林绿化的要求提到了新的高度。

从宏观上来认识,人类的发生和发展,完全依赖于地球上的生态系统。它是孕育人类发生和发展不可缺少的母体和摇篮。从自然界的发展历史过程,可以看到绿色植物对创造人类生存环境所发挥的伟大作用。地质科学告诉我们,地球存在至今已 46 亿年以上。10 亿年以前出现了原始生物;4 亿年前在海洋中出现了鱼类;2 亿年前出现了爬虫类;同时在陆地上出现了大量的森林;1 亿年前出现了哺乳动物;仅仅在 100 多万年前在地球上才出现了人类;而人类生存一刻也不能缺少氧气,氧气的来源主要是靠植物界制造的。地球上的原始大气成分和现在火星上的大气成分是一样的,几乎全是由二氧化碳组成的。只是发生了植物以后,主要是依靠植物,在生长过程中,吸收了碳而放出了氧气,才使今天大气中含有足够的氧气供人们呼吸。植物每生长出 1t 干物质,就能放出 2.5t 以上的氧气。当今地下蕴藏的煤和石油,是植物和动物的残骸形成的,所以说地下的煤和石油都曾为大气层贡献过大量的氧气。

工业的发展,城市人口的聚集,城市中的自然环境消耗殆尽,需要进行环境建设工程,创造人为的自然环境。这就有赖于园林绿化事业的发展。

在生态系统中,绿色植物是人类和生物界赖以生存的物质基础。绿色植物通过它的生命活动对生态的平衡功能是任何物质所不能代替的。绿化是城市环境中最有力的平衡者。人们可以花费大量投资,建造高楼大厦、修桥、筑路,如果不进行绿化建设,钢筋水泥的堆砌只能加剧生态失调,并不是适合人们生存的现代化城市,更不是文明城市。发展绿地广植树木是改善人们的生存环境,提高环境质量最积极、最稳定、最长效、最经济的手段。

许多发达国家提出了城市与自然共存的战略目标,1977 年国际建筑师协会拟订的《马丘比丘宪章》指出:城市要取得生活的基本质量,以及与自然环境和谐协调的有效手段之一,就是建筑与园林绿化的再统一。还有许多国家提出"城市森林""生态林业""多功能林业"等观点。虽然提法不同,但有其共同特点,那就是要发展园林绿化,大力种树、种草、种花,在城市这个人工生态系统中,增加绿化因素。在我国一些绿化先进城市,已经推行了森林城市的计划,有的正在推行城乡一体化的大环境绿化计划。

(二)为城市提供防护作用

园林中的植物有吸滞烟灰、粉尘的功能,可以净化环境。空气中的烟灰粉尘会减低太阳照明和辐射强度,影响人的健康。树木的叶面积加起来要超过树冠占地面积的 60~70 倍,生长茂盛的草皮叶面为地面积的 22~28 倍,并且许多植物叶片、树枝表面粗糙,有的叶面生有茸毛,所以能阻滞、过滤和吸附烟灰、粉尘。据测定,绿地中空气的含尘量比街道上少 1/3~2/3,铺草皮的足球场比不铺草皮的足球场其上空含尘量减少 2/3~5/6。树木好像过滤器,蒙尘的植物经雨水冲洗后又能恢复其滞尘作用,在电子、仪表等生产精密产品的工业部门,有了良好的绿化环境,还可以促进产品质量的提高。

园林树木可以吸收有害气体,净化环境。在一定限度内树木能够吸收空气中的有害气体,有些植物对某些有害气体很敏感,在人体还不能觉察的浓度下,植物已出现伤害症状,因此又是很好的指示植物。

园林绿化,对改善小气候的功能也是显著的。例如:可以调节气温和湿度。在炎夏,柏油路面的温度是 30～40℃ 时,在草地上的温度仅 22～24℃。在空旷场地 1.5m 高度处的最高气温为 31.2℃ 时,地表最高温度竟达 43℃,而绿地都比其低 10～17.8℃。

人们认为最舒适的空气湿度,一般为相对湿度 30%～60%,据测定 1hm² 内的阔叶树林能从叶面蒸腾 2500t 水,因此森林的湿度比城市高 36%。在行道树茂盛郁闭状态下,既能对行人走荫,又能对柏油路面降温,增加湿度,有利于路面的保护,还可以起到通风和防风的作用。城市道路与滨河绿地是城市的绿色走廊,有利于通风,在盛夏时,建筑密集地段的热空气不断上升,绿地中较冷空气随之向市中区补充,形成气流,起到调节气温的作用。在严冬时,若在寒风的上风向多栽树木,则可以减弱寒风侵袭,起到防风屏障的作用。

园林绿化可以吸收噪声,减轻城市的喧哗,起到“消声器”的作用,园林植物还可以减轻土壤的污染,树木能吸收土壤中的有害物质,使土壤净化。

园林绿化与国防的关系也是非常密切的。树木可以增加地貌的复杂性,增强军民回旋和隐蔽能力。对于人民来说,树木是坚不可摧的碉堡,无形的战壕和永不过时的防御工事,而对敌人来说,它是埋葬侵略者的坟墓。

园林绿化在自然灾害(如地震)中的疏散防护作用也是很大的。森林既是“绿色银行”又是“水库和粮仓”。它可以保持水土,调节气候,为什么万里长江会成为世界上含沙量最多的河流之一? 为什么吞噬肥美草原的黄沙会从我国西北地区向东南推进? 为什么有的地区风灾水患不断发生? 很重要的一个原因就是绿化没有搞好,森林植被遭破坏。相反,凡是绿化搞得好,森林覆盖率高的地区,不仅"生财有树",而且风调雨顺,五谷丰登。事实告诉我们,绿化确是一项关系国计民生,造福子孙后代的千秋大业。

(三)促进旅游事业的发展

人们对自然风光的认识,随着历史和文化的发展而不断更新演变。由原始人神化自然、人化自然,到现代人崇尚自然、向往自然;发展到今天在人们的心底里正孕育着重返自然的强烈愿望。这种愿望在不同阶层、不同职业、不同经济水平的人们中,有着不同程度的需求。从一定意义上说,这种对大自然的向往是形成旅游动机的重要因素之一。

由于生态学的发展,特别是重视城市生态学的研究以后,人们对城市园林绿化事业的认识逐步深化了,它的功能不仅是美化城市,点缀景色,它的任务也不仅仅是造几个公园,建几块绿地,而是要根据城市建设总体规划,从城市的整体出发,形成绿化系统,为人们提供接近自然,享受自然的机会。城市园林绿化水平如何,代表着它现代化水平和文明程度的高低。对提高投资环境的升级,增强对国内外旅游者的吸引力都有重要的影响。园林与旅游有着天然的联系,它作为一项重要的环境建设工程与旅游事业一起,双双被列入国民经济与社会发展计划之内。

在现实中我们可以清楚地看到,无论是国外或是国内旅游事业的热点、热线都是与那里独特的旅游资源分不开的。有游览价值的旅游风景区是发展旅游事业的基础。我国的旅游资源在自然风光方面有独特的优势。不仅是一项重大的环境建设,而且是一项意义深远的经济建设事业。

旅游毕竟是一项开支较大的精神生活,除了有连续性的闲暇时间以外,还要有一定的经济条件。在现实条件下,大多数人的经济承担能力还是有限的。对大多数人来说,还只能是短期的、近距离的、低消费水平的游览。

基于以上客观情况,我们要相应地研究园林风景区的发展对策,积极开辟具有丰富活动内容的园林和距离市区较近的风景游览区,是满足现阶段人们消费水平旅游需要的当务之急。发展近郊风景游览区的建设,不但是贯彻执行城市总体规划的具体任务，也是适应今后相当时期内人民旅游需要的重要措施。近郊风景区的建设与发展国际旅游的需要也是一致的。

(四)满足人们闲暇时间的需求

闲暇时间一般是指：人们每天除了必要的工作时间，满足生理需要的时间(如睡眠和休息等)、家务劳动和上下班往返时间以外，可供自己支配的其他时间。社会的闲暇时间的总量是由社会生产力水平所决定的。在我们的社会里，每个人都有一定的闲暇时间，只是由于处在不同的历史发展阶段、不同的职业、不同的经济地位等原因，所占有的闲暇时间各不相同。据统计，近百年来，世界发达国家的工作时间缩短了一半，从每周工作 6 天每天工作 12 小时，缩短到每周工作 5 天每天工作 7 小时，闲暇时间由此增加了 2～3 倍。

在我国随着社会生产力的发展，人们的闲暇时间必然逐步增加。这种现象的出现，对人类精神文明建设是件好事，对社会、对个人都是一笔巨大的财富，它的价值是多方面的。马克思在《政治经济学批判》中写道：从整个社会来说，创造可以自由支配的时间，也就是创造产生科学、艺术等等的时间。在现实生活中，人的个性的全面发展，人在文化享受和创造方面的活动，基本是在闲暇时间进行的。人们在闲暇时间内，可以从事各种精神文化的创造活动，可以得到愉快的娱乐和休息，可以学习自己爱好的技能，发展丰富多样的兴趣。现在社会上养花种树制作盆景的业余爱好者大量涌现，到公园游览，到风景区旅游的风气盛行起来了，这充分说明了人们生活水平的提高，也是闲暇时间增加的必然结果。对个人来说，是文化消费的时间，又是文化创造的时间。从中可以获得享受，又可在文化艺术上得到发展。社会主义文化建设也应该包括健康、愉快、生动、活泼、丰富多彩的群众娱乐活动，使人民在紧张劳动后的休息中，得到高尚趣味的精神上的享受。对社会来说，人们的闲暇时间，在高尚的文化活动中，可以得到"补偿"和发展，对个人对社会都可以发挥积极的作用。

但是，物质条件的增长和闲暇时间的增多，同精神文明的进步，并不都是成正比的,这一点已为历史和现实所证明,关键在于客观上要创造开展正当的高尚的文化活动的条件和场所,在主观上要给予正确的引导和提倡。在资本主义社会里,物质生活水平虽然很高,闲暇时间也比较多,然而腐朽堕落的现象却非常严重。在我国,闲暇文化活动中,一些消极的现象也是存在的。因此,随着我国物质生活水平的提高和闲暇时间的增多,积极发展园林绿化事业,满足人民闲暇时间的合理利用和业余活动的健康发展,对提高人民生活质量有重要意义。

社会主义的精神文明建设涵盖了非常广泛的领域和内容。尤其在公园、动物园、植物园以及各类风景观光区等开放性的园林绿地中,与社会的互动最为广泛,与公众的联系也相当频繁。在这一独特的背景下,结合公园和绿地的服务,我们在社会主义的精神文明建设上有许多可以采取的措施。我们应当充分发挥绿色环境的优势,为广大人民提供一个干净、宁静的休憩场所,并组织各种文化活动,确保人民在忙碌的工作后,能够充分地利用他们的空闲时间,获得一个满意的休息环境。我们还可以将教育和娱乐相结合,在参观园林的过程中,向大家普及植物学和动物学的知识,同时开展科学普及活动,以传播人类在认识和改造自然过程中所积累的精神财富。激发人们,尤其是年轻一代,对科学的热爱和学习的热情。我们还可以鼓励人民在空余时间里种植花卉和树木,以此来陶冶他们的情操,培养他们对艺术的欣赏能力,丰富他们的文化生活,并提升他们的美学修养。我们还可以充分利用公园和各种开放的绿色空间,广泛地与公众互动,通过人们喜爱和充满活力的方式,在大众中推广尊重长辈、关爱儿童、乐于助人、遵循社会道德和注重文明礼仪的社会价值观,鼓励文明的活动,并利用园林这片美丽的土地,丰富人们的休闲生活。

(五)为适应人口老龄化做准备

人口老龄化,对经济和社会的发展带来一些问题。主要表现在:一是劳动力结构趋向老化;二是社会的经济负担将不断加重;三是老年人的生活照料问题突出;四是老年人口对社会提出一些特殊需求。

现代老年人的精神文化需要,参考国外的分类方法,并结合我国实际情况,把老年人的爱好可以分为五种类型,即:阅读型、锻炼型、生产型、视听型和娱乐型。其中锻炼型主要包括打拳、跑步、做操等;娱乐型主要包括旅游、书画、打扑克、下棋、种花等。人口年龄结构老化将产生深刻的广泛的社会影响。其中老年人的休憩娱乐场所是个大问题。现在主要问题是许多老年人反映:无事可做,无处可去。积极扩大园林绿地为老年人提供休息场所是非常必要的。在一些现代小区里组成了老年人养花协会,并且已经举办了老年人花展、养花讲座等活动,充分反映了园林绿化事业为适应老龄化的趋势。

第四节　中西方园林的美学观念

一、园林美学概述

园林美是园林师对生活(包括自然)的审美意识(思想感情、审美趣味、审美理想等)和优美的园林形式的有机统一,是自然美、艺术美和社会美的高度融合。它是衡量园林作品艺术表现力强弱的主要标志。

(一)园林美的属性和特征

园林属于多维空间的艺术范畴,一般有两种看法:一曰三维、时空和联想空间(意境);二曰线、面、体、时空、动态和心理空间等。其实质都说明园林是物质与精神空间的总和。

园林美具有多元性,表现在构成园林的多元素和各元素的不同组合形式之中。园林美也有多样性,主要表现在历史、民族、地域、时代性的多样统一之中。

园林作为一个现实生活境域,营造时就必须借助于自然山水、树木花草、亭台楼阁、假山叠石,乃至物候天象等物质造园材料,将它们精心设计,巧于安排,创造出一个优美的园林景观。因此,园林美首先表现在园林作品可视的外部形象物质实体上,如假山的玲珑剔透、树木的红花绿叶、山水的清秀明洁。这些造园材料及其所组成的园林景观便构成了园林美的第一种形态——自然美实体。

尽管园林艺术的形象是具体而实在的,但园林艺术的美却不仅限于这些可视的形象实体表面,而是借助于山水花草等形象实体,运用各种造园手法和技巧,通过合理布置,巧妙安排,灵活运用来表达和传送特定的思想情感,抒写园林意境。园林艺术作品不仅仅是一片有限的风景,而是要有象外之象,景外之景,即"境生于象外",这种象外之境即为园林意境。重视艺术意境的创造,是中国古典园林美学上的最大特点。中国古典园林美主要是艺术意境美,在有限的园林空间里,缩影无限的自然,造成咫尺山林的感觉,产生"小中见大"的效果,拓宽园林的艺术空间。如扬州的一个园林,成功地布置了四季假山,运用不同的素材和技巧,使春、夏、秋、冬四时景色同时展出,从而延长园景时间。这种拓宽艺术时空的造园手法强化了园林美的艺术性。

当然,园林艺术作为一种社会意识形态,作为上层建筑,它自然要受制于社会存在。作为一个现实的生活境域,亦会反映社会生活的内容,表现园主的思想倾向。例如,法国的凡尔赛宫苑布局严整,是当时法国古典美学总潮流的反映,是君主政治至高无上的象征。再如上海某公园的缺角亭,作为一个园林建筑的单体审美,缺角后就失去了其完整的形象,但它有着特殊的社会意义。建此亭时,正值东北三省沦陷于日本侵略者手中,园主故意将东北角去掉,表达了为国分忧的爱国之心。理解了这一点,你就不会认为这个亭子不美,而是会感到一种更高层次的美的含义,这就是社会美。

可见,园林美应当包括自然美、社会美、艺术美三种形态。

系统论有一个著名论断:整体不等于各部分之和,而是要大于各部分之和。英国著名美学家赫伯特·里德(Herbert Read)曾指出:"在一幅完美的艺术作品中,所有的构成因素都是相互关联的;由这些因素组成的整体,要比其简单的总和更富有价值"。园林美不是各种造园素材单体美的简单拼凑,也不是自然美、社会美和艺术美的简单累加,而是一个综合的美的体系。各种素材的美,各种类型的美相互融合,从而构成一种完整的美的形态。

二、园林美的主要内容

如果说自然美是以其形式取胜,园林美则是形式美与内容美的高度统一。它的主要内容有以下十个方面。

(一)山水地形美

山水地形美包括地形改造、引水造景、地貌利用、土石假山等,它塑造园林的骨架和脉络,为园林植物种植、游览建筑设置和景点的控制创造条件。

(二)借用天象美

借用天象美,即借日月雨雪造景,如观云海霞光,看日出日落,设朝阳洞、夕照亭、月到风来亭、烟雨楼,听雨打芭蕉、泉瀑松涛,造断桥残雪、踏雪寻梅等意境。

(三)再现生境美

仿效自然,创造人工植物群落和良性循环的生态环境,创造空气清新、温度适中的小气候环境。花草树木永远是生境的主体,也包括多种生物。

(四)建筑艺术美

风景园林中由于游览景点、服务管理、维护等功能的要求和造景需要,要求修建一些园林建筑,包括亭台廊榭、殿堂厅轩、围墙栏杆、展室公厕等。建筑绝不可多,也不可无,古为今用,外为中用,简洁巧用,画龙点睛。建筑艺术往往是民族文化和时代潮流的结晶。

(五)工程设施美

园林中,游道廊桥、假山水景、电照光影、给水排水、挡土护坡等各项设施必须配套,要注意艺术处理而区别于一般的市政设施。

(六)文化景观美

风景园林常为宗教圣地或历史古迹所在地,"天下名山僧占多"。园林中的景名景序、门楣对联、摩崖碑刻、字画雕塑等无不浸透着人类文化的精华,创造了诗情画意的境界。

(七)色彩音响美

风景园林是一幅五彩缤纷的天然图画,是一曲袅绕动听的美丽诗篇。蓝天白云,花红叶绿,粉墙灰瓦,雕梁画栋,风声雨声,鸟声琴声,欢声笑语,百籁争鸣。

(八)造型艺术美

园林中常运用艺术造型来表现某种精神、象征、礼仪、标志、纪念意义以及某种体形、线条美,如图腾、华表、雕像、鸟兽、标牌、喷泉及各种植物造型艺术小品等。

(九)旅游生活美

风景园林是一个可游、可憩、可赏、可学、可居、可食、可购的综合活动空间,满意的生活服务,健康的文化娱乐,清洁卫生的环境,交通便利,治安保证与特产购物,都将给人们带来情趣,带来生活的美感。

(十)联想意境美

联想和意境是我国造园艺术的特征之一。丰富的景物,通过人们的接近联想和对比联想,达到触景生情,体会弦外之音的效果。"意境"一词最早出自我国唐代诗人王昌龄的《诗格》,说诗有三境:一曰物境;二曰情境;三曰意境。意境就是通过意象的深化而构成心境应合,神形兼备的艺术境界,也就是主客观情景交融的艺术境界。风景园林就应该是这样一种境界。

三、中国园林的审美观

中国园林审美观的确立大约可追溯到魏晋南北朝时期。特定的历史条件迫使士大夫阶层淡漠政治寄情于山水,并从湖光山色蕴含的自然美中抒发情感,使中国的造园带有很大的随机性和偶然性。他们所追求的是诗画一样的境界。如果说造园主也十分注重造景的话,那么它的素材、原型、源泉、灵感等就是在大自然中去发现和感受,从而越是符合自然天性的东西便越包含丰富的意蕴。纵观布局变化万千,整体和局部之间也没有严格的从属关系,结构松散,以致没有什么规律性。正所谓"造园无成法"。甚至许多景观却有意识的藏而不露,"曲径通幽处,禅房草木生""山重水复疑无路,柳暗花明又一村",这都是极富诗意的意境。

(一)中国园林中的自然美

中国园林讲究在园林中再现自然,"出于自然,高于自然"是中国古典园林的一个典型特征。以中国园林中的"叠山""弄水"为例,园林中的"叠山"是模拟真山的全貌,或截取真山的一角,以较小的幅度营造峰、峦、岭、谷、悬岩、峭壁等形象。从它们堆叠的章法和构图上可以看到对天然山体规律的概括和提炼。园林中的假山都是真实的山体的抽象化、典型化;园林中的各种水体也是自然界中河、湖、海、池、溪、涧、泉、瀑等的抽象概括,根据园内地势和水源的具体情况,或大或小,或曲或直,或静或动,用山石点缀岸矶,堆岛筑桥,以营造出一种岸曲水洞,似分还连的意境,在有限的空间里尽量模仿天然水景的全貌,这就是"一勺则江湖万里"的立意。

崇尚自然的思想在中国园林中首先表现为中国人特殊的审美情趣。平和自然的美学原则,虽然一方面是基于人性的尺度,但与崇尚自然的思想也是密不可分的。例如,造园的要旨就是"借景"。"园外有景妙在'借',景外有景在于'时',花影、树影、云影、风声、鸟语、花香、无形之景,有形之景,交织成曲。"可见,中国传统园林正是巧于斯,妙于斯。明明是人工造山、造水、造园,却又要借自然界的花鸟虫鱼、奇山瘦水,制造出"宛若天开,浑如天成"之局面。中国园林从形式和风格上看虽属于自然山水园,但绝非简单地再现或模仿自然,而是在深切领悟自然美的基础上加以萃取、抽象、概括、典型化。这种创造却不违背自然的天性,恰恰相反,是顺应自然并更加深刻地表现自然。中国园林十分崇尚自然美,把它作为判断园林水平的依据。造园者最爱听的评价就是"有若自然",最担心的评价是人工化、匠气。

(二)中国园林中的"情""景"交融之美

中国人在追求自然美的过程中,总喜欢把客观的"景"与主观的"情"联系起来,把自我也摆到自然环境之中,物我交融为一,从而在创造中充分地表达自己的思想情感,准确地抓住自然美的精华,并加以再现。此乃姜夔所言:"固知景无情不发,情无景不生。"将人的情感融汇于自然并强调人在自然环境中的地位,此所谓天与人合而为一。这种天人合一的传统文化理念,对中国园林影响深远,这种崇尚自然的思想潮流,对园林艺术的发展起到了积极的推动作用。许多文人墨客以寄情于山水为高雅,把诗情画意融合于园林之中。对于建在郊外的规模较大的园林则注意保留天然的"真意"和"野趣""随山依水"地建造园林。对于位于城市中的规模较小的园林则注重用集中、提炼、概括的手法来塑造大自然的美景,使其源于自然而高于自然。"情融于景,景融于情"反映了中国人在造园中的传统哲学思想和审美追求。中国人崇尚自然,造园之时以情入景,以景寓情,观赏之时则触景生情,把自己当作自然环境的一部分。因此,中国园林就是把自然的美与人工的美高度结合起来的环境空间产物。辛弃疾的"我见青山多妩媚,料青山见我应如是",正是体现了情景交融、天人合一,渗入大自然的意境。

(三)中国园林中的意境美

意境是中国艺术创作中的最高追求,是中国古典美学中经久不衰的命题。作为中国古典文化的一部分,园林也是把意境的创造作为最高的追求。中国园林追求诗的意蕴、画的意境,处处体现一种诗情画意。园林中的意境能引发人们的深思、联想,把物境与心境糅合在一起,情景交融,物我共化。中国古典园林以写意的手法再现对自然山水的感受,游人置身于园林中,产生触景生情、寓情于景、情景交融的心理活动。另外,意境也是有时节性的,往往最佳状态的出现是短暂的,但又是不朽的,即《园冶》中所谓的"一鉴能为,千秋不朽"。如杭州的"平湖秋月""断桥残雪",扬州的"四桥烟雨"等,只有在特定的季节、时间和特定的气候条件下,才能充分发挥其感染力的最佳状态。这些主题意境最佳状态的出现,从时间上来说虽然短暂,但受到千秋赞赏。

1.从物境到意境

通过形式美感的营造直接以物境塑造意境。"山自无言,水自无语",然而,山水无情人有情,中国文化历来精于托物言志,如用蓬莱、瀛洲、方丈三山表达对神仙的向往,北海、颐和园、西湖都在湖中置岛模拟仙山;用松梅竹来表达文人的品行高洁。而古典园林中对孤赏置石的品鉴和运用,堪称用物境的形式美营造意境美的典范。园林的名题如匾额、楹联等也是从物境到意境的重要表达手法。

2.从意境到意境

预先设定园林的意境,通过对物境形式美的营造达成意境的展现。文人雅士们为表达自己大隐于市,却依然意在朝廷的志愿,常常筑园结庐,广结同类以造声势。如沧浪亭、拙政园都是因意筑景,以景引意,意得于境的营建过程。古典园林还擅长巧妙地运用缩影来完成从意境到意境的表达方式。

四、西方园林的美学观

(一)西方园林的形成

西方园林,追根穷源可以上溯到古埃及和古希腊,其最初大都出于农事耕作的需要,丈量耕地而发展了几何学。在其发展中,从农业种植及灌溉发展到古希腊整理自然、使其秩序化,都是人对自然的强制性的约束。西方园林经过古罗马、文艺复兴到17世纪下半叶形成的法国古典园林艺术风格,一直强调着人与自然的抗争。"天人相胜"的观念、理性的追求已体现在西方园林之中。一块长方形的平地、被灌溉水渠划成方格,果树、蔬菜、花卉、药草等整齐种在这些格子形的畦里,通过整理自然,形成有序的和谐,这是世界上最早的规则式园林。在西方,古人认为艺术美来源于数的协调,只要调整好了数量比例,就能产生出美的效果。

艺术中重要的是:结构要像数学一样清晰和明确,要合乎逻辑。用数字来计算美,力图从中找出最美的线型和比例,并且企图用数学公式表现出来。在这种"唯理"美学思想的影响下,西方造园遵循形式美的法则,呈现出一种几何制的关系,诸如轴线对称、均衡以及确定的几何状态,如直线、正方形、圆、三角形等的广泛应用,传达一种秩序和控制的意识。西方园林主干分明,功能空间明确,树木有规律栽植,修剪整齐,给人以秩序井然、清晰明确的印象。

(二)西方园林的美学观念

1.西方园林中的形式美

西方美学自形成的那一天起,便受到唯心主义美学观的影响。柏拉图、黑格尔认为自然事物美,根源于理念或神;而克罗曼则认为自然美源于人的心灵。他们都忽视、否定自然美。法国造园家格罗莫声称:"园林是人工的,是一个构图,我们的目标不是费尽心机去模拟自然景致的偶然性,对我们来说,问题是要把自然风格化。"他说:"大自然是无意无识的,它不会把很美的景象给我们留着。""几乎不能想象一座真正的树木边缘延伸到凡尔赛宫殿的几米之内。"唯心主义的造园美学观夸大地将一切自然美都归结为现象的美,使西方园林仅为建筑领域扩大和延伸,并服从建筑学构图法则。因此,大哲学家黑格尔得出了园林是不完备的艺术的结论。

西方人认为造园要达到完美的境地,必须凭借某种理念去提升自然美,从而达到艺术美的高度,也就是一种形式美。从而西方造园家刻意追求几何图案美,园林中必然呈现出一种几何制的关系,诸如轴线对称、均衡以及确定的几何形状,如直线、正方形、圆、三角形等的广泛应用。尽管组合变化可以多种多样千变万化,仍有规律可循。西方造园既然刻意追求形式美,就不可能违反形式美的法则,因此,园内的各组成要素都不能脱离整体,而必须将一种确定的形状和大小镶嵌在某个确定的部位,于是便显现出一种符合规律的必然性。

2.西方园林中的清晰明确、井然有序之美

西方园林主从分明,重点突出,各部分关系明确、肯定,边界和空间范围一目了然,空间序列段落分明,给人以秩序井然和清晰明确的印象。遵

循形式美的法则显示出一种规律性和必然性,而但凡规律性的东西都会给人以清晰的秩序感。另外,西方人擅长逻辑思维,对事物习惯于用分析的方法以揭示其本质,这种社会意识形态大大影响了人们的审美习惯和观念。

3. 西方园林中的人工美

尽管西方的美学文献中也提及了自然美,但他们持有的观点是,自然美本质上是存在瑕疵的,除非经过人为的改良,否则它不能达到完美的状态,这意味着自然美本身并没有其独特的审美价值。自然界中的任何事物都是自由存在的,如果没有有意识地注入生命和主题的观念,那么这些事物就无法体现出理想之美的特质。因此,自然之美难免有其不足,无法转化为真正的艺术之美。园林是人为设计的,我们应该根据人们的意愿进行改造,这样才能创造出完美的环境。观察现象,西方的园艺设计主要依赖于通过人为手段来改善其自然环境。在西方的园林设计中,无论是砖石还是植物,大部分都是经过精心的手工加工而成的理想形态。这种设计强调了人们对自然的深刻改造,采用了规整的布局和几何形状作为基础的园林布局。再加上广阔的土地和稀疏的居住环境,西方园林在中轴对称的控制下展现出了广阔的视角和宏伟的氛围。

西式园林在注重外在几何秩序的形式美感的同时,更注重园林的功能性,以人为本,很早就有了功能明确的剧场、廊架、泳池等户外娱乐游憩场所,充分体现人类活动一切为人服务的世界观。

(1)基础和园路叠石

有时为了远眺,为了借景园外而建层楼敞阁亭榭,宜在高处。于是叠小山作为崇台基础,而建楼阁亭榭于其上或其前或其侧。《园冶·掇山》篇中写道:"楼面掇山,宜最高才入妙,高者恐逼于前,不若远之,更有深意。"对于阁山,计成认为:"阁,皆四敞也,宜于山侧,坦而可上,便以登眺,何必梯之。"此外,从假山或高地飞下的扒山廊、跨谷的复道、墙廊等,在廊基的两侧也必有叠石,或运用点石手法和基石相结合,既满足工程上要求又达到艺术效果。飞渡山涧的小桥,伸入山石池的曲桥等,在桥基以及桥身前后也常运用各种叠石方式，它们与周围的环境相协调，形势相关联。

园路的修建不只是用石，这里仅就园林里用石的铺地、砌路、山径、盘道、蹬级、步石和路旁叠石的传统做法简述如下。计成在《园冶·铺地》篇中认为：园路铺地的处理，可相地合宜而用。有时，通到某一建筑物的路径不是定形的曲径而是在假定路线的两旁散点和聚点有石块，离径或近或远，有大有小，有竖有横，若断若续的石块，一直摆列到建筑的阶前。这样，就成为从曲径起点导引到建筑前的一条无形的但有范围的路线。有时必须穿过园地到达建筑但又避免用园路而使园地分半，就采用隔一定踱距安步石的方式。如果步石是经过草地的，可称跋石(在草地行走古人称“跋”)。

假山的坡度较缓时山路可盘绕而上，或虽峭陡但可循等高线盘桓而上的路径，通称盘道。盘道也可采用不定形的方式，在假定路线的两旁散点石块，好似自然而然地在山石间踏走出来的山径一般，这样一条山径颇有掩映自然之趣。如果坡度较陡，又有直上必要，或稍曲折而上，都必须蹬级。山径，盘道的蹬级可用长石或条石。安石以平坦的一面朝上，前口以斜坡状为宜，每级用石一块可，或两块拼用亦可，但拼口避免居中，而且上下拼口不宜顺重，也就是说要以大小石块拼用，才能错落有致。在弯道地方力求内收外放成扇面状，在高度突升地方的蹬级，可在它两旁用体形大小不同的石块相对剑立，即常称作蹲配的点石。这蹲配不仅可强调突高之势，也起扶手作用，同时也有挡土防冲刷的作用。有时崇台前或山头临斜坡的边缘上，或是山上横径临下的一边，往往点有一行列石块，好似用植物材料构成的植篱一样。这种排成行列的点石也起挡土防冲刷的作用。

(2)选石

掇山叠石都需要用石。我国山岭丘壑广大，江河湖海众多，天然石材蕴藏丰富，历代造园家慧眼独具，从中筛选出很多名石。计成《园冶》对中国古代园林常用石品归纳为 16 种，主要如下：

太湖石：产于苏州洞庭山水边。石性坚实而润泽，具有嵌空、穿眼、宛转、险怪等各种形象。一种色白,一种色青而黑,一种微黑青色。石质纹理纵横交织,笼络起伏,石面上遍布很多凹孔。此石以高大者为贵,适宜竖立在亭、榭、楼、轩馆堂等物之前,或点缀在高大松树和厅花异木之下,堆成假山,景观伟丽。

昆山石:产于江苏昆山县马鞍山土中,石质粗糙不平,形状奇突透空,没有高耸的峰峦姿态。石色洁白,可以做盆景,也可以点缀小树和花卉。

龙潭石:产于南京以东约70里一个叫七星观的地方。石有数种,一种色青质坚,透漏,纹理频似太湖石。一种色微青,性坚实,稍觉顽笨,堆山时可供立根后覆盖椿头之用。一种花纹古拙,没有洞,宜于单点。一种色青有纹,像核桃壳而多皱,若能拼合皱纹掇山,则如山水画一般。

青龙山石:产于南京青龙山。有一种大圈大孔形状,完全由工匠凿取下来,做成假山峰石,只有一面可看。可以堆叠成像供桌上的香炉,花瓶式样,如加以劈峰,则呈"刀山剑树"模样。也可以点缀在竹树下,但不宜高叠。

灵璧石:产于安徽宿县的磬山。形状各异,有的像物体,有的像峰峦,险峭透空。可以置放几案,也可制成盆景。

岘山石:产于镇江城南的大魄山。形状奇怪万状,色黄,质清润而坚实。另有一种灰青色,石眼连贯相通。三者都是掇山的好石料。

宣石:产于安徽宣城县东南。石色洁白,且越陈旧越洁白。另有一种宣石生棱角,形似马牙,可摆放在几案上。

湖口石:产于江西九江湖口县。一种青色,自然生成像峰峦、崖、壑或其他形状。一种扁薄而有孔隙,洞眼相互贯通,纹路像刷丝,色微润。苏轼视为"壶中九华",并有"百金归贾小玲珑"之礼赞。

英石:产于广东英德县。有十数种,色分别量白、青灰、黑及浅绿,呈峰峦壑之形,以"瘦、透、漏、皱"的质地而闻名。可置放几案,也可点缀假山。

散兵石:产于巢湖之南。石块或大或小,形状百出,质地坚实,色彩青黑,有像太湖石的,有古雅质朴而生皱纹的。

黄石:常州的黄山,苏州的尧峰山,镇江的圃山,沿长江直到采石矶都有出产。石质坚实,斧凿不入,石纹古朴拙茂,奇妙无穷。

锦川石:据陈植先生考,此石产地不一,一为辽宁锦县小凌河,一为四川等地。有五色石的,也有纯绿色的,纹路像松树皮。纹眼嵌空,青莹润泽,可插立花间树下,也可堆叠假山,犹如劈山峰。

六合石子:产于江苏南京灵崖山。石很细小,形似纹彩斑斓的玛瑙,有的纯白,有的五花十色。形质和润透亮,用来铺地,或置之涧壑溪流处,令人赏心悦目。

掇山叠石的用石,不限于上述石材,古代造园家都能够根据当地物产,因地制宜地选择石料,如北京地区选用北太湖石、西山湖石,岭南地区选用珊瑚礁、石蛋等。计成在《选石》篇前言中就说:"是石堪堆,便山可采,石非草木,采后复生。"在篇末又说:"夫葺园圃假山处处有好事,处处有石块,但不得其人,欲询出石之所,到地有山,似当有石,虽不得巧妙者,随其顽夯,但有文理可也。从岩石学分类来说,属火成岩的花岗岩各类、正长岩类、闪长岩类、辉长岩类、玄武岩类、属层积岩的砂岩、有机石灰岩以及属变质岩的片麻岩、石英岩等都可选用。"

采用多种岩石时,应当把石头分类选出,地质上产生状态相类生在一起的才可在叠石时合在一起使用,或状貌、质地、颜色相类协调的才适合在一起使用,有的石块"堪用层堆",有的石块"只宜单点",有的石块宜作峰石或"插立可观",有的石头"可掇小景",都应依其石性而用。至于作为基石,中层的用石,必须满足叠石结构工程的要求,如质坚承重,质韧受压等。

石色不一,常有青、白、黄、灰、紫、红等。叠石中必须色调统一,而且要和周围环境调和。石纹有横有竖,有核桃纹多皱,有纹理纵横,笼络起隐,面多坳坎,有石理如刷丝,有纹如画松皮。叠石中要求石与石之间的纹理相顺,脉胳相连,体势相称。还要看石面阴阳向背,有的用石还稍加斧琢,使之或成物状,或成峰峦。

第二章　园林工程

第一节　园林工程发展过程

一、古代园林工程雏形(中外古典园林技艺初窥)

在人类文明长河的源头,园林工程作为人类驯服自然、美化生活环境的艺术实践,悄然萌芽、生长。彼时,无论是东方华夏大地,还是西方古老城邦,园林皆承载着特定时代下人们对理想生活场景与超凡精神境界的憧憬,虽风格迥异,却各绽异彩。

中国,这片拥有数千年农耕文明底蕴的土地,孕育出了独树一帜的古典园林体系。早在殷商时期,囿苑的出现拉开了中国园林工程历史的大幕。"囿",作为圈定一定范围的皇家狩猎游乐场地,有着最质朴原始的园林功能——蓄养禽兽、种植果蔬,满足统治阶层物质享受需求的同时,初步显现出人对自然环境改造利用的意图。周文王的"灵囿"规模可观,其间草木丰茂、珍禽异兽穿梭,不仅彰显王者权威,更孕育着早期园林生态平衡观念的雏形,天然植被与放养动物和谐共生,构建起微型生态群落。

至秦汉时期,大一统王朝国力昌盛,园林工程迎来第一个发展高峰。秦始皇一统六国后大兴土木,阿房宫依骊山而建,园林布局气势恢宏,引水为池、堆土成山,模拟自然山水形态,虽宫殿主体毁于战火,但从史料记载与考古遗迹中仍可窥探其精妙构思。汉武帝时期,上林苑横空出世,广袤无垠,囊括山川湖泊、宫室台榭无数。"一池三山"格局在此定型,挖凿昆明池,于池中堆砌蓬莱、方丈、瀛洲三座仙山,以人工之力复刻海上仙境,既蕴含求仙问道的宗教诉求,更是园林造景艺术手法的重大突破,叠山理水技艺自此愈发成熟精细；私家园林也在这一时期崭露头角，如西汉梁孝王的兔园，园内怪石嶙峋、花木繁盛，亭台楼阁错落有致，开启了文人雅士借园林寄托情思、修身养性的先河。

魏晋南北朝，时局动荡却催生了思想文化领域的大繁荣，园林风格从秦汉的雄浑壮阔向自然清新、意境深远转变。士大夫阶层纷纷归隐山林、寄情山水，私家园林崇尚"虽由人作，宛自天开"，力求在有限庭院空间内缩移山水景致，写意式造景手法大放异彩。东晋顾恺之笔下的《洛神赋图》，以细腻笔触描绘出贵族园林景致，蜿蜒溪流、葱郁林木、精巧亭榭隐匿于云雾间，尽显悠然闲适意境；石崇的金谷园，清泉茂林环绕，名士雅集其中，吟诗作画、饮酒作乐，园林不仅是景观实体，更成为文化社交中心，推动了园林与文学、绘画等艺术形式相互交融渗透。

隋唐盛世，经济繁荣、文化昌盛，园林工程步入黄金时代。皇家园林规模宏大、规制严谨，大明宫太液池波光粼粼，池畔垂柳依依、宫殿巍峨，尽显大唐气象；私家园林则在文人墨客雕琢下更具诗意与生活气息，王维的辋川别业堪称典范，依循自然山势、溪流走势布局园林建筑与景观节点，将山水田园诗意境具象化，"空山新雨后，天气晚来秋。明月松间照，清泉石上流"，诗中景致便是园内日常风光，园林营造与文学创作相辅相成，写意造景登峰造极；寺庙园林蓬勃兴起，融入宗教文化元素，清幽宁静、庄严肃穆，为信徒提供超凡脱俗修行之所，也丰富了园林风格类型。

宋元时期，理学兴盛，园林审美追求简约雅致、含蓄内敛。北宋都城东京（今开封）的艮岳，集全国奇石、珍木于一园，宋徽宗赵佶亲自参与设计，造园工匠运用"瘦、透、漏、皱"选石标准堆砌假山，模拟自然峰峦沟壑，错落有致、鬼斧神工；园内水系蜿蜒曲折，与假山、花木相互映衬，形成灵动变幻景观格局，堪称宋代园林工程集大成者。江南私家园林在这一时期愈发精致细腻，以苏州园林为代表，沧浪亭、狮子林等名园初露峥嵘，注重借景、障景、框景等手法运用，透过一扇花窗、一弯月洞门，便能将园外自然景致巧妙"借"入园内，拓展视觉空间，于咫尺天地营造万千气象。

明清时期，园林工程技术炉火纯青，古典园林迎来全面鼎盛。皇家园林圆明园、颐和园、承德避暑山庄并称为"三山五园",圆明园更是"万园之园",融合中西园林特色,既有中式山水园林婉约风姿,又引入西洋楼建筑与喷泉景观,彰显海纳百川文化胸襟;私家园林遍布江南城乡,造园世家技艺传承,涌现大批经典名园,拙政园以水为脉,水面开阔、岛屿错落、建筑依水而建、错落分布,疏朗闲适;留园空间布局紧凑多变,曲径通幽、庭院深深,漏窗、回廊串联起不同景致空间,一步一景、景随步移,将园林空间美学发挥到极致;造园著作《园冶》问世,计成系统总结造园理论与技法,从相地、立基、屋宇、装折到掇山、选石、借景,事无巨细,为后世园林工程提供了详尽理论指导与实操范本。

目光转向西方,古希腊与古罗马文明同样孕育出璀璨古典园林文化。古希腊园林多与公共生活紧密相连,城邦公共园林是公民议政、休闲社交场所,庭院园林则附属于住宅,为贵族日常生活增色。园林布局规整对称,以柱廊环绕庭院,中心设矩形花坛,种植橄榄树、月桂树等本土植物,搭配精美的雕塑作品,凸显秩序与比例美感,体现古希腊人对理性、和谐美学追求;彼时植物修剪技艺初现端倪,灌木常被剪成规则球形、圆锥形,整齐排列于花坛边缘,强化几何构图视觉效果。

古罗马继承并拓展了古希腊园林传统,伴随帝国版图扩张与财富积累,园林规模与奢华程度远超往昔。大型庄园园林成为贵族避暑享乐胜地,引水渠、喷泉设施精巧繁复,依靠强大水利工程技术,让源源不断水流在园内奏响灵动乐章,人工瀑布、水帘洞景观层出不穷;园林植物种类更为丰富多样,从周边地区乃至遥远异域引种众多奇花异木,棕榈树、柏树装点庭院,玫瑰、百合馥郁芬芳;马赛克镶嵌工艺广泛应用于园路铺装、泳池底部装饰,色彩斑斓、图案精美,彰显古罗马精湛工艺与奢靡生活风尚;哈德良别墅堪称园林建筑艺术杰作,依地势起伏巧妙布局宫殿、浴场、花园诸多功能区,融合希腊、埃及、波斯等多元文化元素,仿若微缩版世界园林景观博览园。

中世纪欧洲,基督教文化占据主导地位,园林发展陷入相对停滞,多为修道院附属园林与城堡庭院园林。修道院园林功能实用,以种植蔬菜、草药供僧侣生活、医疗所需为主,布局简单规整;城堡庭院园林兼具防御与生活功能,四周高墙环绕,内部划分游乐区、菜园、果园等不同区域,园林植物修剪整齐,花卉种植注重色彩搭配,为冷峻严肃城堡增添一抹温馨生机。

直至文艺复兴时期,西方园林重焕生机,意大利台地园异军突起。受古罗马园林启发,结合丘陵地形地貌,意大利园林师打造出层层叠叠台地式花园景观。佛罗伦萨美第奇家族的波波里花园,依山势修筑多级台地,以中轴线对称布局,台阶、栏杆、雕塑井然有序;喷泉、水池居于关键节点,水流借地势落差形成飞瀑、水帘,在阳光照耀下熠熠生辉;植物配置兼顾观赏与芳香功能,柑橘树、薰衣草漫布园内,馥郁香气随微风飘散;台地园巧妙利用地形高差营造丰富视觉层次,让人于园中漫步,移步换景间尽览壮美景色,彰显意大利文艺复兴时期人文主义精神与艺术创造力。

二、近现代园林工程变革(工业革命至城市化初期转型)

18 世纪 60 年代,工业革命浪潮席卷而来,如同一股强大洪流,彻底改变了世界经济、社会与生活面貌,园林工程领域同样深陷这场史无前例的变革漩涡,历经阵痛与蜕变,实现了跨越式转型发展。

工业革命催生城市化进程狂飙突进,大量人口涌入城市,工厂烟囱林立、机器轰鸣,城市环境急剧恶化,拥挤、嘈杂、污染成为常态,往昔宁静田园风光不复存在。面对"城市病"肆虐,有识之士开始呼吁通过园林建设改善城市生态与市民生活质量,一场旨在重塑城市绿色空间的运动悄然兴起。

率先发声并付诸实践的是英国。19 世纪中叶,英国掀起"城市公园运动",在工业化阴霾最为浓重的城市核心区域,大刀阔斧开辟绿地公园。伦敦海德公园堪称这场运动的标志性成果,原本归属于王室的狩猎场向公众敞开怀抱,拆除围墙、填平沟渠,重塑景观格局。设计师巧妙利用场地原有地形与水系,拓宽湖面、堆砌岛屿,营造开阔水景空间;绵延大片草坪成为公园主体,绿树成荫、步道蜿蜒,市民得以在此自由漫步、休憩野餐；公园内增设骑马道、游船码头等休闲设施，满足不同人群娱乐需求；更为重要的是，海德公园打破了阶级壁垒，为所有市民提供平等享受绿色空间的权利，成为城市公共园林典范，引得欧美各国竞相效仿。

同一时期，美国景观设计师弗雷德里克·劳·奥姆斯特德(Frederick Law Olmsted)横空出世，他与合伙人卡尔弗特·沃克斯(Calvert Vaux)携手打造的纽约中央公园，无疑是园林工程史上又一座不朽丰碑。中央公园选址于曼哈顿岛中心，占地广阔，在寸土寸金城市心脏地带辟出一片绿洲堪称壮举。规划设计充分考量自然地形起伏，保留原始地貌特色，巧妙化解城市规整棋盘格布局与自然景观间冲突；公园由多片开阔草坪、茂密树林、蜿蜒溪流以及人工湖串联构成，营造出丰富多样景观层次；精心设计的游步道、马车道、桥梁贯穿全园，合理引导人流，确保游客既能悠然自得欣赏自然风光，又互不干扰；园内还规划有儿童游乐区、露天剧场、运动场地等功能性区域，满足市民多元化休闲诉求；纽约中央公园不仅是城市绿色肺叶，有效调节区域微气候、净化空气，更成为社交文化中心，各类集会、演出、展览在此频繁上演，承载着城市精神与民众情感，为全球大都市公园建设提供了教科书式范例。

在欧洲大陆，工艺美术运动与新艺术运动蓬勃兴起，为园林工程变革注入别样活力。工艺美术运动强调手工艺传统回归，抵制工业批量生产对艺术品质侵蚀，反映在园林设计上，便是追求自然、质朴、本土特色。英国设计师威廉·莫里斯(William Morris)倡导用本土植物营造自然式花园，摒弃异域奇花异草堆砌，其自家花园红屋花园便是实践典范，以多年生草本花卉、本土灌木搭配营造四季有景、野趣盎然景观；园林小品、建筑构件注重手工雕琢质感，铁艺围栏、木质花架造型古朴典雅，尽显传统工艺魅力。

新艺术运动则受自然主义、东方艺术影响，崇尚流动曲线、有机形态，园林设计挣脱传统几何束缚，走向自由奔放风格。法国园林师在城市广场、街头绿地设计中大胆运用S型曲线、涡卷纹元素，花坛边界蜿蜒曲折，花卉布置随性自然，喷泉造型仿若灵动水生植物，铁艺装饰线条柔美、图案抽象,赋予城市公共空间全新美学气质;比利时霍塔博物馆花园将新艺术风格演绎到极致,玻璃顶棚、铁艺廊柱装饰满自然主题花纹,园内小径似流水潺潺环绕建筑,植物攀爬缠绕,营造出如梦似幻艺术氛围。

伴随工业化进程,园林植物引种驯化、园艺栽培技术迎来飞跃发展。蒸汽船、火车等新型交通工具大幅缩短地理距离,异国植物种子、苗木得以漂洋过海、扎根异国他乡。来自南美洲的王莲惊艳亮相欧洲园林,硕大叶片承载孩童重量,引发园艺界轰动;中国牡丹、菊花传入西方后备受追捧,经园艺师精心选育培育出众多新品种;温室栽培技术革新,以钢铁、玻璃构建大型现代化温室,精准调控温湿度、光照条件,为热带、亚热带植物异地生长提供适宜环境,丰富园林植物素材库同时,也促使植物景观配置愈发多元复杂,激发设计师无尽创意灵感。

与此同时,工业技术革新为园林工程施工带来诸多便利与变革。蒸汽动力机械广泛应用于土方挖掘、搬运作业,取代传统人畜力,大幅提高施工效率,缩短工程周期;新型建筑材料如铸铁、钢筋混凝土问世,使园林小品、桥梁、建筑结构更为坚固耐用,造型也更加多样自由;制砖工艺进步催生色彩斑斓、款式丰富的铺装砖材,为园路铺装设计提供更多选择,拼花、镶嵌图案更为精美细腻;园艺工具推陈出新,剪枝剪、割草机改良升级,减轻园丁劳作强度,提升园艺精细化作业水平。

三、当代园林工程新趋势(生态理念、科技融合下的进阶)

步入 21 世纪,全球生态环境危机日益严峻,气候变化、生物多样性锐减、资源枯竭等问题如高悬达摩克利斯之剑,时刻警醒世人;科技领域却呈现爆发式增长态势,大数据、人工智能、生物技术等前沿科技成果日新月异。在这般时代背景下,园林工程紧扣生态与科技两大主题,不断突破传统边界,迈向全新发展阶段。

生态理念仿若一条红线,贯穿当代园林工程规划、设计、施工、养护全程。从顶层规划设计层面而言,园林绿地系统不再孤立存在,而是深度融入城市生态网络,与自然保护区、湿地、河流廊道相互连通,构建起完整生物多样性保育空间。新加坡滨海湾花园堪称全球生态园林典范,占地广袤,巨型"植物冷室"云雾林与花穹拔地而起,冷室内模拟热带雨林、高山植物生存环境,精准调控温湿度、光照、通风条件,为数千种濒危珍稀植物提供庇护所;户外花园打造层层叠叠植物景观梯田,种植本土及适应性良好外来植物,通过雨水收集利用、太阳能发电等生态技术手段,实现水资源、能源自给自足,园内蝴蝶翩跹、鸟儿欢歌,生物多样性指数远超普通城市绿地。

　　"海绵城市"理念风靡全球,园林工程成为践行这一理念主力战场。城市绿地摇身一变,成为雨水"储蓄罐"与"净化器"。透水铺装材料广泛应用于广场、人行道、停车场,孔隙结构让雨水迅速下渗至地下土壤层,补充地下水;雨水花园巧妙设计于建筑周边、道路低洼处,汇聚雨水后经植物根系、土壤微生物层层过滤净化,削减雨水洪峰流量,去除污染物,涵养水源;生态草沟蜿蜒分布于城市街巷,引导雨水有序流动,在沿途沉淀泥沙、吸附污染物,在汇入城市水系前完成初步净化;这些海绵设施相互协作,让城市像海绵一样,弹性应对雨水洪涝与干旱缺水双重挑战,缓解城市内涝、热岛效应等"城市病",实现雨水资源循环利用。

　　生态修复工程如火如荼开展,废弃矿山、工业棕地、退化河岸经园林之手重焕生机。德国鲁尔区曾是欧洲工业心脏,煤矿、钢铁厂关停后遗留大片荒芜棕地,当地政府与园林设计师携手,秉持生态修复理念打造系列工业遗址公园。杜伊斯堡北风景公园将废弃钢铁厂高炉、厂房、铁轨等工业遗迹保留改造,高炉变身观景台,厂房改造成艺术展览空间,铁轨周边种植耐金属污染植物,构建起别具一格工业文化景观与生态修复样板;美国高线公园则是废弃铁路线生态转型奇迹,原用于货物运输的高线铁路高悬纽约曼哈顿西区半空,荒废多年后经改造,沿线铺设木栈道、种植耐旱草本花卉、灌木,打造空中线性公园,市民漫步其上,既能俯瞰城市街景,又能近距离欣赏自然植物景观,实现城市基础设施废弃利用与生态景观营造双赢局面。

　　科技赋能是当代园林工程另一大显著趋势,数字化设计软件引领园林规划步入智能时代。建筑信息模型（BIM）技术在园林景观领域广泛应用，设计师借助专业软件构建三维可视化园林模型，精确模拟地形地貌、植物生长周期、光影变幻效果，提前排查设计方案潜在问题；模型集成植物品种、规格、价格及施工进度、成本预算诸多信息，实现全过程数据化管理，各专业团队协同作业更为高效流畅；地理信息系统（GIS）则为园林场地分析、选址决策提供强大技术支持，通过整合地形、土壤、气候、水系及城市功能分区数据，精准定位园林绿地最佳位置、规模与功能布局，让园林设计契合城市整体发展战略，资源配置更为合理优化。

施工环节，3D打印技术崭露头角，为园林景观小品、建筑构件定制开辟新径。复杂异形景观雕塑、特色花钵、镂空围墙等传统工艺难以企及的造型，如今借助3D打印设备可快速精准成型，材料选择多元，从环保可降解塑料到高强度混凝土不一而足，且打印过程高效节能、废料极少；无人机航拍测绘技术全程助力园林施工，高空全景拍摄施工现场，实时记录工程进度、植被覆盖情况，生成高精度三维地图，方便施工管理人员远程监控、精准调度；智能施工机械设备登场，无人驾驶挖掘机、装载机依据预设程序自动作业，降低人工操作误差，提高施工精准度与安全性。

养护管理层面，智能监控系统担当主角。遍布园林各处的传感器实时监测土壤湿度、肥力、酸碱度以及植物叶片水分含量、病虫害情况，数据经由无线网络即时回传至云端管理平台；平台依托大数据分析、人工智能算法，精准判断植物生长状态，自动触发灌溉、施肥、喷药指令，实现养护作业智能化、精细化；远程操控机器人穿梭于园林小径、花丛间，执行修剪枝叶、除草作业，减轻养护人员劳动强度，提升作业效率；利用卫星遥感技术、物联网技术，园林管理者可对跨区域、大规模园林绿地进行集中统一管控，全方位保障园林景观健康、持久。

跨学科协作成为当代园林工程常态，园林专业与生态学、材料学、计算机科学、环境科学深度融合。生态学家参与园林规划，提供生物多样性保护策略、生态系统服务功能优化方案；材料科学家研发新型环保园林材料，可降解塑料用于景观小品，透水混凝土、生态砖改良升级，提升材料性能同时降低环境影响;计算机科学家助力园林数字化转型,开发智能设计软件、养护管理系统;环境工程师则聚焦园林水资源循环利用、污染治理,协同打造绿色低碳园林工程典范,全方位提升园林工程生态效益、社会效益与经济效益,勾勒人与自然和谐共生未来蓝图。

第二节　园林工程的特点

一、园林工程的基本概念

园林绿化工程是建设风景园林绿地的工程。园林绿化是为人们提供一个良好的休息、文化娱乐、亲近大自然、满足人们回归自然愿望的场所,是保护生态环境、改善城市生活环境的重要措施。园林绿化泛指园林城市绿地和风景名胜区中涵盖园林建筑工程在内的环境建设工程,包括园林建筑工程、土方工程、园林筑山工程、园林理水工程、园林铺地工程绿化工程等,它是应用工程技术来表现园林艺术,使地面上的工程构筑物和园林景观融为一体。

二、特点

(一)园林工程的基本特点

园林工程实际上包含了一定的工程技术和艺术创造,是地形地物、石木花草、建筑小品、道路铺装等造园要素在特定地域内的艺术体现。因此,园林工程与其他工程相比有其鲜明的特点。

1.艺术性

园林工程是一种综合景观工程,它虽然需要强大的技术支持,但又不同于一般的技术工程。而是一门艺术工程,涉及建筑艺术、雕塑艺术、造型艺术、语言艺术等多门艺术。

2.技术性

园林工程是一门技术性很强的综合性工程,它涉及土建施工技术、园路铺装技术、苗木种植技术、假山叠造技术及装饰装修技术、油漆彩绘技术等诸多技术。

3 综合性

园林作为一门综合艺术,在进行园林产品创作时,所要求的技术无疑是复杂的。随着园林工程日趋大型化,协同作业、多方配合的特点日益突出。同时,随着新材料、新技术、新工艺、新方法的广泛应用,园林各要素的施工更注重技术的综合性。

4. 时空性

园林实际上是一种五维艺术,除了其空间性,还有时间性以及造园人的思想情感。园林工程在不同的地域,空间性的表现形式迥异。园林工程的时间性,则主要体现于植物景观上,即常说的生物性。

5. 安全性

“安全第一,景观第二”是园林创作的基本原则。对园林景观建设中的景石假山、水景驳岸、供电防火、设备安装、大树移植、建筑结构、索道滑道等均需格外注意。

6. 生态性与可持续性

园林工程与景观生态环境密切相关。如果项目能按照生态环境学理论和要求进行设计和施工,保证建成后各种设计要素对环境不造成破坏,能反映一定的生态景观,体现出可持续发展的理念,就是比较好的项目。

(二)中国园林的特点

1. 取材于自然,高于自然。园林以自然的山、水、地貌为基础,但不是简单的利用,而是有意识、有目的地加以改造加工,再现一个高度概括、提炼、典型化的自然。

2. 追求与自然的完美结合,力求达到人与自然的高度和谐,即“天人合一”的理想境界。

3. 高雅的文化意境。中式造园除了凭借山水、花草、建筑所构成的景致传达意境的信息外,还将中国特有的书法艺术形式,如匾额、楹联、碑刻艺术等融入造园之中,深化园林的意境。此为中国园林所特有的,非其他园林体系所能比拟的。

(三)欧洲园林的特点

1.建筑统帅园林

在欧洲古典园林中,在园林中轴线位置总会矗立一座庞大的建筑物(城堡、宫殿),园林的整体布局必须服从建筑的构图原则,并以此建筑物为基准,确立园林的主轴线。经主轴再划分出相对应的副轴线,置以宽阔的林荫道、花坛、水池、喷泉雕塑等。

2.园林整体布局呈现严格的几何图形

园路处理成笔直的通道,在道路交叉处处理成小广场形式,点状分布具有几何造型的水池、喷泉等;园林树木则精心修剪成锥形、球形、圆柱形等,草坪、花圃必须以严格的几何图案栽植、修剪。

3.大面积草坪处理

园林中种植大面积草坪具有室外地毯的美誉。

4.追求整体布局的对称性

建筑、水池、草坪、花坛等的布局无一不讲究整体性,并以几何的比例关系组合达到数的和谐。

5.追求形式与写实

欧洲人与中国人有着截然不同的审美意识,他们认为艺术的真谛和价值在于将自然真实地表现出来,事物的美完全建立在各部分之间神圣的比例关系上。

三、园林艺术的历史起源

我国园林艺术发展历史悠久,最早可以溯源到上古三代,商朝时的"囿"便是园林的早期起源。商朝时期的文字是象形字,而"囿"字在象形文字中代表的意思就是将地区独立,四周筑上围墙将其环绕,供以帝王将相游玩享乐之用,这时的园林其实并没有太多的实际意义。到了周代,曾有明确的史书记载园林的发展,周代的园林已经初具规模,并设有专人管理,不再是一处简单的游玩场所。这时的园林已经有了艺术观赏的功能。

每个时代的园林都包含了当时的人文思想、民俗文化。园林的稳固发展，依赖于汉朝时期强大的政治基础与文化底蕴。那时的园林被称为"苑"，广为人知的上林苑便是在前朝的遗址上建造而成的。规模宏伟壮观，随着社会的发展，单调的景色已经无法满足人们的观赏需求，人们开始在园林中人为造景，将自己对园林的艺术见解融入大自然景观中，将其看作是人与自然的和谐统一。如苏州园林，没有皇家园林广阔，功能相对简单，主要原因是受土地面积和财力的限制，在等级制度森严的时代背景下，园林建造者所处的阶级同样决定了园林的等级。随着时间的不断推移，明清时代的园林在先人们的基础上，让园林工艺到达巅峰。

第三节　园林工程的职业岗位能力

一、我国风景园林事业的发展现状与未来

随着经济的高速发展，我国当前的城市化速度惊人，每年进城的人口在 1500 万左右；每年新建成的城镇建筑总量（包括乡镇）约 20 亿 m^2，比全世界所有发达国家的新建建筑总和还要多；每年所消耗的水泥量占世界水泥总量的 42%；每年消耗的钢材量占世界钢材总量的 35%。但由此产生的环境问题日益凸显，促使全社会日益重视生态环境，城市园林绿化行业迎来了巨大的发展契机。2001～2008 年，全国城市绿化固定资产投资保持了快速增长态势，投资额从 163.2 亿元增加至 649.9 亿元，平均增长速度达到 22%。2009 年，中国城市建成区绿化覆盖面积达 135.65 万 hm^2，建成区绿化覆盖率 37.37%，绿地率 33.29%，城市人均拥有公园绿地面积 9.71 m^2。2009 年初统计，全国具有园林施工资质（3 级及以上）的企业 16000 余家，已日渐壮大并逐步走向成熟。这些数据充分显示城市园林绿化行业是一个朝阳行业。

我国未来风景园林事业发展的重点：一是要形成绿色生态的发展战略，创建国家生态园林城市，要逐步实现城区园林化、郊区森林化、道路林

荫化、庭院花园化。二是强化风景园林行业体系科学化建设,坚持规划建绿、依法治绿、科技兴绿,其根本是培养园林应用型人才。三是提升风景园林行业整体的建设水平,强调精品园林建设、文化园林建设。因此,我国未来风景园林事业的发展必将迎来新的变革,在发展模式上,由量的扩张转到质的提升,增强城市绿化的内生性;在建设方式上,由形式铺张转到节约型绿化,增强城市园林绿化的可持续性;在绿地植物配置上,由点线转到复层配置,增加绿化的生态性;在绿地结构布局上,由失衡转向均衡,增加绿化的民本性;在绿地管理上,由粗放式管理转到精细化管理,多出精品,打出品牌。

二、园林工程的职业岗位能力

园林工程现在已发展成为综合性产业,同时专业细化也越来越清晰,市场化越来越明显。园林工程从涉及的学科来看,与城市规划、建筑学、园艺等联系紧密;从建设项目来看,涉及园林工程的设计、现场施工技术与园林工程的招投标、施工组织等。因此,园林工程职业岗位能力,可以细分为:

(一)园林工程设计师的岗位能力

园林工程设计师在园林设计单位或园林施工企业专门从事园林建设的设计工作,能够独立承担场地中有关园林方面的技术设计与施工设计的任务,同时能够指导场地中其他配套技术设计。

(二)园林工程建造师的岗位能力

园林工程建造师是园林施工企业专门从事园林建设现场的总负责人,能够全面实施施工的质量、进度、资金、安全等管理,具有对园林方案成果及实施图纸较深的理解能力,能把握园林工程的图纸与场地的结合、实施过程与未来实际景观的结合。

(三)园林工程经济师岗位能力

园林工程经济师是园林施工企业专门从事园林工程招投标的技术人

员,要求熟悉企业的基本情况,熟练掌握招投标的流程以及招投标书的编制方法和技巧,并具有商务谈判、商务考察的业务能力。

(四)园林工程造价师岗位能力

园林工程造价师在园林设计单位或园林施工企业专门从事园林建设概预决算,具有对园林方案成果及实施图纸有较深的理解能力,熟悉园林工程特点和造价的编制。

(五)园林工程监理师岗位能力

在园林建设工程领域,园林工程监理师是由建设单位委派的专业人士,他们根据相关协议的规定,负责对施工单位的建设行为进行严格的监督和控制。我们要求能够全方位地协助建设单位在质量、进度、资金和安全等方面进行科学和合理的监督管理。同时,也需要熟悉园林工程的技术流程和施工工艺的规范与标准,能够准确地布置和下达相关的监理指令,并完成相关工程的验收以及资料的存档工作。

(六)园林工程咨询师岗位能力

园林工程咨询师是园林建设工程领域市场化、国际化后产生的新岗位,能够为客户提供智力服务,包括为决策者提供科学合理的建议、先进的技术,为复杂的园林工程提供技术支持;发挥准仲裁人的作用等。因此要求从业人员知识面宽、精通业务,协调管理能力强,特别熟悉国际上园林工程的实施规则。

第四节　园林工程的知识体系及学习方法

一、园林工程的知识体系构成

园林工程通常把场地设计、园林工程设计、园林工程现场施工技术、养护管理技术称为园林工程实施的技术过程;园林工程施工组织与管理的知识称为园林工程实施的管理过程。

园林工程的技术过程与管理过程,共同构成了园林工程的知识体系,是搞好园林建设不可分割的两个方面。本教材不包括园林工程施工组织与管理方面的内容。

二、园林工程的学习方法

园林工程的特点决定了掌握园林工程知识具有较大的难度,一是知识跨度较大,涉及美学、设计学、植物学、材料学、测量学等知识。二是知识需要综合应用,每个具体的园林工程从设计、施工过程到竣工,没有一个是完全一样的,因此知识运用范围及深度很难有统一的标准。三是园林工程随着时代的不断进步,从内容到展现形式也在不断变革与创新,园林工程的知识更新也需与时俱进。但掌握良好的学习方法,经过一定训练与实践,是能够掌握园林工程建设的共性与规律,从知识应用的"必然王国"迈入"自由王国"。

第一,园林工程从设计到施工,应符合国家有关技术规范的要求,特别是有关工程建设的强制性技术规范与要求。在园林工程建设过程中大家通常重视法律,忽视技术规范,其实对于园林技术人员来说,违反技术规范,给社会与人民的财产、生命造成损失,同样要受到法律的惩罚。

第二,园林工程中重要的知识点要强化模拟训练,以熟能生巧地运用。例如关于等高线,除了解等高线的基本构成要素外,还需重点掌握在场地中的运用,如不同坡度地形的识别、改造的方法、等高线视图与竖向视图的转换等。因此,园林工程中许多重要的知识点的运用,都要围绕具体的场地空间要求,根据原理和技术手段分析求算。

第三,为了有效与方便地教学,课程将园林工程拆分为各个单项工程,分别进行讲授。但在实际施工过程中,不是简单地将各个单项工程"叠加"。优秀的项目经理必须具备从施工图纸到施工过程全局地把握控制能力。因此,在学习中,要多观察多实践,多对比成功案例中图纸与实景的关系,这样才能举一反三,灵活运用理论知识并在实践中有所创新应用。

第五节　园林工程在城市发展中的战略地位

一、生态平衡"调节阀"

在城市化进程高歌猛进的当今时代,城市生态系统承受着前所未有的压力。人口密集、建筑林立、交通拥堵以及工业活动频繁,致使城市面临诸如热岛效应加剧、空气污染严重、雨水洪涝频发等一系列棘手的生态问题。而园林工程恰似一位技艺精湛的"调节阀"工匠,巧妙地调节着城市生态天平,助力城市重拾生态平衡,焕发生机与活力。

(一)调节气候,驱散"热岛"阴霾

随着城市规模的不断扩张与建筑物密度的持续增加,城市热岛效应愈发显著。水泥、沥青等建筑材料大量吸热、储热,使得城市中心区域气温相较于周边郊区常常高出数摄氏度,夏季酷热难耐,不仅影响居民日常出行与生活舒适度,还额外加重了能源消耗负担,空调等制冷设备长时间高负荷运转,进一步恶化能源与环境局势。

园林工程在此发挥关键作用,城市绿地、公园与行道树组成的绿色网络,成为缓解热岛效应的中坚力量。植物通过蒸腾作用,如同隐匿于城市中的无数天然加湿器,持续从根部汲取水分,再经由叶片气孔向空气中释放水汽。这一过程伴随着大量潜热的消耗,恰似给燥热空气敷上清凉"湿毛巾",有效降低周边气温。据科学测算,一片面积适中的城市公园,在炎炎夏日午后,其内部及周边区域气温相较毗邻商业区可降低 3−5℃。以纽约中央公园为例,这片占地广阔的城市绿洲镶嵌于曼哈顿高楼丛林间,园内繁茂树林、大片草坪协同作用,夏季吸纳热量、蒸腾水汽,为周边街区送去徐徐凉风,大幅削减热岛强度,让市民得以在闹市中觅得清凉一隅。

除蒸腾散热外,园林植被的遮荫效果同样不容小觑。街道两旁枝繁叶茂的行道树,仿若天然遮阳伞,拦截烈日直射,减少路面、建筑物吸收的太阳辐射量。在我国南方城市,夏季骄阳似火,榕树、樟树撑起连片绿荫,

行人漫步树下,体感温度明显降低;停车场采用林荫式布局,让车辆免受暴晒,既降低车内温度,减少车主开启空调制冷时长,缓解能源消耗,又延缓车辆车漆老化、内饰损坏,一举多得。

(二)净化空气,涤荡城市"尘霾"

工业废气排放、机动车尾气污染以及建筑工地扬尘,让城市空气深陷"污浊泥沼",悬浮颗粒物(PM2.5、PM10)、二氧化硫、氮氧化物等有害污染物肆意弥漫,侵蚀居民呼吸道健康,雾霾天气频发更是引发全民健康焦虑。园林工程化身空气净化卫士,肩负起为城市"洗肺"重任。

植物叶片堪称天然"空气滤网",其表面粗糙、多绒毛,部分植物叶片还具备分泌黏液特性,为吸附空气中尘埃、颗粒物打造理想"陷阱"。每一片树叶都是微观战场上的吸尘尖兵,当气流裹挟着污染物经过时,颗粒物被牢牢黏附于叶片之上,一场悄无声息的空气净化行动昼夜不息。据研究表明,一公顷阔叶林每年可吸附数十吨各类颗粒物,宛如一台巨型空气净化器持续高效运转。城市中的大片森林、公园绿地,仿若绿色"尘霾隔离带",阻拦、过滤空气中污染物,守护居民呼吸健康。

与此同时,植物在净化有害气体领域同样表现卓越。不少植物拥有特殊生理机能,可通过新陈代谢吸收、转化二氧化硫、氮氧化物等气态污染物。夹竹桃对二氧化硫、氯气等有害气体耐受性强、吸收量大,即便身处工厂周边等污染重灾区,依旧枝繁叶茂,奋力净化空气;女贞树四季常绿,在吸纳氮氧化物、降低尾气污染方面表现突出,广泛栽植于城市主干道两侧,为行人与周边居民筑起一道绿色健康防线;绿萝、吊兰等室内观赏植物,小巧玲珑却能量巨大,置于家中、办公室,有效吸附甲醛、苯等装修挥发有害气体,改善室内空气质量,全方位呵护人们生活、工作空间清新洁净。

(三)涵养水源,驯服城市"雨洪"

城市不透水地面占比攀升,每逢暴雨来袭,雨水短时间内无法下渗,迅速形成地表径流,城市排水管网不堪重负,内涝积水成灾;雨水未经土壤涵养、净化,裹挟大量泥沙、污染物直排入河,污染城市水体生态。园林工程巧妙布局城市绿地、湿地景观,变身"海绵城市"主力军,驯服暴躁"雨洪",实现雨水资源科学管控与循环利用。

城市公园、绿地中的土壤经改良,孔隙度增大,宛若吸水"海绵",在降水初期高效吸纳雨水,减缓地表径流产生速度与流量。雨水花园更是园林工程智慧结晶,选址建筑周边、道路低洼处,汇聚雨水后,凭借植物根系错综复杂的"固土吸水网络"与土壤微生物群落的协同"净化工厂",让雨水层层下渗、过滤净化,削减洪峰流量,补充地下水;湿地园林别具一格,水生植物摇曳生姿,蒲草、芦苇扎根浅滩,睡莲浮于水面,其根系与微生物共同构建天然水质净化系统,降解水中有机物、氮磷营养盐,净化雨水、污水,为城市水系提供清洁水源,维系水生生态平衡;透水铺装广泛应用于人行道、广场、停车场,孔隙结构允许雨水迅速渗入地下,避免积水,且材料环保可降解,契合生态理念,全方位助力城市从容应对暴雨洪涝挑战,实现水资源良性循环。

(四)保护生物多样性,编织城市"生态锦缎"

城市化浪潮如汹涌潮水,无情吞噬大量自然栖息地,野生动物流离失所,本土植物生存空间遭受严重挤压,生物多样性锐减成为全球城市发展共通痛点。园林工程秉持生态修复、栖息地再造理念,于城市钢筋水泥丛林中编织"生态锦缎",为生物多样性保育贡献关键力量。

城市绿地系统规划注重连通性与多样性,打造绿色廊道串联碎片化自然区域,公园、植物园、郊野公园首尾相连,恰似生态"高速公路",方便野生动物迁徙、觅食、繁殖。新加坡滨海湾花园精心营造热带雨林、高山植物等不同生态主题冷室,模拟自然环境条件,为众多濒危珍稀植物提供庇护所;园内蝴蝶园缤纷绚烂,蜜源植物招引蝴蝶栖息繁衍,打造城市生物多样性热点区域;城市废弃地经生态修复华丽转身,德国鲁尔区工业棕地改造项目中,杜伊斯堡北风景公园保留钢铁厂工业遗迹,高炉、铁轨周边因地制宜种植耐金属污染植物,构建起工业与自然融合独特生态景观,野兔、狐狸等动物回归栖息,昆虫、鸟类种群数量攀升,城市荒地重焕生机,成为生物多样性守护典范,彰显园林工程修复生态、维系生物多样卓越功效。

二、城市形象"金名片"

城市,作为人类文明的汇聚地与经济社会活动核心载体,需在全球化竞争浪潮中凸显个性、彰显魅力,方能脱颖而出。园林工程恰如一位独具匠心的艺术大师,精雕细琢城市景观风貌,为城市打造辨识度极高的"金名片",传递独特文化气质与地域风情,吸引世人目光,拉动经济文化全方位发展。

(一)彰显地域文化特色,烙印城市灵魂印记

每座城市都承载着独特历史文化记忆,园林工程深挖地域文化精髓,将古老传说、民俗风情、传统建筑技艺巧妙融入景观设计,让城市景观成为文化传承鲜活载体,游客、居民漫步其间,仿若翻开一部生动史书,沉浸式领略城市底蕴。

江南水乡古镇园林是地域文化与园林艺术完美融合典范。苏州拙政园、留园等一众古典园林,粉墙黛瓦、曲径通幽,漏窗、月洞门将园内景致分割串联,一步一景、景随步移;园内楹联匾额、诗词书画点缀其间,诉说文人墨客雅趣情思;假山以"瘦、透、漏、皱"太湖石堆叠,模拟自然山水神韵;植物配置遵循四季有景,春赏牡丹、夏观荷、秋闻桂、冬品梅,尽显江南温婉雅致气质,游客置身其中,仿若穿越千年时光,感受吴地文化深邃魅力;北京颐和园汲取皇家园林规制与北方园林大气雄浑特色,万寿山巍峨耸立,佛香阁金碧辉煌,昆明湖碧波浩渺,长廊彩画讲述神话传说、历史典故,彰显皇家威严与古都文化底蕴;岭南园林身处亚热带湿热气候区,布局紧凑、通透轻盈,镬耳墙、满洲窗别具一格,热带植物繁茂绚丽,融入粤剧、木雕等岭南民俗文化元素,洋溢浓郁地方风情,地域文化借园林景观具象呈现,成为城市灵魂永恒印记。

(二)营造标志性景观,点亮城市视觉焦点

在城市天际线与街景画卷中,园林工程匠心打造标志性景观,如同璀璨明珠吸引眼球,为城市塑造独特视觉标识,迅速提升城市辨识度,定格

于游客记忆深处,成为社交媒体"打卡圣地",拉动旅游热度与城市知名度。

法国巴黎香榭丽舍大道堪称世界园林景观大道楷模,东起协和广场,西至戴高乐广场,中间贯穿凯旋门,双向八车道两侧整齐排列高大栗树、椴树,林荫蔽日;树下精致园艺花坛四季鲜花盛放,与周边卢浮宫、埃菲尔铁塔等著名建筑相互辉映,彰显法式浪漫典雅与大国雄浑气魄;游客漫步大道,既能品味巴黎深厚历史文化,又能感受时尚之都摩登魅力,大道景观成为巴黎城市形象代言;澳大利亚悉尼歌剧院依悉尼港而建,洁白"贝壳"造型灵动独特,周边悉尼皇家植物园郁郁葱葱,热带、亚热带植物群落环绕烘托,水、植物、建筑和谐共生,构成悉尼最具标志性视觉景观,全球游客慕名而来,乘船畅游悉尼港,打卡歌剧院与植物园,为城市旅游产业注入强劲动力;我国重庆洪崖洞民俗风貌区结合巴渝传统建筑特色,依山就势打造吊脚楼群,崖壁垂直绿化、屋顶花园相映成趣,夜晚华灯初上,霓虹灯光映照建筑与绿植,层层叠叠仿若童话山城,迅速走红网络,吸引海量游客前来体验山城独特夜景与民俗风情,成为城市旅游新名片。

(三)提升城市品质,塑造国际竞争力

在全球经济一体化时代,城市间竞争愈发聚焦于综合品质提升,园林工程优化城市生态环境、美化市容市貌,助力城市接轨国际一流标准,吸引高端人才、优质企业投资入驻,为城市经济腾飞、文化繁荣夯实基础。

新加坡秉持"花园城市"理念,持之以恒推进园林工程建设,城市绿地率高达 47%,从滨海湾花园等大型生态地标到街头巷尾口袋公园、垂直绿化,绿色无处不在;优质生态环境与景观风貌吸引全球顶尖金融、科技企业扎堆落户,谷歌、脸书等巨头在此设立区域总部;国际学校、医疗机构纷至沓来,配套设施完善;人才因宜居环境汇聚,多元文化在此交融碰撞,催生创新活力,新加坡凭借园林景观打造城市品质高地,跃升为亚洲乃至全球经济、文化重要枢纽;深圳早年以速度著称,近年来大力发展园林工程与城市绿化,新建众多公园、绿道,大沙河生态长廊沿线植被修复、景观重塑,河水清澈、步道舒适,周边科技园区企业员工在工作之余漫步绿道

放松身心,提升工作生活满意度;良好生态环境与城市景观助力深圳摆脱"文化沙漠"标签,吸引国内外文化艺术活动、展览落地,增强城市文化软实力,提升国际竞争力,跻身全球一线城市行列,彰显园林工程在城市品质进阶征程中的关键作用。

三、居民生活"幸福源"

城市,承载着人民对美好生活的向往与追求;园林工程则宛如一座幸福宝藏,源源不断为居民挖掘、输送生活幸福感,于快节奏都市生活嵌入悠然惬意空间,滋养邻里温情,全方位丰富居民精神物质生活,成为民众幸福生活不可或缺基石。

(一)提供休闲游憩空间,舒缓生活压力

现代社会节奏飞快,职场竞争激烈、生活琐事缠身,居民身心长期处于紧绷状态,急需放松休憩"避风港"。园林工程打造多样化休闲场所,公园、广场、绿道、社区花园错落分布,满足不同人群休闲需求,成为市民日常放松身心首选。清晨,城市公园热闹非凡,慢跑爱好者沿着蜿蜒步道穿梭于树林草坪间,呼吸清新空气、沐浴朝阳,开启活力充沛一天;太极拳、广场舞团队各自占据一片开阔场地,伴随舒缓音乐舒展身体、翩翩起舞,锻炼身体同时增进社交互动;午休间隙,上班族走出写字楼,漫步街边口袋公园,花香鸟语、绿树成荫,暂时忘却工作烦恼,为午后充电续航;傍晚时分,社区花园满是孩童嬉笑打闹声,滑梯、秋千等游乐设施承载童年欢乐,老人围坐石桌石凳,闲话家常、下棋对弈,阖家共享天伦之乐;周末假日,家庭出游青睐大型城市公园,野餐草坪上铺满餐布、摆满美食,一家人围坐嬉戏,或租一艘小船荡漾湖面,欣赏湖光山色,园林为居民提供远离喧嚣、亲近自然休闲场景,有效舒缓生活、工作压力,提升生活满意度。

(二)促进社交互动,凝聚邻里温情

城市高楼林立,邻里间常缺乏交流互动,社区归属感、凝聚力薄弱。园林工程搭建社交平台,拉近居民距离,让邻里关系在共享绿色空间中升温,凝聚社区向心力,营造和谐温馨社区氛围。

社区绿地规划注重公共活动空间设置,户外健身区配备齐全健身器材,让居民锻炼之余交流健身心得、分享生活趣事;文化广场举办文艺演出、露天电影放映活动,吸引邻里齐聚,欢声笑语回荡广场;社区花园开辟园艺种植区,居民亲手栽种花卉、蔬菜,相互请教养护经验,分享丰收喜悦;儿童游乐区不仅是孩子们玩耍天地,也是家长交流育儿经验重要场所,邻里互助接送孩子、照看小孩渐成风气;绿道串联社区各角落,居民结伴骑行、散步,沿途交流日常见闻,增进彼此了解;园林空间见证邻里温情故事,生日派对、社区公益活动选址绿地公园,居民踊跃参与,共同营造美好社区生活,增强社区归属感与凝聚力,让城市社区真正成为温暖大家庭。

(三)丰富精神文化生活,滋养心灵世界

园林工程蕴含丰富的美学、历史、文化内涵,为居民提供多元精神文化盛宴,滋养心灵、提升审美素养,满足民众日益增长的精神文化需求。

城市公园、植物园定期举办科普展览、植物认养活动,向公众普及植物知识、生态保护理念,让市民尤其是青少年在游玩中学习自然科学知识,树立环保意识;古典园林承载深厚历史文化底蕴,园内楹联、诗词、书画、古建筑是传统文化瑰宝,导游讲解、文化讲座深入剖析园林背后历史典故、艺术价值,让游客仿若置身传统文化课堂,领略古人智慧才情;园林景观与艺术展览、音乐节、戏剧演出等文化活动跨界融合,城市公园变身露天艺术展馆、音乐剧场,让市民免费欣赏高雅艺术,陶冶情操;园艺疗法悄然兴起,医院、疗养院引入园林景观,让患者、老人参与园艺活动,修剪花草、浇水施肥,舒缓心理压力、促进康复治疗;园林工程全方位丰富居民精神文化生活,成为民众心灵慰藉与文化滋养源泉,为城市精神文明建设添砖加瓦。

第三章　城市绿化基本理论

第一节　城市绿化理念的演进

一、功能主义主导期（以防护、遮荫为首要目标）

在城市发展的早期阶段，绿化并非出于纯粹的审美考量，而是紧密围绕着防护、遮荫这些最为基础且实用的功能展开，它们犹如城市生存与发展的"隐形护盾"，默默抵御着大自然的种种挑战，维系着居民生活的基本秩序。

追溯至古代文明，无论是东方的华夏大地，还是西方的城邦国度，都深谙城市绿化实用价值的重要性。我国古代城市布局便巧妙融合绿化元素，发挥多重防护功能。城墙周边广植环城林带，高大粗壮的乔木紧密排列，形成一道天然的绿色壁垒。在战时，茂密树林可隐匿军队行踪，阻碍外敌视线；平日里则有效防风固沙，阻挡塞外凛冽风沙侵袭内陆城市，守护城内百姓免受沙尘之苦。唐长安城的规划堪称典范，城墙四周绿树成荫，护城河堤岸垂柳依依，根系牢牢扎根土壤，稳固堤岸，防止河水冲刷导致决堤，为城市防洪安全贡献关键力量；城内纵横交错的街巷两侧，槐树整齐排列，夏日枝繁叶茂，撑起连片绿荫，遮阳蔽日，极大缓和了酷热暑气，为行人与街边商户送去清凉，民众得以在树荫下悠然纳凉、交易买卖，赋予城市街巷浓郁生活气息。

西方古代城市同样如此。古希腊城邦林立，为抵御海风侵蚀与烈日暴晒，公共建筑周边、街道两旁遍植橄榄树与无花果等本土树种。橄榄树树冠宽大，叶片厚实且富有油脂，能有效减弱海风冲击力，降低风沙对建筑墙面、居民生活的干扰;无花果树枝繁叶茂,果实甘甜可口,不仅提供遮荫效果,还为居民日常饮食补给了生鲜水果,契合古希腊人实用至上的生活哲学。中世纪欧洲城镇,在城堡建设之余不忘绿化布局,城堡庭院内精心划分区域种植果蔬与遮荫树木,菜园供应日常食材,高大乔木为居住生活空间遮挡刺眼阳光、抵御凛冽寒风,确保贵族与侍从们即便在严苛气候条件下,也能享有相对舒适安稳的生活环境;环绕城镇的护城河外侧,防护林带郁郁葱葱,阻拦外敌骑兵长驱直入,增加城镇防御纵深,绿化与军事防御、生活保障紧密交织,凸显其不可或缺性。

工业革命前夕,城市规模逐步扩张,但绿化的功能主义导向并未改变。欧洲诸多工业城镇边缘,工厂区与居民区之间规划出宽阔的隔离林带。彼时工厂烟囱黑烟滚滚,排放大量有害烟尘与刺鼻废气,林带宛如绿色过滤器,凭借植物叶片吸附、滞留功能,截留空气中悬浮颗粒物、二氧化硫等污染物,净化流向居民区的空气,守护民众呼吸健康;北美新兴城市发展迅猛,街道绿化着重考量遮荫避暑,以适应夏日高温炎热气候。费城、波士顿等城市主干道栽植糖槭树、美国榆,树冠硕大、枝叶繁茂,盛夏时节为街道撑起天然凉棚,降低路面温度,缓解热岛效应,减少居民因高温中暑风险,提升户外出行舒适度,让城市绿化实打实成为改善民生、维系城市运转的基础配套。

二、美学提升阶段(追求景观视觉盛宴)

伴随社会经济繁荣、物质生活充裕,人们审美意识逐渐觉醒,城市绿化不再局限于实用防护,转而踏上追求美学价值提升的征程,致力于为城市打造一场场美轮美奂的景观视觉盛宴,成为彰显城市独特魅力与文化底蕴的关键载体。

18世纪欧洲启蒙运动兴起,理性与人文精神蓬勃发展,贵族阶层引领审美风尚,精致典雅的园林美学风格自宫廷、庄园向城市公共空间蔓延。法式园林凭借规整对称布局、精妙几何图案花坛风靡全欧,成为城市景观美学典范。凡尔赛宫园林规模宏大,中轴线贯穿全园,修剪齐整的黄杨篱勾勒出复杂几何图形,五彩斑斓的花卉依图案精心栽植,拼接成华丽"地毯";喷泉、雕塑错落分布,在阳光照耀下熠熠生辉,每逢重大节庆,喷泉齐涌、水花四溅,与周边建筑、雕塑辉映成趣,营造出极致奢华、庄重威严的皇家气派,引得各国皇室竞相效仿,诸多城市中心广场、贵族宅邸花园纷纷引入法式园林元素,重塑景观风貌。

同一时期,英式自然风景园林异军突起,秉持"回归自然"理念,为城市绿化美学注入清新活力。园林师摒弃规则几何束缚,崇尚自然曲线、起伏地形与本土植物运用。伦敦邱园便是英式园林杰出代表,缓坡草地如绿色绒毯绵延舒展,孤植树姿态婀娜、随意散植,仿若天然成长;溪流蜿蜒曲折,穿梭于林间草地,溪边水生植物摇曳生姿;园路隐匿于植被间,漫步其中,步移景异,满眼皆是乡野自然风光,唤起都市人对田园牧歌生活的深切眷恋。这股自然风迅速吹向欧美城市,公共公园、私人庭院纷纷改良景观设计,拆除规整围栏,引入自然式花境、草坪与水景,重塑人与自然亲近和谐氛围。

19世纪末至20世纪中叶,城市美化运动席卷美国。受"城市艺术"理念驱动,绿化与城市建筑、雕塑深度融合,打造整体性视觉景观。芝加哥、华盛顿等城市大兴土木,规划建设大型城市公园、林荫大道与纪念性广场。芝加哥千禧公园内,露天音乐厅周边环绕灵动喷泉、缤纷花境,不锈钢材质"云门"雕塑映照蓝天白云、绿树繁花,成为游客打卡圣地;华盛顿国家广场绿树成荫,草坪修剪精致,林肯纪念堂、华盛顿纪念碑等标志性建筑坐落其间,绿化景观烘托建筑宏伟庄严,彰显国家历史文化底蕴,吸引全球游客纷至沓来,城市借绿化景观塑造鲜明形象,拉动旅游经济,提升国际知名度。

在东方,日本园林美学独具一格,"枯山水""茶庭"等园林形式蕴含禅意哲学,于咫尺庭院营造深邃意境,伴随文化交流走向世界。现代城市景观设计汲取日式园林精髓,巧用白沙、石头、苔藓等极简元素,于街角绿地、商业广场营造宁静清幽小景,在繁华都市嵌入静谧禅意空间;我国近现代城市建设受西方美学影响,沿海开埠城市公园融合中西风格,既有欧式几何花坛、喷泉景观,又融入中式亭台楼阁、曲径通幽元素,多元美学碰撞,塑造出别具一格城市绿化景观,满足民众日益多元审美诉求。

三、生态综合考量时代(生态系统服务全方位融入)

迈入 21 世纪,生态警钟在全球范围内长鸣,环境恶化、生物多样性锐减、资源枯竭等危机迫在眉睫,城市绿化理念迎来颠覆性变革,从单纯美学追求升华至生态系统服务全方位融入的崭新高度,成为城市可持续发展的核心支撑与生态韧性基石。

城市绿地不再被视作孤立景观节点,而是有机融入城市生态网络,串联碎片化自然栖息地,为野生动物打造迁徙廊道与生存家园。德国柏林秉持"城市生态修复"理念,改造大量废弃铁路、工业棕地为生态绿地公园。滕珀尔霍夫机场关停后,原地转型为巨型城市公园,保留开阔跑道、停机坪,周边荒草地、灌木丛自然演替,吸引野兔、狐狸、鸟类等众多野生动物栖息繁衍;公园内规划湿地景观区,水生植物茂盛生长,净化雨水、涵养水源,为两栖动物、鱼类提供理想生存环境,重塑城市完整生态链,人、动物、植物和谐共生,城市绿地生态服务功能得以充分彰显。

生态系统服务功能还体现在空气净化、碳汇增补上。现代城市绿化注重植物群落科学配置,模拟自然生态群落结构,乔、灌、草分层组合,最大化发挥植物生态效益。新加坡城市绿化堪称楷模,街头巷尾绿树成荫、繁花似锦,行道树选择速生且固碳能力强的雨树、大叶桃花心木,搭配下层灌木、草本花卉,形成立体绿化格局;屋顶花园、垂直绿化广泛普及,建筑外墙攀附绿萝、常春藤等绿植,增加城市绿量与碳汇储备,众多植物叶片高效吸附空气中氮氧化物、颗粒物等污染物,持续净化城市空气,缓解雾霾污染,改善城市呼吸环境,让居民畅享清新空气。

雨水管理与水资源循环利用是生态绿化的又一关键维度。"海绵城市"理念深入人心,城市绿地变身雨水"储蓄罐"与"净化器"。丹麦哥本哈根在城市街区推广雨水花园、绿色屋顶、透水铺装等海绵设施,雨水花园选址于建筑低洼处,汇聚雨水后经土壤、植物根系层层过滤,去除污染物,补给地下水;透水铺装广泛应用于人行道、停车场,孔隙结构促使雨水迅速下渗,减少地表径流,降低城市内涝风险;绿色屋顶利用植被截留雨水、蒸发散热,夏季隔热降温,冬季保温节能,实现雨水资源就地收集、净化、回用,提升城市水资源利用效率,增强应对暴雨洪涝与干旱缺水双重挑战能力。

城市绿化在土壤改良、微气候调节领域同样发力。植物根系深入土壤,分泌有机酸等物质,分解土壤矿物质,改善土壤结构,增加土壤肥力与透气性;城市公园、林地通过蒸腾作用与遮荫效果,有效调节周边区域气温、湿度,缓和热岛效应。夏季午后,纽约中央公园周边气温较市中心商业区低 $3-5℃$,微风拂过,凉爽宜人,公园绿植吸纳热量、释放水汽,为市民驱散暑气,营造舒适户外环境;冬季树木落叶后,阳光直射地面,适度提升土壤温度,利于微生物活动与植物来年生长,城市绿化恰似城市"生态空调",精准调控四季微气候。

当下城市绿化更肩负起社会教育、文化传承重任。生态科普公园、植物园内设置科普展馆、自然步道,向公众普及植物知识、生态保护理念,让民众在游赏中学习生态知识,提升环保意识;城市绿地融入地域文化元素,古老运河畔绿地重现历史码头场景、民俗雕塑,传承地方文脉;少数民族聚居区绿地融入特色建筑、图腾符号,彰显民族文化魅力,城市绿化承载历史记忆,凝聚社区精神,成为城市文化传承创新关键阵地,全方位滋养城市可持续发展未来。

第二节　基于可持续原则的城市绿化规划与实施策略分析

城市绿化作为改善城市生活质量、促进生态平衡的重要手段,已逐渐引起人们的广泛重视。然而,传统的城市规划往往偏重经济发展,而忽视了对自然环境的保护与修复。基于可持续发展理念,城市绿化规划与实施策略需要更加注重多方面的平衡,以实现城市的可持续发展目标。本文将深入探讨城市绿化规划的意义与必要性,分析其面临的挑战,并提出相应的解决策略,旨在推动城市绿化事业的发展与进步。

一、可持续原则在城市绿化规划中的重要性

(一)环境保护意识的崛起

在现代社会背景下,由于人们对环境议题的关注度逐渐上升,城市绿化规划中的可持续性理念越来越受到重视。对生态系统脆弱性的深入了解催生了这种对环境保护的意识,这促使城市规划者更加主动地采纳可持续性的原则来指导和推进绿化设计工作。可持续原则在提高城市空气品质、维护生物多样性和改善市民的生活环境方面,通过减少能源使用、优化资源使用和降低污染排放等策略,起到了至关重要的作用。在城市绿化的规划过程中,可持续性原则展现了一种全面的思考方式,其核心目标是确保生态、经济和社会利益之间的和谐与平衡。

(二)城市发展与生态平衡的关系

城市发展与生态平衡之间存在着密不可分的联系。城市作为人口聚集、经济交流的中心,其快速扩张往往伴随着资源过度开发和环境恶化。因此,在城市绿化规划中引入可持续原则,旨在实现城市发展与生态平衡的良性互动。通过合理规划开发用地、建设生态廊道、保留绿地空间,城市可以实现生态系统功能的恢复和维持,提升城市整体生态环境质量,促进人与自然的和谐共生。

(三)可持续城市发展的必要性

可持续城市发展不仅是迫在眉睫的需要,更是未来城市发展的必由之路。面临资源稀缺、环境污染等挑战,传统城市规划模式已经无法满足当代和未来城市的需求。引入可持续原则可以有效应对这些挑战,实现城市资源循环利用、生态系统恢复与保护,并推动城市经济、社会、环境的协调发展。可持续城市发展不仅有助于提高城市居民的生活品质,还将

为后代留下更加可持续的城市环境及资源基础。

二、城市绿化规划的基础要素

(一)自然资源调查与评估

自然资源调查评估是制定城市绿化规划的首要步骤之一。通过系统收集土地利用数据、植被覆盖状况、水资源分布等自然资源信息,能够为后续规划提供坚实依据。针对城市各区域的地形起伏、土壤类型、水文地质条件等进行深入分析,有助于了解城市的生态环境现状和潜在问题。评估自然资源的可持续利用性,确保规划设计符合生态保护原则,最大限度地利用自然资源,促进城市生态平衡发展。

(二)社会经济发展需求分析

城市绿化规划必须紧密结合社会经济发展需求,以人民群众的幸福感和生活质量为出发点和落脚点。经济发展水平、人口结构、居民生活习惯等因素都应纳入考虑范围。通过深入调研城市居民对绿化环境的需求和期望,可以精准确定绿化项目的功能定位和优先级。同时,结合城市产业结构和经济发展战略,合理分配绿化资源,促进城市绿色产业发展,实现经济效益与生态效益的良性互动,推动城市可持续发展。

(三)气候与地形条件考虑

在城市绿化规划过程中,气候和地形状况是不可忽视的关键因素。考虑到城市的地理和气候特性,我们应当选择合适的植被类型和绿化策略,从而增强城市的环境适应力和景观吸引力。深入分析城市的地形特征,如地形的高低变化、水系的布局等,可以帮助我们更好地确定城市的绿化和景观设计方案。考虑到气候变化的发展趋势,我们预测了未来气候变化可能对城市绿化产生的影响,并据此制定了相应的管理策略,以确保城市绿化系统的长期稳定性和可持续性。

三、城市绿化规划设计策略

(一)多样性植被选择与布局

在城市绿化规划设计中,多样性植被的选择与布局扮演着至关重要的角色。通过结合当地气候、土壤类型以及生长条件等因素,精心挑选适宜的植被种类,以实现对城市环境的最佳适应。在植被的布局方面,采取分区域、分层次的策略进行规划,以确保不同功能区域的植被能够协调统一,形成丰富多彩的景观效果。多样性植被的选择需考虑到各植物种类的生长特性,兼顾其根系发育、叶片颜色及季节变化等特点,以实现四季景色交替、生态平衡的目标。适当引入具有抗污染、耐盐碱的植被种类,以提高城市绿地的环境净化效果,满足当代城市环境治理的需求。在城市绿化规划的过程中,多样性植被的选择不仅仅是简单地栽种,更需要深入了解每种植被植物的生长环境需求,包括阳光、水分、土壤质地等要素。充分考虑这些要素,才能够为植物提供良好的生长环境,使其在城市中苗壮成长。

(二)智能灌溉系统的应用

智能灌溉系统在城市绿化规划中的应用,为城市绿地的水资源管理带来了前所未有的便利和效率。该系统通过感知环境数据,包括土壤湿度、气温、降雨量等信息,实现对植被的精细化管理和智能化调控。通过互联网技术,可实现对灌溉设备的远程监控和操作,提高了水资源利用的效率和节约。智能灌溉系统的应用不仅使绿地植被得到科学合理的水分供给,还能减少因滥用水资源而导致的浪费现象。通过定时、定量的水肥配比,可有效避免因过量灌溉造成的土壤涝渍和植物生长不良等问题,从而提升城市绿地的整体生态效益。

智能灌溉系统作为一种先进的水资源管理技术,在城市绿化领域具有广泛的应用前景。其核心在于利用先进的传感器技术感知土壤和环境的情况,并结合实时的气象数据和植被需水量,进行智能化的水资源管理。通过自动监测土壤湿度和气候条件,智能灌溉系统可以科学地调控灌溉水量和频率,确保植物根系获得适当的水分和养分,从而促进植被健康生长,提高绿地的景观质量。

(三)绿色建筑与景观融合设计

绿色建筑与景观融合设计是现代城市绿化规划中一个重要的发展方向。绿色建筑通过选用环保材料、优化建筑结构、实施节能减排等措施,将建筑本身打造成一个生态友好型的空间。景观设计与建筑相互融合,使绿地、水体、建筑等元素相互交融、相互映衬,营造出宜人的城市景观。在绿色建筑与景观融合设计中,需要注重建筑与自然环境的和谐共生。通过合理布局绿地、设置适宜的景观元素,使建筑群体更好地融入周边自然风光之中,达到"人与自然和谐共生"的设计理念。在建筑立面绿化、屋顶绿化等方面的设计上也需精心斟酌,以实现建筑绿色化和生态化发展的目标。

四、可持续城市绿化实施策略

(一)社区参与意识培养

在可持续城市绿化实施中,社区参与和意识培养是至关重要的一环。通过积极引导社区居民参与绿化活动,如植树造林、废弃地绿化等,不仅可以增强居民对城市绿化工作的认同感和责任感,更能促进社区凝聚力的提升。在社区层面,应建立绿色志愿者团队,组织开展各类环保宣传教育活动,倡导低碳环保生活方式,培养居民保护生态环境的意识。通过定期举办绿化主题讲座、绿色生活体验活动等形式,加深社区居民对城市绿化的理解和支持,激发他们参与绿化工作的热情。建立社区绿化监督机制,鼓励居民发现并反馈环境问题,共同参与城市绿化规划和管理,实现城市绿化事业的可持续发展。

(二)技术创新与可持续管理机制

技术创新是推动城市绿化可持续发展的关键因素之一。利用先进的遥感技术、信息技术以及大数据分析手段,实现城市绿化资源的精准评估和有效管理。借助智能化设备和传感器,实现对植被生长状态、土壤水分含量等关键指标的实时监测,为城市绿化规划和管理决策提供科学依据。在可持续管理机制方面,城市绿化部门应建立健全的绿化信息管理系统,实现绿地资源的数字化管控和统一调度。结合生态环境监测数据,建立绿地质量评估指标体系,开展定期的绿化综合评估和监测,及时发现和解决绿化建设过程中存在的问题,确保城市绿化工作的高效运行和可持续发展。

(三)绿化项目监测与评估

绿化项目的监测与评估是保障城市绿化工程质量和效益的重要环节。通过制定科学合理的监测方案和评估标准,对绿化项目进行全程跟踪监测,确保施工过程符合相关规范和要求。针对不同类型的绿化项目,建立相应的评估指标体系,包括植被覆盖率、生长状况、景观效果等多个方面,全面评估绿化项目的实施效果和社会效益。在绿化项目监测与评估过程中,须注重数据的准确性和可比性,采用科学的评估方法和工具,借助专业的第三方机构进行绿化效益评估,提高评估结果的客观性和权威性。

五、城市绿化规划实施中的挑战与解决方案

(一)土地利用与空间规划的冲突

在城市绿化规划实施过程中,土地利用与空间规划的冲突是一大挑战。城市发展往往需要大量土地用于工业、商业和住宅等建设,这与保留绿地、增加绿化覆盖率的目标存在着矛盾。为解决这一问题,应采取科学合理的土地利用规划策略,充分考虑城市绿化的需求,并将绿地布局纳入城市总体规划中。通过制定细化的绿地保护政策和土地利用规范,明确规定不同功能区域内的绿地比例和类型要求,有效平衡城市建设用地和绿地保护的关系。可以探索灵活的土地开发模式,如垂直绿化、屋顶绿化等形式,最大限度地利用有限土地资源,同时提高城市绿化覆盖率,实现土地利用与城市绿化规划的良性互动与协调发展。

(二)资金投入与可持续发展之间的平衡

资金投入与可持续发展之间的平衡是城市绿化规划实施中的另一大挑战。城市绿化工程需要大量资金用于植树造林、绿地建设、设备购置等多个环节,但在资金有限的情况下,如何保证城市绿化工程的可持续发展成为一个重要课题。为解决这一难题,可以通过多元化筹资渠道,引入社会资本参与城市绿化投资,构建公私合作的绿化项目模式,共同承担城市绿化建设和管理的责任。应注重资金的有效使用和管理,优化绿化项目的投入结构,注重长期效益和生态价值的实现。通过建立绿色金融机制,推动绿色投资和金融创新,引导资金流向生态友好型产业和项目,实现资金投入与可持续发展目标的统一。注重进行成本效益评估和风险管控,确保资金使用的透明性和有效性,推动城市绿化事业朝着可持续发展的方向稳步前行。

(三)生态系统恢复与城市更新的结合

生态系统恢复与城市更新的结合是城市绿化规划实施中的重要挑战。随着城市化进程的加快,城市生态环境遭受严重破坏,生态系统功能逐渐退化。在进行城市绿化规划时,需要兼顾生态系统的恢复与城市更新的需求,实现生态环境保护和城市发展的协同促进。为应对这一挑战,可通过制定并实施生态修复和保护计划,重点关注城市绿地系统的连续性和完整性,保护和促进城市生态系统的自然演替和平与发展。在城市更新过程中,应引入生态景观设计理念,融入湿地、水系治理等生态修复措施,打造生态友好型城市空间。倡导可持续城市设计理念,提倡绿色建筑和低碳交通方式,减少对生态系统的干扰和破坏,促进城市建设与生态环境保护的良性互动。在城市更新规划中,应注重生态系统效益的评估与监测,引入生态指标评估体系,全面评估城市更新项目对生态系统的影响和贡献。通过定期开展生态监测和评估工作,及时发现和纠正生态问题,保障城市生态系统的健康运行和可持续发展。加强生态教育与宣传,提高市民对生态环境保护的认识和意识,共同参与城市绿化规划实施,推动城市生态文明建设取得更大成就。

六、城市绿化规划的成功案例分析

北京奥林匹克森林公园作为城市绿化规划的成功案例,展现了科学规划与精细管理相结合的特点。该公园位于北京奥林匹克森林公园西部,总面积约 6800 亩,是北京市城市绿地建设中的一颗璀璨明珠。公园规划以"绿色、生态、休闲"为核心理念,注重打造城市人居环境,提供丰富多彩的生态景观和休闲娱乐功能。在规划设计上,北京奥林匹克森林公园充分利用原有自然资源,保留和改善生态系统,注重植被覆盖和水域布局,打造了一片生机勃勃的城市绿洲。公园内设置了步行道、骑行道、休闲区等多种功能区域,满足不同人群的需求,为市民提供了一个优美宜人的休闲场所。公园还引入了智能化管理系统,实现对植物生长、水资源利用等方面的科学监测和管理,提升了公园的管理效率和服务质量。在建设过程中,北京奥林匹克森林公园注重生态文明建设,采用生态绿化技术和可持续发展理念,实现了城市绿地建设与生态环境保护的有机结合。通过多年的努力,公园已经成为北京市民健身休闲、感受自然之美的重要场所,同时也为城市生态环境治理和改善作出了积极贡献。北京奥林匹克森林公园的成功规划与建设经验为其他城市绿化项目提供了有益借鉴,展示了绿化规划与城市建设的良好模范。

综上所述,基于可持续原则的城市绿化规划与实施策略是促进城市生态环境保护和可持续发展的关键。通过科学合理的土地利用规划、有效平衡资金投入与可持续发展之间的关系以及结合生态系统恢复与城市更新的需要,城市绿化事业得以蓬勃发展。在规划过程中应注重生态文明建设,引入绿色技术与理念,推动城市绿化向着更加健康、宜居的方向发展。这些举措不仅可以改善城市环境质量,提升市民生活品质,还能为城市经济社会可持续发展奠定坚实基础。因此,城市绿化规划与实施应当秉持可持续发展理念,不断完善策略与措施,共同建设美丽宜居的城市环境,造福当代及未来世代。

第四章　园林工程施工技术

第一节　园林工程施工概述

一、园林工程建设的意义

园林工程建设主要通过新建、扩建、改建和重建一些工程项目，特别是新建和扩建，以及与其有关的工作来实现的。

园林工程施工是完成园林工程建设的重要活动，其作用可以概括为以下几个方面：

(一)园林工程建设计划和设计得以实施的根本保证

任何理想的园林建设工程项目计划，任何先进科学的园林工程建设设计，均须通过现代园林工程施工企业的科学实施，才能得以实现。

(二)园林工程建设理论水平得以不断提高的坚实基础

一切理论都来自实践与最广泛的生产活动。园林工程建设的理论自然源于工程建设施工的实践过程。而园林工程施工的实践过程，就是发现施工中的问题并解决这些问题，从而总结和提高园林工程施工水平的过程。

(三)创造园林艺术精品的必经之途

园林艺术的产生、发展和提高的过程，就是园林工程建设水平不断发展和提高的过程。只有把经过学习、研究、发掘的历代园林艺匠的精湛施工技术及巧妙的手工工艺，与现代科学技术和管理手段相结合，并在现代园林工程施工中充分发挥施工人员的智慧，才能创造出符合时代要求的现代园林艺术精品。

(四)锻炼、培养现代园林工程建设施工队伍的最好办法

无论是对理论人才的培养,还是对施工队伍的培养,都离不开园林工程建设施工的实践锻炼这一基础活动。只有通过实践锻炼,才能培养出作风过硬、技艺精湛的园林工程施工人才和能够达到走出国门要求的施工队伍;也只有力争走出国门,通过国外园林工程施工的实践,才能锻炼和培养出符合各国园林要求的园林工程建设施工队伍。

二、园林工程施工的特点

(一)园林工程施工具有综合性

园林工程具有很强的综合性和广泛性,它不仅仅是简单的建筑或者种植,还要在建造过程中,遵循美学特点,对所建工程进行艺术加工,使景观达到一定的美学效果,从而达到陶冶情操的目的。同时,园林工程中因为有大量的植物景观,所以还要具有园林植物的生长发育规律及生态习性、种植养护技术等方面的知识,这势必要求园林工程人员具有很高的综合能力。

(二)园林工程施工具有复杂性

我国园林大多是建设在城镇或者自然景色较好的山、水之间,而不是广阔的平原地区,其建设位置地形复杂多变,因此,对园林工程施工提出了更高的要求。在准备期间,一定要重视工程施工现场的科学布置,以便减少工程期间对周边居民生活的影响和成本的浪费。

(三)园林工程施工具有规范性

在园林工程施工中,建设一个普普通通的园林并不难,但是怎样才能建成一个不落俗套,具有游览、观赏和游憩功能,既能改善生活环境,又能改善生态环境的精品工程,就成了一个具有挑战性的难题。因此,园林工程施工工艺总是比一般工程施工的工艺复杂,对于其细节要求也就更加严格。

(四)园林工程施工具有专业性

园林工程的施工内容较普通工程来说要相对复杂,各种工程的专业性很强。不仅园林工程中亭、榭、廊等建筑的内容复杂各异,现代园林工程施工中的各类点缀工艺品也各自具有其不同的专业要求,如常见的假山、置石、水景、园路、栽植播种等工程技术,其专业性也很强。这都需要施工人员具备一定的专业知识和专业技能。

三、园林施工技术

(一)苗木的选择

在选择苗木时,应先看树木姿态和长势,再检查有无病虫害,严格遵照设计要求,选用苗龄为青壮年期有旺盛生命力的植株;在规格尺寸上应选用略大于设计规格尺寸的,这样才能在种植修剪后满足设计要求。

1.乔木干形

①乔木主干要直,分枝均匀,树冠完整,忌弯曲和偏向,树干平滑无大结节(大于直径 20mm 的未愈合的伤害痕)和突出异物。

②叶色:除特殊叶色种类外,通常叶色要深绿,叶片光亮。

③丰满度:枝繁叶茂,整体饱满,主树种枝叶密实平整,忌脱脚。

④无病虫害:叶片通常不能发黄发白,无虫害或大量虫卵寄生。

⑤树龄:3～5 年壮苗,忌小老树,树龄用年轮法抽样检测。

2.灌木干形

①分枝多而低度为好,通常第 1 分枝应 3 枝以上。

②叶色:绿叶类叶色呈翠绿、深绿,光亮,色叶类颜色要纯正。

③丰满度:灌木要分枝多,叶片密集饱满。特别是一些球类,或需要剪成各种造型的灌木,对枝叶的密实度要求较高。

④无病虫害:植物发病叶片由绿转黄、发白或呈现各色斑块。观察叶片有无被虫食咬,有无虫子,或大量虫卵寄生。

(二)绿化地的整理

绿化地的整理不只是简单地清掉垃圾,拔掉杂草,该作业的重要性在于为树木等植物提供良好的生长条件,保证根部能够充分伸长,维持活力,吸收养料和水分。因此,在施工中不得使用重型机械碾压地面。

(1)要确保根系层有利于根系的伸长平衡。一般来说,草坪、地被根域层生存的最低厚度为 15 厘米,小灌木为 30 厘米,大灌木为 45 厘米,浅根性乔木为 60 厘米,深根性乔木为 90 厘米;而植物培育的最低厚度在生存最低厚度基础上草坪地被、灌木各增加 15 厘米,浅根性乔木增加 30 厘米,深根性乔木增加 60 厘米。

(2)确保适当的土壤硬度。土壤硬度适当可以保证根系充分伸长和维持良好的通气性和透水性,避免土壤板结。

(3)确保排水性和透水性。填方整地时要确保团粒结构良好,必要时可设置暗渠等排水设施。

(4)确保适当的 pH 值。为了保证花草树木的良好生长,土壤 pH 值最好控制在 5.5～7.0 范围内或根据所栽植物对酸碱度的喜好而做出调整。

(5)确保养分。适宜植物生长的最佳土壤是矿物质 45%,有机质 5%,空气 20%,水 30%。苗木在栽植时,在原来挖好的树穴内先根据情况回填虚土,再垂直放入苗木,扶正后培土。苗木回填土时要踩实,苗木种植深度保持原来的深度,覆土最深不能超过原来种植深度 5cm;栽植完成后由专业技术人员进行修剪,伤口用麻绳缠好,剪口要用漆涂盖。在风大的地区,为确保苗木成活率,栽植完成后应及时设硬支撑。栽完后要马上浇透水,第二天浇第二遍水,3～5 天浇第三遍水,一周后浇水转入正常养护。常绿树及在反季节栽植的树木要注意喷水,每天至少 2～3 遍,减少树木本身水分蒸发,提高成活率。浇第一遍水后,要及时对歪树进行扶正和支撑,对于个别歪斜相当严重的需重新栽植。

(三)苗木的养护

园林工程竣工后,养护管理工作极为重要,树木栽植是短期工程,而养护则是长期工程。各种树木有着不同的生态习性、特点,要使树木长得健壮,充分发挥绿化作用,就要给树木创造足以满足需要的生活条件,就要满足它对水分的需求,既不能因缺水而干旱,也不能因水分过多使其遭受水涝灾害。灌溉时要做到适量,最好采取少灌、勤灌、慢灌的原则,必须根据树木生长的需要,因树、因地、因时制宜地合理灌溉,以保证树木随时都有足够的水分供应。当前生产中常用的灌水方法是树木定植以后,一般乔木需连续灌水 3～5 年,灌木最少 5 年,土质不好或树木因缺水而生长不良以及干旱年份,则应延长灌水年限。每次每株的最低灌水量——乔木不得少于 90kg,灌木不得少于 60kg。灌溉常用的水源有自来水、井水、河水、湖水、池塘水、经化验可用的废水。灌溉应符合的质量要求有灌水堰应开在树冠投影的垂直线下,不要开得太深,以免伤根;水量充足;水渗透后及时封堰或中耕,切断土壤的毛细管,防止水分蒸发。盐碱地绿化最为重要的工作是后期养护,其养护要求较普通绿地标准更高、周期更长,养护管理的好坏直接影响着绿化效果。因此,苗木定植后,及时抓好各个环节的管理工作,疏松土壤、增施有机肥和适时适量灌溉等措施,可在一定程度上降低盐量。冬季风大的地区温度低,上冻前需浇足冻水,确保苗木安全越冬。由于在盐分胁迫下树木对病虫害的抵抗能力下降,需加大病虫害的治理力度。

第二节 园林土方工程施工

土方工程施工包括挖、运、填、压四个内容。其施工方法可采用人力施工,也可用机械化或半机械化施工。这要根据场地条件、工程量和当地施工条件决定。在规模较大、土方较集中的工程中,采用机械化施工较经济;对工程量不大、施工点较分散的工程或因受场地限制,不便采用机械施工的地段,应该用人力施工或半机械化施工。以下按上述四个内容简单介绍:

一、施工准备

有些必要的准备工作必须在土方施工前进行。如施工场地的清理,地面水的排除,临时道路的修筑,油燃料和其他材料的准备,供电线路与供水管线的敷设,临时停机棚和修理间的搭设等,土方工程的测量放线,土方工程施工方案的编制等。

二、土方调配

为了使园林施工的美观效果和工程质量同时符合规范要求,土方工程要涉及压实性和稳定性指标。施工准备阶段,要先熟悉土壤的土质;施工阶段,要按照土质和施工规范进行挖、运、填、堆、压等操作;在施工过程中,为了提高工作效率,要制定合理的土石方调配方案。土石方调配是园林施工的重点部分,施工工期长,对施工进度的影响较大,一定要做好合理的安排和调配。

三、土方的挖掘

(一)人力施工

施工工具主要是锹、镐、钢钎等,人力施工不但要组织好劳动力而且要注意安全和保证工程质量。

①施工者要有足够的工作面,一般平均每人应有 $4\sim6m^2$。

②开挖土方附近不得有重物及易坍落物。

③在挖土过程中,随时注意观察土质情况,要有合理的边坡,必垂直下挖者,松软土不得超过 0.7m,中等密度者不超过 1.25m,坚硬土不超过2m。超过以上数值的须设支撑板或保留符合规定的边坡。

④挖方工人不得在土壁下向里挖土,以防坍塌。

⑤在坡上或坡顶施工者,要注意坡下情况,不得向坡下滚落重物。

⑥施工过程中要注意保护基桩、龙门板或标高桩。

(二)机械施工

主要施工机械有推土机、挖土机等,在园林施工中推土机应用较广泛。如在挖掘水体时,以推土机推挖,将土推至水体四周,再行运走或堆置地形,最后岸坡用人工修整。

用推土机挖湖挖山,效率较高,但应注意以下几个方面:

1.推土前应识图或了解施工对象的情况

在动工之前应向推土机手介绍拟施工地段的地形情况及设计地形的特点,最好结合模型,使之一目了然。另外,施工前还要了解实地定点放线情况,如桩位、施工标高等。这样施工时司机便可心中有数,推土铲就像他手中的雕塑刀,能得心应手、随心所欲地按照设计意图去塑造地形。这一点对提高施工效率至关重要,这一步工作做得好,在修饰山体(或水体)时便可以省去许多人力物力。

2.注意保护表土

在挖湖堆山时,先用推土机将施工地段的表层熟土(耕作层)推到施工场地外围,待地形整理停当,再把表土铺回来。这样做较麻烦费工,但对公园的植物生长却有很大好处,有条件之处应该这样做。

四、土方的运输

在常规的竖向设计中,设计师们都努力确保土方在原地保持平衡,这样可以大大减少土方的搬运工作。土方的运输是一项相当困难的任务,而人工搬运通常只是短距离的小规模搬运。在某些特定的小规模或局部施工项目中,经常会使用由车运人搬运的方法。对于运输距离较远的情况,建议采用机械或半机械化的方式进行运输。不管是由谁来搬运车辆,组织运输路径都是至关重要的,必须明确卸土的具体位置,并由施工团队随时提供指导,以防止出现混乱和临时工作。当采用外部土壤作为堆山的垫地时,运输土壤的车辆必须有专门的人员进行指导,并确保卸土位置的准确性。否则,随意堆放和卸土可能会为接下来的施工增加大量不必要的小规模搬运,从而导致人力和物力的浪费。

五、土方的填筑

填土应该满足工程的质量要求,土壤的质量要根据填方的用途和要求加以选择,在绿化地段土壤应满足种植植物的要求,而作为建筑用地则要以将来地基的稳定为原则。利用外来土垫地堆山,对土质应该坚定放行,劣土及受污染的土壤,不应放入园内,以免将来影响植物的生长和妨害游人健康。

(1)大面积填方应该分层填筑,一般每层 20～50cm,有条件的应层层压实。

(2)在斜坡上填土,为防止新填土方滑落,应先把土坡挖成台阶状,然后再填方。这样可保证新填土方的稳定。

(3)推土或挑土堆山,土方的运输路线和下卸,应设计以山头为中心结合来土方向进行安排。一般以环形线为宜,车辆或人挑满载上山,土卸在路两侧,空载的车(人)沿路线继续前行下山,车(人)不走回头路,不交叉穿行,所以不会顶流拥挤。随着卸土的进行,山势逐渐升高,运土路线也随之升高,这样既组织了人流,又使土山分层上升,部分土方边卸边压实,这不仅有利于山体的稳定,山体表面也较自然。如果土源有几个来向,运土路线可根据设计地形特点安排几个小环路,小环路以人流车辆互不干扰为原则。

六、土方的压实

人力夯压可用夯、破、碾等工具,机械碾压可用碾压机或用拖拉机带动的铁碾。小型的夯压机械有内燃夯、蛙式夯等。如土壤过分干燥,需先洒水湿润后再行压实。

在压实过程中应注意以下几点:

(1)压实工作必须分层进行;

(2)压实工作要注意均匀;

(3)压实松土时夯压工具应先轻后重;

(4)压实工作应自边缘开始逐渐向中间收拢,否则边缘土方外挤易引起坍落。

七、土壁支撑和土方边坡

土壁主要是通过体内的黏结力和摩擦阻力保持稳定的,一旦受力不平衡就会出现塌方,不仅会影响工期,还会造成人员伤亡,危及附近的建筑物。

出现土壁塌方主要有以下四种原因:

(1)地下水、雨水将土地泡软,降低了土体的抗剪强度,增加了土体的自重,这是出现塌方的最常见原因。

(2)边坡过陡导致土体稳定性下降,尤其是开挖深度大、土质差的坑槽。

(3)土壁刚度不足或支撑强度破坏失效导致塌方。

(4)将机具、材料、土体堆放在基坑上口边缘附近,或者车辆荷载的存在导致土体剪应力大于土体的抗剪强度。为了确保施工的安全性,基坑的开挖深度到达一定限度后,土壁应该放足边坡,或者利用临时支撑稳定土体。

八、施工排水与流沙防治

在开挖基坑或沟槽时,往往会破坏原有的地下水文状态,可能出现大量地下水渗入基坑的情况。雨季施工时,地面水也会大量涌入基坑。为了确保施工安全,防止边坡垮塌事故发生,必须做好基坑降水工作。此外,水在土体内流动还会造成流沙现象。如果动水压力过大,则在土中可能会发生流沙现象,所以防止流沙就要从减小或消除动水压力入手。

防治流沙的方法主要有:水下挖土法、打板桩法、地下连续墙法、井点降水法等。水下挖土法的基本原理是使基坑坑内外的水压互相平衡,从而消除动水压力的影响。如沉井施工,排水下沉,进行水中挖土、水下浇筑混凝土,是防治流沙的有效措施。打板桩法的基本原理是将板桩沿基坑周遭打入,从而截住流向基坑的水流,但是此法需注意板桩必须深入不透水层才能发挥作用。地下连续墙法是沿基坑的周围先浇筑一道钢筋混凝土的地下连续墙,以此起到承重、截水和防流沙的作用。井点降水法施工复杂,造价较高,但是它同时对深基础施工能起到很好的支护作用。以上这些方法都各有优势与不足,而且由于土壤类型颇多,现在还很难找到一种方法可以一劳永逸地解决流沙问题。

第三节　园林绿化工程施工

一、园林绿化的作用

园林绿化施工不仅可以对已有的自然环境进行精细的加工和美化，还可以在维护的基础上创造更多的美景。通过模拟自然的方式，人工重建生态系统，并在合理保护自然资源的同时，增加绿色植被在城市中的覆盖面积，从而美化城市居民的生活环境。园林绿化项目为大众创造了一个健康且环保的居住和休闲环境，这不仅带来了社会的益处，同时也为园林工程带来了显著的经济回报。人们所创建的模仿自然的园林为动植物提供了一个相对稳定的生存和繁殖环境，从而为生物多样性提供了更为有利的条件。随着可持续发展和城市化进程的推进，园林建设不仅扩大了绿色植被的覆盖范围，还美化了城市环境，提升了居民的生活环境质量。这不仅有助于促进人们身心健康的全面发展，还能弘扬优秀的文化遗产，为城市的持续发展和人们生活水平的持续提升做出有意义的贡献。

二、园林绿化工程的特点

(一)园林绿化工程的艺术性

园林绿化工程不仅仅是一座简单的景观雕塑，也不仅仅是提供一片绿化的植被，它是具有一定的艺术性的，这样才能在净化空气的同时带给人们精神上的享受和感官上的愉悦。自然景观还要充分与人造景观相融相通，满足城市环境的协调性需求。设计人员在最初进行规划时，就可以先进行艺术效果上的设计，在施工过程中还可以通过施工人员的直觉和经验进行设计上的修饰。尤其是在古典建筑或者标志性建筑周围建设园林绿化工程的时候，更要讲究其艺术性，要根据施工地的不同环境和不同文化背景进行设计，不同的设计人员会有不同的灵感和追求，设计和施工的经验和技能也是有所差别的。因此,有关施工和设计人员要不断地提升自己的艺术水准和技能,这也是对园林绿化人员提出的要求。

(二)园林绿化工程的生态性

园林绿化工程具有强烈的生态性。现代化进程的不断加快,使得人口与资源环境的发展极其不协调,人们生存的环境质量也一再下降。生态环境的破坏和环境污染已经带来了一系列的负效应,直接影响了人们的身体健康和精神的追求,间接地,也使得经济的发展受到了限制。因此,为了响应可持续发展的号召,为了提高人们赖以生存的环境质量,就要加强城市的园林绿化工程建设力度,各城市管理部门要加强对这方面的重视程度。这种园林绿化工程的生态性也成了这个行业关注的焦点。

(三)园林绿化工程的特殊性

园林绿化项目的执行目标具有其独特性。园林绿化工程主要针对的是植物,这些植物都是生命体,因此在运输、培养、种植以及后期维护等多个环节,都需要有各自独特的执行策略;通过植物种类的丰富多样性以及植被的独特特性和功效,我们可以合理地规划景观。但这需要施工和设计团队具备深厚的植物基础知识和专业技巧,对植物的生长习性、种植时的注意事项以及自然因素对其的影响都有深入的了解,这样才能创作出最优质的作品。这批植物经过精心的设计和种植,不仅能够净化大气、降低温度和噪声,还能为生活在喧闹中的人们带来一种宁静和舒适的感觉,这也是园林绿化项目与其他城市建设项目相比具有显著特色的一个方面。

(四)园林绿化工程的周期性

园林绿化工程的重要组成部分就是一些绿化种植的植被,因此,其季节性较强,具有一定的周期,要在一定的时间和适宜的地方进行设计和施工,后期的养护管理也一定要做到位,以保证苗木等植物的完好和正常生长。这是一个长期的任务。同时也是比较重要的环节之一,这种养护具有持续性,需要有关部门合理安排,才能确保景观得以长久保存,创造最大的景观收益。

(五)园林绿化工程的复杂性

园林绿化工程的规模一般很小,却需要分成很多个小的项目,施工时的工程量也小而散,这就为施工过程的监督和管理工作带来一定难度。在设计和施工前要认真挑选合适的施工人员。施工人员不仅要掌握足够的知识面,还要对园林绿化知识有一定的了解,最后还要具备一定的专业素养和德行,避免施工单位和个人在施工时不负责的偷工减料和投机取巧,确保工程的质量。由于现在的城市中需要绿化的地点有很多,如公园、政府、广场、小区甚至是道路两旁等等,园林绿化工程的形式也越来越多样化,因此,今后园林绿化工程的复杂程度也会逐渐提高,这也对有关部门提出了更高的要求。

三、园林绿化施工技术

(一)园林绿化工程施工流程

园林绿化工程施工主要由两个部分组成,即前期准备和实施方案。其中,园林绿化工程的前期准备,主要包括三个方面:技术准备、现场准备和苗木及机械设备准备。园林绿化工程分实施方案又由施工总流程、土质测定及土壤改良、苗木种植工程三个主要的部分构成。重点是苗木种植流程,选苗→加工→移植→养护。

(二)园林绿化工程施工技术要点

1. 园林绿化工程施工前的技术要点

要完成一项高品质的园林绿化项目,必须进行全面而细致的施工前准备。这是在对需要进行施工的区域进行了全方位的考察和了解之后,对周边环境和设施进行了深度研究,同时也对土壤、水资源、气候和人力资源进行了全面的综合设计。在此基础上,我们还需要深入了解各种树木和植物的特性以及它们所处的环境,并进行合理的配置。同时,我们也需要合理地规划施工时间,以确保工程能够在最佳的时间进行,这也是保证工程成活率的关键因素。为确保苗木在施工过程中不受季节和气候的干扰,建议选择阴天或多云且风速较低的天气进行种植。在种植过程中,必须严格遵循设计要求,确保耕作深度足够。施工区域需要进行彻底的清扫,多余的土堆也需要及时清除。同时,工作区域的石块和混凝土等也需要被移出施工现场,并最终需要平整施工场地,以满足种植需求。

2.园林绿化工程施工过程技术要点

在施工开始后,要做到的关键部分就是定好点、栽好苗、浇好水等,严格按照施工规定的流程进行施工操作,要保证植物能够正常健康地生长,科学培育。首先,行间距的定点要严格进行设计,将路缘或路肩及临街建筑红线作为基线,以图纸要求的尺寸作为标准在地面确定行距并设置定点,还要及时做好标记,便于查找。如果是公园地区的建设,要采用测量仪,准确标记好各个景观及建筑物的位置,要有明确的编号和规格,施工时要对植被进行细致的标注。其次,树木栽植技术也对整个工程的顺利施工有着重要的影响,栽植树木不仅是栽种成活,还要对其形状等进行修剪等。由于整个施工难免会对植被造成一定的伤害,为了尽早恢复,让树木等能够及时吸收足够的土壤养分,就要进行适时的浇水,通常对本年份新植树木应浇水三次以上,苗木栽植当天浇透水一次。如果遇到春季干旱少雨造成土壤干燥还要适当地将浇水时间提前。

3.园林绿化工程的后期养护工作

后期的养护工作也是收尾工作,是整个工程的最后保证,也是对整个工程的一个保持。根据植物的需求,要及时对其需要的养分进行适时补充,以免造成植被死亡,影响景观的整体效果。灌溉时,要根据树木的品种及需求适时调整,节约水资源和人力物力。为了达到更好的美观性和艺术性,一些植物还需要定时进行修剪,这也是养护管理的重要工作内容。有些植物易受虫害的侵袭,对于这类植被要及时采取相应措施。除此以外,还有保暖措施等。

四、园林绿化过程中的施工注意事项

(一)苗木的选择

在园林绿化过程中,选择乔木苗木的时候应该尽可能地选择分支均匀、树冠完整以及笔直的树苗来作为移植树苗,不要使用一些倾斜、弯曲的树苗。

1.可以用作移植的树苗具有以下特点:

①树干特点选择相对平滑且没有大结节以及突出物的树干,大结节也就是树干上有大于20mm直径的伤痕。

②叶片特点能够进行移植的树苗除了拥有特殊的类型之外,一般情况下树木的叶片颜色为深绿色,还具有一定亮度。

③树木丰满度在进行树苗移栽的过程中,应该尽可能地选择整体饱满、树干枝叶繁盛,并且密室、平整的树苗来作为绿化需要的树木。

④合理地选择没有病害的苗木来进行移栽。在对树苗进行移栽的过程中,树苗的树叶不能出现发白的情况,还应该保证树苗内部没有寄生虫。

⑤合理选择树苗年龄。在进行移栽的过程中,一般应该选择3～5年树龄的树苗作为绿化移栽的树苗,不可以使用树龄过大或者过小的树苗来作为移栽树苗,并且在确定树龄的时候应合理地进行年轮抽样检查。

在园林绿化时候选择灌木树苗的时候,应该选择分枝比较多以及主干比较低的树苗。一般来说,相对比较好的灌木树苗就是具有三个以上的分枝,绿叶具有一定的光亮,或者为深绿和翠绿。以叶片分枝比较多、密集饱满为树木的丰满度。对于很多球类树木来说,在对树苗进行修剪的过程中应该保持特定形状,所以对于树木树叶的密实度就有一定的要求。在移栽灌木树苗的时候,应该合理地观察其是否被虫子咬过以及一些隐藏的病虫害。

2.苗木的选择类型

(1)乔木类

对于那些常绿和落叶的乔木,园林施工人员必须确保乔木健康生长,并为它们创造一个适宜的生长环境。在这样的基础上,我们通过精心的整形和修剪,对树木的外形进行了合理的美化和修整。这样做是为了确保那些干性较强、顶端优势明显的树种能够生长成高大而笔直的景观树,而那些干性较弱、枝条形态分布良好的树种则能保持其自然和优雅的树形。在修剪过程中,对于那些顶端具有明显优势的乔木,需要保留树干的主干,并保留分层的主枝,以形成一个类似圆锥形的树形结构。通过对乔木的侧枝进行恰当的修整,我们可以有效地管理其生长趋势,并进一步促进乔木主干的健康成长。然而,如果在修剪过程中不小心剪掉了主枝的顶端或对其造成了损害,那么应该将生长健壮、靠近中央的侧枝作为主干进行培养,以维持树种顶端的优势,并确保乔木能够健康地生长。在对大型乔木进行修剪后,应立即清理修剪后的伤口,并涂上伤口愈合剂,以加速伤口的愈合过程,同时也要防止树木伤口在恢复期间受到病虫害的侵害。另外,在处理珍稀树种时,推荐使用树皮进行修复或移植,这样可以确保植物的伤口在较短的时间内得到愈合。

(2)花灌木类

园林中的花灌木种类繁多,景观各异。对此类植株栽植前的合理修剪,必须根据设计意图采用不同的修剪整形方式。如对于规整式园林景观,实质是通过人工细致的修剪使得自然生长的灌木形体转变成较为规则的形状,以自身自然的绿色和规整的形状不断装饰、美化园林,进一步增加园林的观赏性,体现出人类改造自然的能力。为此,园林施工作业人员在修剪灌木时,需要严格遵守以下几个技术要点:首先,需要依据园林中灌木丛的具体疏密情况,适当保留几个形状比较规则的主枝,疏剪一些生长较为密集的枝条,同时,对侧枝进行合理的修剪,使灌木呈现出圆形、椭圆形等设计规定的形状。其次,适当去除灌木植株体上一些较老的枝干并保留和培养一些新生枝,可以增强灌木的生长势,促进花灌木生长更为旺盛美观。而自然式园林,则强调虽由人做,宛自天开的人文意境,园林植物修剪注重植物本身自然的生长形态,仅对部分生长不合理的交叉枝、重叠枝、轮生枝、病虫枝、徒长枝等疏除,减少人为对原有树体形态的过多干预,形成模拟自然界真实、缩微的植物群落景观。

(3)绿篱类

绿篱主要由耐修剪的花灌木或小型乔木组成,一般是单排或双排形成植篱墙或护栏式景观。园林工作人员可以将绿篱中的植物修剪成各种规整式形状,如波浪形、椭圆形、方形等,设计师可以将绿篱设置在道路、纪念性景观两侧,达到引导游客视线、隔离道路和保护环境等目的。为了确保绿篱整体高度及形状一致,园林工作人员会定期安排整形修剪,适当修剪植株主尖,一般剪去主尖的 1/3,剪口高度介于 5～10cm 之间,这样有助于控制植株的生长高度,促进绿篱的健康成长。

(二)对于种植土的复原与选择

在园林绿化工程施工过程中,土壤是花草树木能够生存的主要基础,基本上以土粒团粒为最好,直径一般都是 1～5mm,孔径会小于 0.01mm 的最为适合树木的生长。一般而言,土壤表层都具有大量的植物生长需要的营养以及团粒结构。在进行园林绿化过程中,时常会把表层去掉,这就破坏了植物能够生长的最有利环境。为了保证可以科学有效地培养树木的生长,最好的办法就是把园林内部原有的土壤表层进行合理使用,在对土壤表层进行复原的过程中,应该尽可能避免大型机械的碾压,可以使用倒退铲车来对土壤进行掘取。

(三)施工过程中的土建以及绿化

在园林绿化工程施工建设过程中,经常会用到很多种交叉施工方式,这会在一定程度上导致很多施工企业为了赶上施工进度以及其他的外在因素出现一些问题。在对园林进行绿化的时候,绿化与土建是由不同施工单位来分别完成的。因此,非常容易出现问题,特别是在保护砌筑路牙石以及植物方面,所以需要密切注意施工过程中的细节,提高施工质量。

第四节　园林假山工程施工

一、假山的概念及功能作用

(一)假山的概念

假山是指用人工方法堆叠起来的山,其是按照自然山水为蓝本,经艺术加工而制作的。随着叠石为山技巧的进步和人们对自然山水的向往,假山在园林中的应用也越来越普遍。不论是叠石为山,还是堆土为山,或土石结合,抑或单独赏石,只要它是人工堆成的,均可称之为假山。人们通常说的假山实际上包括假山和置石两个部分。所谓的假山,是以造景、游览为主要目的,充分地结合其他多方面的功能作用,以土、石等为材料,以自然山水为蓝本并加以艺术的提炼、加工、夸张,用人工再造的山水景物的通称;置石,是指以山石为材料做独立造景或做附属配置造景布置,主要表现山石的个体美或局部山石组合,不具备完整的山形。

一般来说,假山的体量较大而且集中,可观可游可赏可憩,使人有置身于自然山林之感;置石主要是以观赏为主,结合一些功能(如纪念、景点等)方面的作用,体量小且分散。假山按材料不同可分为土山、石山和土石相间的山;置石则可分为特置、对置、散置、群置等。为降低假山置石景观的造价和增强假山置石景观的整体性,在现代园林中,还出现以岭南园林中灰塑假山工艺为基础的采用混凝土、有机玻璃、玻璃钢等现代工业材料和石灰、砖、水泥等非石材料进行的塑石塑山,成为假山工程的一种专门工艺,这里不再单独探讨。

(二)假山的功能作用

假山和置石因其形态千变万化,体量大小不一,所以在园林中既可以作为主景也可以与其他景物搭配构成景观。如扬州个园的"四季假山"以及苏州狮子林等总体布局以山为主,水为辅,景观特别;在园林中作为划分和组织空间的手段;利用山石小品作为点缀园林空间、陪衬建筑和植物的手段;用假山石做花台、石阶、踏跺、驳岸、护坡、挡土墙和排水设施等,既朴实美观,又坚固实用;用作室内外自然式家具、器设、几案等,如石桌凳、石栏、石鼓、石屏、石灯笼等,既不怕风吹日晒,也增添了几分自然美。

二、假山工程施工技术

(一)施工前的准备工作

施工前首先应认真研究和仔细会审图纸,先做出假山模型,方便之后的施工,做好施工前的技术交底,加强与设计方的交流,充分正确了解设计意图。再者,准备好施工材料,如山石材料、辅助材料和工具等。还应对施工现场进行反复勘查,了解场地的大小,当地的土质、地形、植被分布情况和交通状况等方面。制订合适的施工方案,配备好施工机械设备,安排好施工管理和技术人员等。

(二)假山的材料选择

我国幅员辽阔,地质变化多端。为园林假山建设提供了丰富的材料。古典园林中对假山的材料有着深入的研究,充分挖掘了自然石材的园林制造潜力,传统假山的材料大致可分为以下几大类:湖石(包括太湖石、房山石、英石、灵璧石、宣石)、黄石、青石、石笋还有其他石品(如木化石、石珊瑚、黄蜡石等)。这些石种各具特色,有自己的自然特点,根据假山设计要求的不同,采用不同的材料。经过这些天然石材的组合和搭配,构建起各具特色的假山。如太湖石轻巧、清秀、玲珑,在水的溶蚀作用下,纹理清晰,脉络景隐,有如天然的雕塑品,常被选其中形体险怪,嵌空穿眼者为特置石峰;又如宣石颜色洁白可人,且越旧越白,有着积雪一般的外貌,成为冬山的绝佳材料。而现代以来,由于资源的短缺,国家对山石资源进行了保护,自然石种的开采量受到了很大的限制,不能满足园林假山的建设需要。随着技术的日益发展,在现代园林中,人工塑石已成为假山布景的主流趋势,而且由于人工塑石更为灵活,可根据设计意图自由塑造,所以能达到很好的效果。

(三)假山施工流程

假山的施工是一个复杂的工程,一般流程为:定点放线→挖基槽→基础施工→拉底→中层施工(山体施工、山洞施工)→填、刹、扫缝→收顶→做脚→竣工验收→养护期管理→交付使用。其中,涉及许多方面的施工技术,每个不同环节都有不同的施工方法,在此,将重点介绍其中的一些施工方法。

1.定点放线

首先,要按照假山的平面图,在施工现场用测量仪准确地按比例尺用白石粉放线,以确定假山的施工区域。线放好后,跟着标出假山每一部位的坐标点位。坐标点位定好后,还要用竹签或小木棒钉好,做出标记,避免出差错。

2.基础施工

假山的基础如同房屋的地基一样都是非常重要的,应该引起重视。假山的基础主要有木桩、灰土基础、混凝土基础三种。木桩多选用较平直又耐水湿的柏木桩或杉木桩,木桩顶面的直径为 10～15cm。平面布置按梅花形排列,故称"梅花桩"。桩边至桩边的距离约为 20cm,其宽度视假山底脚的宽度而定。桩木顶端露出湖底十几厘米至几十厘米,并用花岗石压顶,条石上面才是自然的山石,自然山石的下部应在水面以下,以减少木桩腐烂。灰土基础一般采用"宽打窄用"的方法,即灰土基础的宽度应比假山底面积的宽度宽出约 0.5cm,保证了基础的受力均匀。灰槽的深度一般为 50～60cm。2m 以下的假山一般是打一步素土,一步灰土。一步灰土即布灰 30cm,踩实到 15cm 再夯实到 10cm 厚度左右。2～4m 高的假山用一步素土、两步灰土。石灰一定要新出窑的块灰,在现场泼水化灰。灰土的比例采用 3∶7。混凝土基础耐压强度大,施工速度快。厚度陆地上 10～20cm,水中约为 50cm。陆地上选用不低于 C10 的混凝土。水中假山基础采用 M15 水泥砂浆砌块石,或 C20 的素混凝土做基础为妥。

3. 拉底

拉底就是在基础上铺置最底层的自然山石,是叠山之本。假山的一切变化都立足于这一层,所以底石的材料要求大块、坚实、耐压。底石的安放应充分考虑整座假山的山势,灵活运用石材,底脚的轮廓线要破平直为曲折,变规则为错落。要根据皴纹的延展来决定,大小石材成不规则的相间关系安置,并使它们紧密互咬、共同制约,连成整体,使底石能垫平安稳。

4. 中层

中层是假山造型的主体部分,占假山中的最大体量。中层在施工中要尽量做到山石上下衔接严密之外,还要力求破除对称的形体,避免成为规规矩矩的几何形态,因偏得致,错综成美。在中层施工时,平衡的问题尤为明显,可以采用"等分平衡法"等方法调节山石之间的位置,使它们的重心集中到整座假山的重心上。

5. 收顶

收顶即处理假山最顶层的山石。从结构上来讲,收顶的山石要求体量大的,以便合凑收压,一般分为分峰、峦和平顶三种类型,可在整座假山中起到画龙点睛的效果,应在艺术上和技术上给予充分重视。收顶时要注意使顶石的重力能均匀地分层传递下去,所以往往用一块山石同时镇压住下面的山石。如果收顶面积大而石材不够时,可采用"拼凑"的施工方法,用小石镶缝使成一体。

(四)假山景观的基础施工

假山景观一般堆叠较高、重量较大,部分假山景观又会配以流水,加大对基础的侵蚀。所以首先要将假山景观的基础工程搞好,减少安全隐患,这样才能在此之上造就出各种假山景观造型。基础的施工应根据设置要求进行,假山景观基础有浅基础、深基础、桩基础等。

1. 浅基础的施工

浅基础的施工程序为:原土夯实→铺筑垫层→砌筑基础。浅基础一般是在原地面上经夯实后而砌筑的基础。此种基础应事先将地面进行平整,清除高垄,填平凹坑,然后进行夯实,再铺筑垫层和基础。基础结构应按设计要求严把质量关。

2. 深基础的施工

深基础的施工程序为:挖土→夯实整平→铺筑垫层→砌筑基础。深基础是将基础埋入地面以下的基础,应按基础尺寸进行挖土,严格掌握挖土深度和宽度。一般假山景观基础的挖土深度为50～80cm,基础宽度多为山脚线向外50cm。土方挖完后夯实整平,然后按设计铺筑垫层和砌筑基础。

3. 混凝土基础

目前,大中型假山多采用混凝土基础、钢筋混凝土基础。混凝土具有施工方便、耐压能力强的特点。基础施工中对混凝土的标号有着严格的规定,一般混凝土垫层不低于C10,钢筋混凝土基础不低于C20的混凝土。具体要根据现场施工环境决定,如土质、承载力、假山的高度、体量的大小等决定基础处理形式。

4. 木桩基础

在古代园林假山施工中,其基础形式多采用杉木桩或松木桩。这种方法到现在仍旧有其使用价值,特别是在园林水体中的驳岸上,应用较广。选用木桩基础时,木桩的直径范围多在 10～15cm 之间,在布置上,一般采用梅花形状排列,木桩与木桩的间距为 20cm。打桩时,木桩底部要达到硬土层,而其顶端则必须至少高于水体底部十几厘米。木桩打好后要用条石压顶,再用块石使之互相嵌紧。这样基础部分就算完成了,可以在其上进行山石的施工。

(五)山体施工

1.山石叠置的施工要点

(1)熟悉图纸

在叠山前一定要把设计图纸读熟,但由于假山景观工程的特殊性,它的设计很难完全一步到位。一般只能表现山体的大致轮廓或主要剖面,为了方便施工,一般先做模型。由于石头的奇形怪状,而不易掌握,因此,全面了解和掌握设计者的意图是十分重要的。如果工程大部分是大样图,无法直接指导施工,可通过多次制作样稿,多次修改,多次与设计师沟通,才能摸清设计师的真正意图,找到最合适的施工技巧。

(2)基础处理

大型假山景观或置石必须有坚固耐久的基础,现代假山景观施工中多采用混凝土基础。

2.山体堆砌

山体的堆砌是假山景观造型最重要的部分,根据选用石材种类的不同,要艺术性地再现自然景观,不同的地貌有不同的山体形状。一般堆山常分为底层、中层、收顶三部分。施工时要一层一层地做,做一层石倒一层水泥砂浆,等到稳固后再上第二层,如此至第三层。底层,石块要大且坚硬,安石要曲折错落,石块之间要搭接紧密,摆放时大而平的面朝天,好看的面朝外,一定要注意放平。中层,用石要掌握重心,飘出的部位一定要靠上面的重力和后面的力量拉回来,加倍压实做到万无一失。石材要统一,既要相同的质地,相同纹理,色泽一致,咬茬合缝,浑然一体,又要有层次有进深。

3.置石

置石一般有独立石、对置、散置、群置等。独立石,应选择体量大、造型轮廓突出、色彩纹理奇特、有动态的山石。这种石多放在公园的主入口或广场中心等重要位置。对石，以两块山石为组合，相互呼应，一般多放置在门前两侧或园路的出入口两侧；散置，几块大小不等的山石灵活而艺术地搭配，聚散有序，相互呼应，富于灵气；群置，以一块体量较大的山石作为主石，在其周围巧妙置以数块体量较小的配石组成一个石群，在对比之中给人以组合之美。

(1)山石的衔接

中层施工中，一定要使上下山石之间的衔接严密，这除了要进行大块面积上的闪进，还需防止在下层山石上出现过多破碎石面。只不过有时候，出于设计者的偏好，为体现假山某些形状上的变化，也会故意预留一些这样的破碎石面。

①形态上的错落有致

假山山体的垂直和水平方向都要富于变化，但也不宜过于零碎，最好是在总体上大伸大缩，使其错落有致。在中层山石的设置上，要避免出现长方形、正方形这样严格对称的形状，而要注重体现每个方向上规则不同的三角形变化，这样也可使得石块之间奄拉咬茬，提高山体的稳定性。另外，山石要按其自然纹理码放，保证整体上山石纹理的通顺。

②山体的平衡

中层，是衔接底层和顶层的中间部分，底层是基础，要保证其对整个上部有足够的承载力，而到中层时，则必须得考虑其自身和上部的平衡问题了。譬如，在假山悬崖的设计中，山体需要一层层往外叠加，这样就会使山体的重心前移，所以这时就必须利用数倍于前沉重心的重力将前移重心拉回原本重心线。

③绿化相映、山水结合

山无草不活，没有花草树木相映，假山就会光秃秃的，显得呆板而缺乏活力。所以在堆砌假山时，要按照设计要求，在适当的地方预留种植穴，待假山整体框架完工后种植花草树木，达到更好的观赏性。假山修建过程中，有时还需预留管道，用于设计喷泉和其他排水设施。假山建成后，在假山周围一定范围内，修建水池，用太湖石或黄石驳岸，把山上流水引入池中,使得树木、山水相映生趣,增加假山的观赏性。

（2）顶层

顶层即假山最上面的部分,是最重要的观赏部分,这也是它的主要作用,无疑应做重点处理。顶层用石,无疑应选用姿态最美观、纹理最好的石块,主峰顶的石块体积要大,以彰显假山的气魄。

在顶层用石选用上,不同峰顶要求如下:

①堆秀峰

堆秀峰的特点是利用其庞大的体积显示出来的强大压力,镇压全局。峰石本身可用单块山石,也可由块石拼接。峰石的安置要保证山体的重心线垂直底面中心,均衡山势,保证山体稳定。但同时也要注意到的是,峰石选用时既要能体现其效果,又不能体积过大而压垮山体。

②流云峰

流云峰偏重做法上的挑、飘、环、透。由于在中层已大体有了较为稳固的布置,所以在收头时,只需将环透飞舞的中层合而为一。峰石本身可以作为某一挑石的后坚部分,也可完成一个新的环透体,既能保证叠石的安全,又能保障其流云或轻松的感觉不被破坏。

③剑立峰

剑立峰,顾名思义,就是用竖向条石纵立于山顶的一种假山布置。这种形式的特点在于利用剑石构成竖向瘦长直立的假山山顶,从而体现出其峭拔挺立、刺破青天的气魄。对于这种形式的假山,其峰石下的基础一定要十分牢固,石块之间也要紧密衔接,牢牢卡住,保证峰石的稳定和安全。

（六）假山石景的山体施工

一座山是由峰、峦、岭、台、壁、岩、谷、壑、洞、坝等单元结合而成,而这些单元则是由各种山石按照起、承、转、合的章法组合而成。

（1）安稳。安稳是对稳妥安放叠置山石手法的通称,将一块大山石平放在一块或几块大山石上面的叠石方法叫作安稳。安稳要求平稳而不能动摇,右下不稳之处要用小石片垫实刹紧。一般选用宽形或长形山石,这种手法主要用于山脚透空匝右下需要做眼的地方。

(2)连山石之间水平方向的相互衔接称为连。相连的山石基连接处的茬口形状和石面皱纹要尽量相互吻合,如果能做到严丝合缝最理想,但多数情况下,只要基本吻合即可。对于不同吻合的缝口应选用合适的石片刹紧,使之合为一体,有时为了造型的需要,做成纵向裂缝或石缝处理,这时也要求朝里的一边连接好,连接的目的不仅在于求得山石外观的整体性,更主要的是为了使结构上融为一体,以能均匀地传达和承受压力。连合好的山石,要做到当拍击石一端时,应使相连的另一端山石有受力之感。

(3)接是指山石之间的竖向衔接,山石衔接的茬口可以是平口,也可以是凹凸口,但一定是咬合紧密而不能有滑移的接口。衔接的山石,外面要依皱纹连接,至少要分出横竖纹路来。

(4)斗以两块分离的山石为底脚,做成头顶相互内靠,如同两者争斗状,并在两头顶之间安置一块连接石;或借用斗棋构件的原理,在两块底脚石上安置一块拱形山石。

(5)挎即在一块大的山石之旁,挎靠一块小山石,犹如人肩之挎包一样。挎石要充分利用茬口咬压,或借用上面山石之重力加以稳定,必要时应在受力之隐蔽处,用钢丝或铁件加轻固定连接。挎一般用在山石外轮廓形状过于平滞而缺乏凹凸变化的情况。

(6)拼将若干小山石拼零为整,组成一块具有一定形状大石面的做法称为拼,因为假山景观不会是用大山石叠置而成,石块过大,给吊装、运输都会带来困难。因此,需要选用一些大小不同的山石,拼接成所需要的形状,如峰石、飞梁、石矾等都可以采用拼的方法而成;有些假山景观在山峰叠砌好后,突然发现峰体太瘦,缺乏雄壮气势,这时就可将比较合适的山石拼合到峰体上,使山峰雄厚壮观起来。

(七)假山景观山脚施工

假山景观山脚施工是直接落在基础之上的山林底层,它的施工分为拉底、起脚和做脚。

(1)拉底

拉底是指用山石做出假山景观底层山脚线的石砌层。

①拉底的方式:拉底的方式有满拉底和线拉底两种。满拉底是将山脚线范围之内用山石满铺一层。这种方式适用于规模数较小、山底面积不大的假山景观,或者有冻胀破坏的北方地区及有震动破坏的地区。线拉底按山脚线的周边铺砌山石,而内空部分用乱石、碎砖、泥土等填补筑实。这种方法适用于底面较大的大型假山景观。

②拉底的技术要求:底脚石应选择石质坚硬、不易风化的山石。每块山脚石必须垫平垫实,用水泥砂浆将底脚空隙灌实,不得有丝毫摇动感。各山石之间要紧密咬合,互相连接形成整体,以承托上面山体的荷载分布。拉底的边缘要错落变化,避免做成平直和浑圆形状的脚线。

(2)起脚拉底之后,开始砌筑假山景观山体的首层山石层叫起脚。起脚边线的做法常用的有:点脚法、连脚法和块面法。

①点脚法:即在山脚的边线上,用山石每隔不同的距离做墩点,用于片块状山石盖于其上,做成透空小洞穴。这种做法用于空透型假山景观的山脚。

②连脚法:即按山脚边线连续摆砌弯弯曲曲、高低起伏的山脚石,形成整体的连线山脚线,这种做法各种山形都可采用。③块面法:即用大块面的山石,连续摆砌成大凸大凹的山脚线,使凸出凹进部分的整体感都很强,这种做法多用于造型雄伟的大型山体。

三、施工中的注意事项

1.施工中应注意按照施工流程的先后顺序施工,自下而上,分层作业,必须在保证上一层全部完成,在胶结材料凝固后才进行下一层施工,以免留下安全隐患。

2.施工过程中应注意安全,“安全第一”的原则在假山施工过程中应受到高度重视。对于结构承重石必须小心挑选,保证有足够的强度。在叠石的施工过程中应争取一次成功,吊石时在场工作人员应统一指令,拴石打扣起吊一定要牢靠,工人应穿戴好防护鞋帽,保证做到安全生产。

3.要在施工的全过程中对施工的各工序进行质量监控,做好监督工作,发现问题及时改正。在假山工程施工完毕后,对假山进行全面的验收,应开闸试水,检查管线、水池等是否漏水漏电。竣工验收与备案过程应按法规规范和合同约定进行。假山景观是人工地将各种奇形怪状、观赏性高的石头,按层次、特点进行堆叠而形成山的模样,再加以人工修饰,达到置一山于一园的观赏效果。在园林中假山景观的表现形式多种多样,可作为主景也可以作为配景,如划分园林空间、布置道路、连廊等,再配以流水、绿草更能增添自然的气息。

第五节　园林供电与照明工程施工

一、园林景观照明设计

(一)城市园林景观照明设计

每个城市都有其独特的风俗文化,城市的风俗文化外化后就体现在城市的景观照明设计中。一个城市的白天和黑夜是截然不同的,日间的景致无法仿效,而夜晚当然会使它多一些"神秘感",并具有它自己的味道。人们往往能通过城市夜间的照明,直观地感受到城市的魅力,而园林景观照明设计作为城市景观照明的一部分,显得尤为重要。因此,对城市园林景观照明设计进行探究有其深层意义。

(二)城市园林景观照明设计的基本要求

1. 满足人们对照明的基本要求,使人们感到舒适和健康

街道、广场、建筑和人构成了一座城市,其中,人是最主要的元素。城市是人们居住的场所,城市园林景观设计要遵循以人为本的原则,城市园林景观照明设计更要如此。遵循以人为本的原则,最基本的就是满足各个场所照明的照度要求,满足物体的可见度的需要,确保安全性和对方向的辨认,使人们感到舒适和健康。

2. 强调光与环境的融合,达到相辅相成的效果

园林景观照明设计在满足各个场所照度要求的基础上,要注重与周边环境相融合,达到美化环境的效果。光与环境的融合主要体现在光的显色性上,光的颜色一定要与环境相适合,不可太突出,抢了风头,也不可

太暗淡,达不到照明的效果。在差异中强调整体性,彼此之间要形成平衡和联系,使其达到浑然一体的效果。

3.防止眩光,避免光污染

防止眩光意味着需要限制或遮挡光线在接近水平方向上的亮度,这在照明设计中是非常重要的。眩光可能导致人眼在识别物体时出现误差,从而引发判断错误。对于在车道上行驶的车辆,严重情况下可能导致交通事故。"光污染"这一词汇主要用于描述过亮的灯光或者指向错误的光源。令人烦恼的照明问题主要源于温室释放的光线、园区内被照亮的广告板、过度照明的建筑物以及过度的道路照明等因素,这些都是光污染问题的具体表现。

光污染是光的一种浪费,不仅会给公共区域的使用者和邻近环境中的居民造成烦扰,还会对植物的生长周期和动物的生命节奏造成一定的危害,所以城市园林景观照明设计一定要防止眩光,避免光污染。

(三)城市园林景观中不同建筑物类型的照明设计

1.园林道路照明

园林道路作为整个园林的骨架,其照明设计必须在保证照度安全、均匀的同时,还要突出主次差异,让游客和行人一目了然,不至于迷路。

(1)照度均匀、安全

在园林道路的照明中,必须根据灯具的高度和灯杆之间的距离采取相应的措施以确保灯光的均匀度,"锥形光束"必须彼此交叠。而行人行走的道路、区域,安全感总是关注的重点,要有足够的光线,不要有太多黑暗的地方,要看得到来往的交通,利于行人与车辆之间的避让。当某处光线很强的时候,与它相邻的四周看起来就会比实际情况暗。人的视觉会跟随眼前的光线进行调整,如果周围没有更强的光亮就会觉得该点的亮度是足够的,这就是亮度平衡问题。

(2)突出主次

在园区的主要街道和次要街道之间,景观照明设计在照明强度上有强弱之分,在灯光色彩的运用上也有很大差异,这种差别对区分不同区域是有益的,可以使游客一目了然,清楚地知道园区的道路分布,了解自己所处的位置及目的地的方位。但在设计的时候,不可一味地突出差异,还需考虑整体性,注意彼此之间形成平衡和联系。

2.公共活动区域照明

在进行园林设计时,建筑设计师通常会规划一些供游客休憩的开放式空间,例如园区中央的小型广场、园林内的休息区、咖啡馆和品茶的地方等。这些地方通常都会在户外设置长椅、座椅和石桌,以供游客休憩和用餐,目的是为游客营造一个轻松愉快的环境,以缓解他们身心的疲惫。因此,在公共区域的照明设计中,景观照明设计师需要具备无限的创意和深厚的艺术修养,具有独特的艺术欣赏力。他们可以通过降低照度、使用彩色灯具等方法来调整氛围,加强气氛,创造一个舒适而安静的氛围,给人带来轻松愉快的享受。

3.绿植和水景照明

在园林景观设计中,绿植和水景往往是少不了的,毕竟园林主要是让人放松的地方,绿色植物能给人以新鲜的空气,水景也能让人的心瞬间平静下来。植物的照明为表现其生机勃勃的色泽,一般是采用白光或与植物色相近的光源,主要有卤素、金属卤化物灯以及荧光灯等。其中,金属卤化物灯适合中等或大尺度的树木,荧光灯和卤化灯适合于中小尺度的树木及灌木、矮树丛。水景分为静态和动态两种,静态的水景比如说平静的人工湖面、池塘,动态的水景比如说喷泉、小溪。静态的水景照明主要烘托一种宁静的氛围,该照明设计一般利用反射的光学原理,采用反射比较高的材料灯具,反射岸边景物来突出水体的存在和景观效果;动态的水景照明主要给人一种魔幻、戏剧性的感受,该照明设计一般以彩色的灯具设计居多,在流动的水中设置不同位置的灯具,利用水的落差和灯具的配合,使水的动态效果因为光线的作用变得更加强烈。

(四)特色建筑物照明

园林景观中,有很多有特色的建筑物,如纪念碑、桥梁、塔楼等建筑物,这些建筑物都需要进行独特的照明设计,以突出建筑物的特色。

1.纪念碑

纪念碑是为了纪念某个重要人物或是某个重要事件而建设的,往往是整个园区的标志物。为了突出纪念主题的严肃性和内涵,纪念碑的照明设计一般采用单纯的暖白色调为基本色调,通过光影变化突出建筑自身特点,塑造建筑形象,营造出一种庄重、大方的环境气氛。

2. 桥梁

桥梁通常是由石材、砖块或混凝土构建而成的功能性建筑,其中一些则是完全由木材构成,或者是为了实现特定设计目标而选用的各种材料组合。各种不同的材料和特性的桥梁都应具备独特的照明方案。以石桥为例,其照明主要是通过灯光来突出其材料特性和细节之处;铁桥的照明系统主要是通过冷色光来展示其内部结构;为了增强古迹桥梁的历史和文化色彩,主要是通过灯光进行照明。园区内的桥梁照明设计主要是在夜间为桥上的行人和交通提供方向。因此,在照明方面,距离桥梁较远的地方不应出现刺眼的光线,同时桥下的通道必须是清晰可辨的,以满足桥上和桥下的照明需求。

3. 塔楼

一座塔楼基本分成三部分,分别为基座、塔身和塔顶。在进行塔楼照明设计时,应该对不同的部位有不同的照度要求,但同时又要求塔的整体性。一般来说,塔的基座主要体现塔的完整性,照度比较小,主要是轮廓照明;塔身主要承载了塔的设计风格和建筑特色,一般在塔的檐口和上挑的四个角做特殊照明,照度大一点,凸显其特色;塔顶一般都是供人们远观的,照度最强,与塔身和基座在照度上形成一定的强弱差异,产生惊心夺目的效果吸引人们的注意,给人以惊艳的感觉。塔楼的照度从下往上逐渐增加,满足了人眼对光的视觉过渡,营造出一种高耸入云的感觉。

二、园林景观照明设计应该遵循的原则

(一)以人为本原则

在城市园林景观照明设计中应该突出以人为本的思想,每一个设计细节都需要考虑到人们的需求,考虑不同的要求,反映不同的观念,突出人性化。

（二）低碳节能原则

由于现代社会大力倡导可持续发展,实行低碳经济计划。因此,园林景观照明设计者要增强环境保护意识,自觉遵守国家节能降耗指标的要求,把低碳节能的理念深入到园林景观照明设计中去。

（三）文化特色原则

园林景观照明设计不仅要看出其科技的发达程度,还需要遵循园林绿化与历史文化相结合的原则,通过对历史文化的挖掘与传承,设计出有独特城市文化的园林作品,展现城市的文化内涵,改良城市的自然景观和人文景观。

三、关于园林景观照明设计的有关对策

（一）制定行业标准

园林景观照明行业应该制定一定的行业标准,因为行业标准的制定最能够体现出一个行业的技术含量,如果园林企业能够参与制定行业标准,就会尽量把企业的技术加进去。这样,园林企业制定行业标准,国家职能部门、行业协会进行组织引导,能够充分反映市场的需求,避免了园林行业的恶性竞争,使得园林景观照明设计人员有标准参照,从而提高园林景观照明设计的质量,真正为人民的高品质生活服务。

（二）应形成现代城市园林照明设计理念

园林景观照明设计应该随着社会经济的发展而发展。在建设园林景观时,将生态学原理充分应用到园林建设中,逐步形成生态园林景观建设的理念。准确认识生态园林的概念,从人与自然共存的角度出发,认识到生态保护的重要性,创新现代园林景观照明设计理念。不仅要从园林景观照明设计的美观效果出发,还要结合园林植物的生长特性、能源的消耗,从而高度统一现代城市园林景观照明设计理念,从真正意义上实现低碳环保节能。

（三）加强对复合型园林景观照明设计人才的培养

在现代社会中,竞争的核心实际上是对人才的争夺,这在园林景观照明设计领域也同样存在。如果园林景观照明设计公司希望稳固其在园林领域的地位,那么加强复合型园林景观照明设计专才的培训是至关重要的。在培养复合型设计人才的过程中,我们应当摒弃高等教育机构传统的"偏重专业而忽视基础,过分强调技术而忽视素质,过分强调知识而忽视能力"的教育模式,而应更加注重复合型设计人才的基础知识和创新能力的培养。为了提高园林景观照明设计人员的设计水平,我们对他们进行了系统的理论培训,加强了审美教育,并对他们的设计技巧进行了评估。

(四)园林景观照明设计应该严格遵循其设计原则

园林景观照明设计者在进行园林景观照明设计时,应该充分认识园林景观照明设计应该遵循的原则,根据原则来设计出高质量的作品,最终使园林景观照明有良好的视觉效果。

四、园林供电与照明施工技术

(一)照明工程

在施工过程中,主要分为以下几大部分:施工前准备、电缆敷设、配电箱安装、灯具安装、电缆头的制作安装。

1.施工前准备

在具体施工前首先要熟悉电气系统图,包括动力配电系统图和照明配电系统图中的电缆型号、规格、敷设方式及电缆编号,熟悉配电箱中的开关类型、控制方法,了解灯具数量、种类等。熟悉电气接线图,包括电气设备与电器设备之间的电线或电缆连接、设备之间线路的型号、敷设方式和回路编号,了解配电箱、灯具的具体位置,电缆走向等。根据图纸准备材料,向施工人员做技术交底,做好施工前的准备工作。

2.电缆敷设

电缆敷设包括电缆定位放线、电缆沟开挖、电缆敷设、电缆沟回填几部分。

(1)电缆定位放线

先按施工图找出电缆的走向后,按图示方位打桩放线,确定电缆敷设位置、开挖宽度、深度等及灯具位置,以便于电缆连接。

(2)电缆沟开挖

采用人工挖槽,槽椕必须按 1∶0.33 放坡,开挖出的土方堆放在沟槽的一侧。土堆边缘与沟边的距离不得小于 0.5 米,堆土高度不得超过1.5 米,堆土时注意不得掩埋消火栓、管道闸阀、雨水口、测量标志及各种地下管道的井盖,且不得妨碍其正常使用。开槽中若遇有其他专业的管道、电缆、地下构筑物或文物古迹等时,应及时与甲方、有关单位及设计部门联系,协同处理。

(3)电缆敷设

电缆若为聚氯乙烯铠装电缆均采用直埋形式,埋深不低于 0.8M。在过铺装面及过路处均加套管保护。为保证电缆在穿管时外皮不受损伤,将套管两端打喇叭口,并去除毛刺。电缆、电缆附件(如终端头等)应符合国家现行技术标准的规定,具备合格证、生产许可证、检验报告等相应技术文件;电缆型号、规格、长度等符合设计要求,附件材料齐全。电缆两端封闭严格,内部不应受潮,并保证在施工使用过程中,随用、随断,断完后及时将电缆头密封好。电缆铺设前先在电缆沟内铺沙不低于 10cm,电缆敷设完后再铺沙 5cm,然后根据电缆根数确定盖砖或盖板。

(4)电缆沟回填

电缆铺砂盖砖(板)完毕后并经甲方、监理验收合格后方可进行沟槽回填,宜采用人工回填。一般采用原土分层回填,其中不应含有砖瓦、砾石或其他杂质硬物。要求用轻夯或踩实的方法分层回填。在回填至电缆上 50cm 后,可用小型打夯机夯实,直至回填到高出地面 100mm 左右为止。回填到位后必须对整个沟槽进行水夯,使回填土充分下沉,以免绿化工程完成后出现局部下陷,影响绿化效果。

3. 配电箱安装

配电箱安装包括配电箱基础制作、配电箱安装、配电箱接地装置安装、电缆头制作安装四部分。

(1)配电箱基础制作

首先,确定配电箱位置,然后根据标高确定基础高低。根据基础施工图要求和配电箱尺寸,用混凝土制作基础座,在混凝土初凝前在其上方设置方钢或基础完成后打膨胀螺栓用于固定箱体。

(2)配电箱安装

在安装配电箱前首先熟悉施工图纸中的系统图,根据图纸接线。对接头的每个点进行涮锡处理。接线完毕后,要根据图纸再复检一次,确保无误且甲方、监理验收合格后方可进行调试和试运行。调试时要保证有两人在场。

(3)配电箱接地装置安装

配电箱有一个接地系统,一般用接地钎子或镀锌钢管做接地极,用圆钢做接地导线,接地导线要尽可能的直、短。

(4)电缆头制作安装

导线连接时要保证缠绕紧密以减小接触电阻。电缆头干包时首先进行抹涮锡膏、涮锡的工作,保证不漏涮且没有锡疙瘩,然后进行绝缘胶布和防水胶布的包裹,既要保证绝缘性能和防水性能,又要保证电缆散热,不可包裹过厚。

4.灯具安装

灯具安装包括灯具基础制作、灯具安装、灯具接地装置安装、电缆头制作安装几部分。

(1)灯具基础制作

首先,确定灯具位置,然后根据标高确定基础高度。根据基础施工图要求和灯具底座尺寸,用混凝土制作基础座,基础座中间加钢筋骨架确保基础坚固。在浇注基础座混凝土时,在混凝土初凝前在其上方放入紧固螺栓或基础完成后打膨胀螺栓用于固定灯具。

(2)灯具安装

在安装灯具前首先对电缆进行绝缘测试和回路测试,对所有灯具进行通电调试,确保电缆绝缘良好且回路正确,无短路或断路情况,灯具合格后方可进行灯具安装。安装后保证灯具竖直,同一排的灯具在一条直线上。灯具固定稳固,无摇晃现象。接线安装完毕后检查各个回路是否与图纸一致,根据图纸再复检一次,确保无误且甲方、监理验收合格后方可进行调试和试运行。调试时要保证有两人在场。重要灯具安装应做样板方式安装,安装完成一套,请甲方及监理人员共同检查,同意后再进行安装。

(3)灯具接地装置安装

为确保用电安全,每个回路系统都安装一个二次接地系统,即在回路中间做一组接地极,接电缆中的保护线和灯杆,同时,用摇表进行摇测,保证摇测电阻值符合设计要求。

(4)电缆头制作安装

电缆头制作安装包括电缆头的砌筑、电缆头防水,根据现场情况和设计要求,及图纸指定地点砌筑电缆头,要做到电缆头防水良好、结构坚固。此外,在电缆过电缆头时要做穿墙保护管,此时,要做穿墙管防水处理。先将管口去毛刺、打坡口,然后里外做防腐处理,安装好后用防水沥青或防膨胀胶进行封堵,以保证防水。

五、电气配置与照明在园林景观中的应用

近几年来,随着城市建设的高速发展,出现了大量功能多样、技术复杂的城市园林环境,这些城市园林的电气光环境也越来越受到城市建设部门的重视和社会的关注。对园林光环境的营造正逐步成为建筑师、规划师以及照明设计工程师的重要课题。目前,我国的园林设计行业仍处在初期发展阶段,不仅缺少专业设计人才和系统的园林电气技术规范,而且缺乏正确的审美标准和理论基础。

(一)园林景观中的电气配置与应用

优秀的环境电气设计一定要准确分析把握环境的性质,在电气照明方式的选择上力求融入环境设计,使电气照明策划成为环境设计的有机组成部分,支持并展现园林环境的创作意图,帮助达成环境整体风格的照明塑造。环境照明设计应依据环境各类景观特点,做到风格一致。在策划设计园林环境夜间照明中,应考虑各种光元素对环境夜间基本性质的影响,使得观察者在相对于该环境的任何位置,都能获得良好的光色照明和心理感觉。不同的环境电气照明设计对灯型和光源的选用必须和灯具

安装场所的环境风格一致,和谐统一。在选择电气照明方式和光源时,环境现有景观的布置方式、建筑风格形式、园林绿化植物品种等因素都需综合考虑。此外,环境照明灯具的选用除了考虑夜间照明功能外,白天也必须达到点缀和美化环境的要求。

在园林环境照明中,所追求的环境主题涵盖了领域感、归属感、亲密性、公共性、科技性、趣味性、虚幻感、商业性和民族性等多个方面。对于环境照明来说,主题的定位显得尤为关键,因为它直接影响到其他元素的配置。为了更好地展现建筑和环境对视觉的影响,我们深入探讨了被照对象的功能、特性和风格,并深入理解了光影与环境之间的特殊相互作用,模拟了不同视角和视距下的夜景,从而增强了建筑和环境对视觉的感知。通过利用夜景的照明来展现或夸张环境的关键特性,从而使这一主题更为丰富。充分发挥非均匀照明和动态照明的优势,在光需求较高的时段,将适当的光线送至最需要的地方,以人为中心,展示个性化的主题设计,加强照明调节,关心不同主题对光的不同需求,追求个性化的照明风格。在仔细研究被照主题的方向和体积后,我们需要根据设计的目标来确定环境主题照明的方向和体积。

(二)园林景观中的照明对象

园林照明的意义并非单纯地将绿地照亮,而是利用夜色的朦胧与灯光的变幻,使园林呈现出一种与白昼迥然不同的旨趣,同时,造型优美的园灯亦有特殊的装饰作用。

1.建筑物等主体照明

建筑在园林中一般具有主导地位,为了突出和显示硬质景观特殊的外形轮廓,通常应以霓虹灯或成串的白炽灯安设于建筑的棱边。经过精确调整光线的轮廓投光灯,将需要表现的形体用光勾勒出轮廓,其余则保持在暗色状态中,这样对烘托气氛具有显著的效果。

2.广场照明

广场是人流聚集的场所,周围选择发光效率高的高杆直射光源可以使场地内光线充足,便于人的活动。若广场范围较大,又不希望有灯杆的阻碍,则应在有特殊活动要求的广场上布置一些聚光灯之类的光源,以便在举行活动时使用。

3. 植物照明

植物照明设计中最能令人感到兴奋的是一种被称作"月光效果"的照明方式,这一概念源于人们对明月投洒的光亮所产生的种种幻想。灯光透过花木的枝叶会投射出斑驳的光影,使用隐于树丛中的低照明器可以将阴影和被照亮的花木组合在一起。灯具被安置在树枝之间,将光线投射到园路和花坛之上形成类似于明月照射下的斑驳光影,从而引发奇妙的想象。

4. 水体照明

水面以上的灯具应将光源隐于花丛之中或者池岸、建筑的一侧,即将光源背对着游人,避免眩光刺眼。叠水、瀑布中的灯具则应安装在水流的下方,既能隐藏灯具,又可照亮流水,使之显得生动。静态的水池在使用水下照明时,为避免池中水藻之类一览无遗,理想的方法是将灯具抬高贴近水面,增加灯具的数量,使之向上照亮周围的花木,以形成倒影,或将静水作为反光水池处理。

5. 道路照明

对于园林中可有车辆通行的主干道和次要道,需要使用一定亮度且均匀的连续照明的安全照明用具,以使行人及车辆能够准确识别路上的情况;而对于游憩小路,除了照亮路面外,还要营造出一种幽静、祥和的氛围,使其融入柔和的光线之中。

(三)园林景观中的照明方式

1. 重点照明

重点照明是为了强调某些特定目标而采用的定向照明。为让园林充满艺术韵味,在夜晚可以用灯光强调某个要素或细部。即选择特定灯具将光线对准目标,使某些景物打上适当强度的光线,而让其他部位隐藏在弱光或暗色之中,从而突出意欲表达的部分,以产生特殊的景观效果。

2. 环境照明

环境照明体现着两方面的含义:一是相对重点照明的背景光线;二是作为工作照明的补充光线。其主要提供一些必要亮度的附加光线,以便让人们感受到或看清周围的事物。环境照明的光线应该是柔和的,弥漫在整个空间,具有浪漫的情调。

3.工作照明

工作照明就是为特定的活动所设,要求所提供的光线应该无眩光、无阴影,以便使活动不受夜色的影响。对光源的控制能做到很容易地被启闭,这不仅可以节约能源,更重要的是可以在无人活动时恢复场地的幽邃和静谧。

4.安全照明

为确保夜间游园、观景的安全,需要在广场、园路、水边、台阶等处设置灯光,让人能看清周围的高差障碍;在墙角、丛树之下布置适当的照明,给人以安全感。安全照明的光线要求连续、均匀、有一定的亮度、独立的光源,有时需要与其他照明结合使用,但相互之间不能产生干扰。

(四)园林景观中的电气设计

园林景观照明的设计及灯具的选择应在设计之前做一次全面细致的考察,可在白天对周围的环境进行仔细地观察,以决定何处适宜于灯具的安装,并考虑采用何种照明方式最能突出表现夜景。

1.供电系统

用电量大的绿地可设置 10kV 高配,由高配向各 10kV/0.4kV 变电所供电;用电量中等的绿地可由单个或多个 10kV/0.4kV 变电所供电,用电量小的绿地可采用 380V 低压进线供电。绿地内变电所宜采用箱式变电站。绿地内应考虑举行大型游园时临时增加用电的可能性,在供电系统中应预留备用回路。供电线路总开关应设置漏电保护。

2.电力负荷

绿地内常用主要电力负荷的分级为:一级,省市级及以上的园林广场与人员密集场所;二级,地区级的广场绿地。照明系统中的每一单相回路,不宜超过 16A,灯具为单独回路时数量不宜超过 25 个;组合灯具每一单相回路不宜超过 25A,光源数量不宜超过 60 个。建筑物轮廓灯每一单相回路不宜超过 100 个。

3.弱电和电缆

绿地内宜设置有线广播系统,大型绿地内宜设公共电话。除《火灾自动报警系统设计规范》指定的建筑外,国家、省、市级文物保护的古建筑也应作为一级保护对象,设置火灾探测器及火灾自动报警装置。绿地内的电缆宜采用穿非金属性管理地敷设,电缆与树木的平行安全距离应符合以下规定:古树名木 3.0 米,乔木树主干 1.5 米,灌木丛 0.5 米。线路过长,电压降低难以满足要求时,可在负荷端采用稳压器升高并稳定电压至额定值。

4.灯光照明

无论何种园林灯具,其光源目前一般使用的有汞灯、金属卤化物灯、高压钠灯、荧光灯和白炽灯。绿地内主干道宜采用以节能灯、金卤灯、高压钠灯、荧光灯作为光源的灯具。绿地内休闲小径宜采用节能灯。根据用途可分为投光灯、杆头式照明灯、低照明灯、埋地灯、水下照明彩灯。投光灯可以将光线由一个方向投射到需要照明的物体,如建筑、雕塑、树木之上,能产生欢快、愉悦的气氛;杆头式照明灯用高杆将光源抬升至一定高度,可使照射范围扩大,以照全广场、路面或草坪;低照明灯主要用于园路两旁、假山岩洞等处;埋地灯主要用于广场地面;水下照明彩灯用于水景照明和彩色喷泉。

总之,在园林景观规划中电气设计要全面考虑对灯光艺术影响的功能、形式、心理和经济因素,根据灯光载体的特点,确定光源和灯具的选择。确定合理的照明方式和布置方案,经过艺术处理、技巧方法,创造良好的灯光环境艺术。它既是一门科学,又是一门艺术创作。需要我们用艺术的思维、科学的方法和现代化的技术,不断完善和改进设计,营造婀娜多姿、美轮美奂的园林景观艺术。

第五章　城市居住区环境绿化设计

第一节　居住区绿化的作用

居住小区景观环境的优劣已成为居民选择住房的重要标准之一。居住区绿化是城市绿化的重要组成部分。居住区绿化对改善居民的生活环境质量,促进居民的身心健康起着至关重要的作用,同时它也是精神文明建设的一项重要内容。加强居住区绿化建设,首要的任务是做好规划设计,注重绿地、小品、水体等景观元素的建设。

绿地及种植植物具有以下功能:①遮阳,在路旁、庭院及房屋两侧种植,在炎热季节里可以遮阴,可以降低太阳辐射热。②防尘,地面因绿化覆盖、黄土不裸露,可以防止尘土飞扬。③防风,迎着冬季的主导风向,种植密集的乔灌木能够防止寒风侵袭。④防声,为减少工厂、交通噪声,在沿广、沿街的一侧进行绿化。⑤降温,夏季可以降低空气温度,例如草地上温度比沥青路上空气温度低 2℃～3℃。⑥防灾,绿地的空间可作为城市救灾时备用地。

居住区绿化设计涉及三个主要部分:生态设计、功能设计、造景设计。

一、生态设计

居住区绿地是城市园林绿化系统的一个重要组成部分,运用生态学原理进行居住区绿地设计是园林设计者面临的一个新课题。[①]

---

① 张晓辉.对城市居住区环境设计现状的反思[M].长春:东北师范大学出版社,2017.

(一)研究和学习生态园林观点是搞好居住区绿地设计的先决条件

生态园林是根据植物共生、循环、生态位、竞争、植物群落、生态学、植物景观作用等生态学原理,因地制宜地将乔木、灌木、藤本、草本植物相互配置在一个植物群落中,使景观有层次、厚度、色彩,使具有不同生物学特性的植物各得其所,从而充分利用阳光、空气、土地、肥力,实行集约管理,构成一个和谐、有序、稳定、壮观且能长期共存的复层混交的立体植物群落。在居住区绿地设计中,运用生态园林的观点能改善和保护居住环境,使居住区绿地发挥更好的生态效益。

(二)努力提高居住区绿地的绿地率和绿视率

在居住区内,不透水的部分(道路、建筑广场)比例较大,而绿地面积较少,设计时应合理分配园林诸要素(植物、道路、建筑、山石、水体)的比例关系,重点突出植物造景的同时应充分运用植物覆盖所有可以覆盖的黄土,努力提高单位面积的绿地率和绿视率。如同样是道路地面,石板嵌草道路地面要比石板水泥铺装的道路地面好;同样是休憩功能的建筑小品,花架要比亭子更能提高绿视率;同样是景墙,栽攀援植物的透空景墙要比装饰实墙更能发挥生态效益。

(三)努力提高居住区绿地单位面积的叶面积系数

植物吸收太阳能,把无机物合成为有机物,进行光合作用,单位面积的叶面积系数越大越能够提高植物的光合作用率。运用生态园林原理,设计多层种植结构,乔木下加栽耐阴的灌木和地被植物,构成复层混交的人工植物群落,以得到更多的叶面积总和。复层混交的自然林植物群落是一种很值得模拟的景观模式,在居住区绿化设计有条件的地方尤其是中心绿地,应该尽量体现这种景观。但是这种复层混交的自然林植物群落,特别是高大的常绿乔木,不宜布置在居住建筑的南向,因为光线、风、阳光都会被挡住,形成闷热、阴暗的环境。

(四)园林植物生态习性应与栽植立地条件相一致

园林植物生态习性应与栽植的立地条件相一致,这是生态园林的基础,也是园林植物发挥生态效益的基础。如果不按植物的生态习性进行种植,必然使植物生长不良,有的勉强存活但生长势弱,有的该开花而不开花,大大影响景观效益和生态效益的发挥。在居住区绿地中由于居住建筑的影响,形成植物栽植的光照不同。阳光充足处应该选择喜阳树种,阴暗处应选择耐阴树种,并注意生活设施的影响,地下管线多的地方(上水、下水、天然气),应选择浅根或矮小树种,或者设法避开。由建筑工地而形成的植物栽植地土质较差,应选择生长较粗放、耐瘠薄的树种。当然,换土后也可以种植对土壤要求较高的树种。还应考虑不同地域、不同气候条件对室外小环境设计的特殊要求,如我国南方地区气候湿润多雨,而北方一些地区干旱少雨、风沙较大、冬季寒冷。这样,在室外小环境设计上,特别是在绿化及水体的配置上就应有所区别,不能一概而论。另外,在居住小区环境建设中,还应做到科学决策,科学设计,而不能人为地破坏城市生态环境和人文景观。总之,居住区绿地设计应该注意适地适树,努力做到园林植物生态习性与栽植地立地条件相一致。

二、功能设计

由于居住区建筑与人口十分密集,车辆和行人也很多,给生态环境带来许多不利因素。同时,在居住区绿地活动的老年人和学龄儿童较多,他们需要一个优美宁静的室外活动和休息的环境。因此,在居住区绿地设计中,应细心研究居民的生活特点和行为规律,掌握影响居民生活环境的不利因素,了解园林绿化可能产生的功能效益,熟悉各种园林植物可以利用的特点。如在居住区主干道两旁种植成行的行道树,可以起到遮阳和导向作用,在住宅的西面布置高大落叶乔木,可减少夏天西晒的强度;在居住区的沿街部位密植针叶树,能减少汽车的噪声污染。大面积的地被植物能降低地表温度,避免尘土飞扬。中心绿地设置一定面积的小广场及一定数量的休息设施,如居民休闲、娱乐、健身、交流的户外活动中心地区,以满足居民的日常户外社交的需要。作为小区内的开放性空间,通过绿化、硬地、无障碍设施、游乐设施、休息设施、雕塑、小品、水体、照明设施、果皮箱的设置,为居民营造良好的、人性化的室外小环境。可满足居民的休息、生活的需要。高质量的植物景观和观赏小品能满足居民的观赏要求。在居住区绿地设计中强化功能意识也是设计工作中重要的一环。

三、造景设计

随着居民生活水平的不断提高,文化生活的要求也越来越高,欣赏水平和艺术修养更有不同程度的提高。为此,如何在居住区绿地中营造一种美的意境也是设计者应该追求的目标。

(一)意境创造

1.意境应该与居住区的命名有联系

每个居住区都有自己的名字,一个耐人寻味的名字能为我们设计居住区绿地的意境提供良好的想象空间,而居住区绿地意境的体现又为居住区扩大了影响范围。

2.意境的体现应该是含蓄而具体的

居住区绿地中创作的意境应该是从居民小憩、游览过程中领悟和感受出来。要体现景观的美好意境,就必须通过植物、山石、建筑、道路、水体等园林物质要素加以表现。

3.丰富居住区艺术面貌

住宅建筑的艺术处理影响到整个居住区的面貌。但是,即使是单调、呆板的建筑群,在绿化之后,也能显得生动起来。

首先,绿化使居住环境绿荫如盖、万紫千红,使没有生命的建筑群富有浓厚、亲切的生活气息。其次,绿化可以丰富街坊的景观空间、增加景观层次。树木的高低、树冠的大小,树形的千姿百态、四季色彩的变换等都能使居住环境增加层次、加深空间感。再次,绿化能美化建筑物。几何形状的建筑物,如有婀娜多姿的树木衬托,就可打破建筑线条的平直与单调,使建筑群显得生动活泼且轮廓线柔和丰富。最后,绿化还可联系居住区内的各个单体建筑物使之连成为一个完整的布局。此外,在我国南北都有用十分丰富的爬蔓植物来装饰建筑物,效果也十分理想。

(二)分隔空间、组织庭院

居住区是一个较为完整的生活环境,它要求具有该地区居民日常生活所必需的各种设施和配套建筑,除居住建筑外还应有公共建筑,如商店、小学、托儿所、幼儿园、健身房、车库等。这些建筑物依据其不同的功能需要划出一定的范围,用道路、围墙或绿化带加以分隔,在许多情况下还需要借助各种植物,将其配置成绿篱、花篱等,再对空间进行分隔从而形成不同功能的小空间。儿童活动场地常常用浓密的绿篱、花灌木分隔以保证儿童的安全,同时也可降低噪声对居民的干扰。

用绿化分隔空间的另一作用是防止前后两栋住宅之间的视线干扰。当房屋间距比较小时,作用尤为明显,特别是夏季闷热时需要开窗,如窗外绿树成荫就可遮挡对面住户的视线。

(三)构图合理

居住区中心绿地的设计,其构图不同于其他绿地,这是由居民绿地的特殊功能和特殊环境决定的。

最关键的是应满足居民的使用功能。居住区中心绿地不仅是居民户外活动、小憩的场所,而且还是居民交通穿越的中心点。因此,在中心绿地构图时必须了解居民的穿越线路,方便居民活动。

居住区中心绿地,其服务对象主要是老人与儿童。因此在设计时,要以老人和儿童的活动要求为主要的依据。老人活动场地应该是一个封闭、安静、向阳、朝南的环境,休息设施的布置应以聚合为主,便于老人相互交谈。儿童活动场所应开敞、活泼且有一定活动场地,活动设施应设置在软质地坪上(草坪、沙坑),使儿童有一个安全舒适的活动环境。在中央活动区,应设置供老人及残疾人休息、交往的设施、场地。

第二节　居住区环境设计原则

一、整体性

从设计行为的特性出发,环境设计被视为一种重视环境整体影响的艺术形式。住宅区的环境是由室外建筑的设计、使用的材料、颜色、周边的绿意以及各种景观元素共同组成的。一个全面的环境设计不仅能够充分展示构成该环境的各种物质特性,而且还能在此基础上创造出统一且完美的整体视觉效果。

二、多元性

居住区环境设计的多元性是指环境设计中将人文、历史、风情、地域、技术等多种元素与景观环境相融合的一种特征。这种丰富多元的景观形态使居住区环境体现了更多的内涵和神韵。典雅与现代、简约与精致、理性与浪漫,只有多元的城市居住区环境才能让整个城市的环境更为丰富多彩,才能让居民对住宅有更大的选择空间。

三、人文性

环境设计的人文性特征,表现在室外空间的环境应与使用者的文化层次和地区的文化特征相适应,并满足人们物质与精神的各种需求。只有如此,才能形成一个充满人文氛围的环境空间。我国从南到北自然气候迥异,各民族生活方式各具特色,居住环境千差万别。因此居住区空间环境的人文特性非常明显,这种差异性是极其丰富的环境设计资源。

四、艺术性

艺术性是环境设计的主要特征之一。居住区环境设计中的所有内容都以满足功能为基本要求。其功能包括使用功能和观赏功能,二者缺一不可。室外空间包含有形空间与无形空间两部分内容。有形空间包含形体、材质、色彩、景观等,它的艺术特征一般表现为建筑环境中对称与均衡、对比与统一、比例与尺度、节奏与韵律等。而无形空间的艺术特征是指室外空间给人带来的流畅、自然、舒适、协调的感受与各种精神需求的满足。二者全面体现才是环境设计的完美境界。[①]

---

① 魏吕英.新中式居住区园林绿化设计的探讨——以厦门某居住区为例[J].居业,2021(12):22—23.

五、科技性

居住区室外空间的创造是一门艺术也是一门工程技术性的科学。空间组织手段的实现必须依赖技术手段,依靠对于材料、工艺和各种技术的科学运用才能更好实现设计意图。这里所说的科技性元素包括结构、材料、工艺、施工设备、光学、声学、环保等方面。现代社会中,人们的居住要求趋向于高档、舒适、快捷、安全。因此,在居住区室外环境设计中增添一些具有高科技含量的设计,如智能化的小区管理系统、电子监控系统、智能化生活服务网络系统、现代化通信技术等,能使环境设计的内容不断地充实和更新。

第三节　居住区绿地的规划设计

一、居住区绿地种类

(一)公共花园

考虑到居住区的整体规划、地形特点、现有的绿地状况以及附近的城市绿地等因素,在居住区内规划并设置中心绿地,从而打造出几百到几万平方米的公众花园。这片中心绿地内的花园不仅种植了各种树木和花草,还可以根据土地的大小划分为住宅区公园、小型游园和居住生活单元组团绿地。此外,这些区域还可以配备人文娱乐活动室、儿童游戏场、坐椅、花坛和厕所等多种设施。居住区的公共绿地是小区品质的集中体现,通常需要设计者具备较高的规划设计能力和一定的艺术修养。

(二)宅旁绿化

分布于住宅前后左右的用地,是居民区最经常使用的一种绿地形式,尤其适宜于学龄前儿童和老人。[1]

---

[1]　宫思羽,徐园园,李梦瑜,等.城市不同居住区绿地生态效应评估[J].北方园艺,2021(07):81-87.

(三)公共建筑绿地

是指在居住区内的托儿所、幼儿园、小学、商店、医院等地段的绿地。这些绿地与居住建筑的绿化不同,因为各种公共建筑具有不同功能的要求。

(四)居住区道路绿地

一般指在道路红线以内的绿地。居住区道路分为主路、支路和小路三种。主路是贯穿居住区的骨干路,红线一般宽 20～30m,车道 6～8m左右,有一定的绿地面积;支路为居住区内部各住宅组群之间联系的道路,红线一般宽 10～20m 左右,车道 3m 左右,两旁多数只种植 1～2 行行道树;小路是通向住宅入口的道路,一般宽 1.5m,两旁可结合宅旁庭院种一行行道树。具有遮阴、防护、丰富道路景观等功能。

(五)临街绿地

临城市干道的居住区,一般噪声及灰尘的污染都较大,需设绿地加以防护。这种绿地往往在城市干道的红线以内,属城市道路用地,但从绿地的景观功能而言,应与居住区绿地规划统一考虑。

(六)专用绿地

各类公共建筑和公共设施四周的绿地称为专用绿地,例如俱乐部、幼儿园、小学、商店等建筑周围的绿地,除此之外还有其他块状观赏绿地等。

(七)其他绿地

包括居住区住宅建筑内外的植物栽植,一般出现在阳台、窗台、建筑墙面和屋顶等处,在新兴的现代化小区中还在公共活动的会堂等处,形成颇为壮观的室内绿化景观。

(八)别墅区绿地

别墅作为高档住宅,其室外小环境设计更应体现出以人为本的设计理念,应以树木、花卉为主,体现浓郁的自然气息。结合小品、水体、山石的布局,营造出人工建筑同自然环境有机融合以及形态上表现出一种超自然的美感。建筑应该尊重周围环境,环境也应为建筑增色,二者相辅相成、相得益彰。室外小环境与别墅的大环境是一个整体,缺一不可。

二、居住区绿地植物配置原则

园林植物配置是将园林植物等绿地材料进行有机的组合,以满足不同功能和艺术要求,创造丰富的园林景观。合理的植物配置既要考虑到植物的生态条件,又要考虑到它的观赏特性;既要考虑到植物的自身美又要考虑到植物之间的组合美以及植物与环境的协调美,还要考虑到具体地点的具体条件。正确地选择树种,加上合理的配置,将会充分发挥植物的生物特性为园林增色。

应根据居住区的位置地形、环境条件、居住对象、特殊要求等确定乔木与灌木、常绿树与落叶树、铺装地与草地的配置比例,然后根据绿地的不同功能以及用地的土壤、周围环境、住户的习惯与爱好等进行植物配置,以此作为绿化施工的依据。

(一)居住区植物的功能要求

1. 满足卫生功能要求

为调节小气候,应选择生长迅速、枝叶浓密的高大乔木;为减少灰尘、过滤空气,应选择叶片密集、有绒毛、表面多皱纹或油脂的树木;为隔声减噪,应选择枝叶密实、分枝点低的树种等等。总之,居住区的树种应以乔木为主,适当配置常绿树及花灌木并适当铺植草坪和地被植物。

2. 体现与城市绿地不同的特色

居住环境要求具有亲切的生活气息。树木花草的干、枝、叶、花、果能创造一种富有生机的物候环境,能给人们的精神生活带来极大的感染力。因此居住区绿化的树种选择要和城市街路有所不同,至少不要选用和附近街路相同的行道树种,人们从城市街路进入居住区时,应首先从绿化效果上感觉到环境的变化。

3. 按自然环境和条件选用乡土树种

按照地形、土壤、气候、环境等不同条件,以选用乡土树种为主。要选择耐性、抗性都较强、病虫害少且易于管理的树种。同时居住区的地形多种多样,要选择那些适应性强的乡土树种。

4. 选用适宜的草皮

选用攀援植物和地被植物,尤其是耐阴的地被植物。如果居住建筑密度较大,为了扩大绿化面积,应多种攀援植物,发展垂直绿化。

5. 适当增加常绿和开花的树种

在居住区里,为了保持冬季的景致,应适当增加常绿树的比例。在居住区的绿地中也要适当栽植花木,才能使环境显得更有生气。

6. 因地制宜选用适合生产的树种

结合居住区各种绿地的主要功能,可以种植用材、药材、香花以及瓜果桑茶等有经济价值的植物。

(二)树种的选择

树种选择的目的是更全面而充分发挥绿化多种功能,并使居住区绿化具有不同于其他绿地的特色。选择树种的原则有如下几方面。

1. 乔、灌木结合

常绿植物和落叶植物以及速生植物和慢生植物结合,适当地配植和点缀花卉草坪。在树种的搭配上既要满足生物学特性又要考虑绿化景观效果,创造出安静且优美的环境。

2. 植物种类

不宜繁多,但也要避免单调,更不能配置雷同,要达到多样统一。儿童活动场地要通过少量不同树种的变化,使儿童能够辨认场地和道路。

3. 空间处理

居住区除了中心绿地外,其他大部分绿地都分布在住宅前后,其布局大都以行列式为主,形成了平行、等距的绿地,狭长空间的感觉非常强烈。植物配置时,可以充分利用植物的不同组合,形成大小不同的空间。另外,植物与植物组合时应避免空间的琐碎,力求形成整体效果。

4. 线形变化

由于居住区绿地内平行的直线条较多,如道路、绿地侧面、围墙、居住建筑等,因此植物配置时可以利用植物林缘线的曲折变化及林冠线的起伏变化等手法,使平行的直线与曲线搭配。突出林缘线曲折变化的手法有:花灌木边缘栽植。如绣线菊、连翘、女贞、迎春、火棘、郁李、贴梗海棠等植物密栽,使之形成一条曲折变化的曲线;孤植球类栽植。在绿地边缘点缀几组孤植球,增加林缘线的曲折变化。突出林冠线起伏变化的手法有:利用尖塔形植物,如水杉、青扦、落羽杉、云杉、龙柏等,此类植物构成林冠线的起伏变化较强烈,节奏感较强;利用地形变化,使高低差不多的植物也有相应林冠线起伏变化,这种变化较柔和,节奏感缓慢;利用不同高度的植物的不同树冠构成的林冠线起伏变化,一般节奏感适中。

5. 标志栽植

居住建筑在造型上类似,色彩变化也不大,而且建筑的布局行列较多,故识别性较差。在植物配置时,可以利用植物的不同类型、不同的组合,使景观成为一种标志。

居住建筑出入口两侧。对植不同的植物品种,这些不同的植物品种在外观上差异应该是较大的而且居民大都比较熟悉的。对植不同造型的植物,这些不同造型的植物主要是利用某些耐修剪的植物辅以一种特定的造型,如圆柱形、圆球形、方形、宝塔形等,使之产生一种标志感。以上三种方式,在同一个居住小区范围内,宜选用一种方式为好,这样产生的标志性强烈。如果一个居住小范围内三种方式混合使用,景观标志性反而不强,易产生杂乱之感。

居住小道两侧。由于居住小道两侧空间开阔,绿地面积较大,除了利用上面三种植物配置方式产生标志性外,还可以利用雕塑小品产生标志感,如利用不同色彩几何体的装饰小品产生标志性,利用不同类型的装饰景墙产生标志性,利用不同动物形状的装饰小品产生标志性等。

6. 季相变化

居住区是居民一年四季生活、休憩的环境。植物配置应该有四季的季相变化,使之与居民春夏秋冬的生活环境同步。但居住区绿地不同于公园绿地,面积较小,而且单块绿地面积更小,如果在一小块绿地中要体现四季变化,势必会显得杂乱、烦琐。如果每一个绿地中都体现四季变化,那么整个居住区绿地则没有主次、没有特色。为解决这一矛盾,可以遵循以下五条原则。

第一,一个居住区内应该注意一年四季的变化,使之春季繁花吐艳,夏季绿荫暗香,秋季霜叶似火,冬季翠绿常绿。

第二,一个片(几幢居住建筑)应该以突出某个季节景色为主,或春、或夏,或秋,或冬。

第三,一个条(单幢居住建筑前后)应该以突出某个季节的某种植物为主,这也是绿地特色的最好体现。如以春天的白玉兰、山杏为主,夏天的石榴为主,秋天的白桦、五角枫为主,冬天的腊梅为主。

第四,基调树种的统一,一个居住区绿地通过行道树和背景基调树统一,使小区景观在变化中有一种和谐的美感。基调树比较理想的种植方式是:背景树选择以常绿树为主,如珊瑚、桧柏、云杉等,而行道树选择以落叶树为主,如合欢、梓树等。

在种植设计中,充分利用植物的观赏特性进行色彩的组合与协调,通过植物叶、花、果、枝条和树皮等显示的色彩在一年四季中的变化为依据来布置植物,创造季相景观。

第五,块面效果。植物与植物搭配时,根据生态园林的观点,不仅要有上层、中层、下层植物,而且要有地被植物,形成一个饱满的植物群落。这一群落的每一种植物必须达到一定的数量,形成一个块面效果。植物的种类不宜过多,而开花、矮小、耐修剪的花灌木应占较大的比例。如木绣球、黄刺梅、六月雪、贴梗海棠、重瓣榆叶梅等。但不能盲目追求块面效果而不顾植物生长规律和工程造价,导致植物生长不良和资金浪费。运用生态园林的观点,满足居住区的功能要求,创造优美的居住生活环境,这是设计者追求的目标,然而这一设计思想的体现和保持,还需借助于合理精心的施工和长期良好的养护。如何使设计思想在施工过程中充分、准确地体现出来,如何使设计思想能长期稳定地保持下去,还有待进一步的探讨和研究。

在栽植上,除了需要行列栽植外,一般都要避免等距离的栽植,可采用孤植、对植、丛植等,适当运用对景、框景等造园手法以及装饰性绿地和开放性绿地相结合的方式,创造出丰富而自然的绿地景观。

三、宅旁绿地设计

宅旁绿地是离居民住宅最近的绿地,其调节小气候的功能可直接被居民感受到,特别是宅旁绿地还具有装饰和美化建筑物以及杂物院的功能。宅旁绿地设计的好坏将直接影响到居民的工作、学习、生活与休息，是居民区绿化中一个需要认真探讨的问题。我国居住区庭院绿化反映了居民的不同爱好与生活习惯，在不同的地理气候、传统习惯与环境条件下，出现不同的绿化类型。宅旁绿地大致分为如下几种类型。

（一）树林型

在宅间用地上栽植高大乔木形成疏林。这是一种比较简单、粗放的方式，也是作为先绿化后美化的一种过渡形式，它对调节小气候的作用还是很大的。但由于缺少花灌木和花草配置，绿化效果较为单调，需通过配置不同树种，如用快长树与慢长树、常绿树与落叶树、不同季相色彩的树、不同树形的树等进行配置，以丰富绿地景观层次和效果。

（二）花园型

在宅间用地上，圈出一定的范围，在其中以各种树木花草布置成规则或自然式的小花园。规划师布置的花园型宅园绿地，采用密植的种植方式，起到了隔声、防尘、遮挡两栋住宅之间耀眼光线和美化环境等多种作用。自然式小花园将中间部分留作儿童活动场地，效果甚佳。小花园根据主要功能的不同分为封闭式花园和开放式花园两种形式。

（三）篱笆型

在住宅前后用常绿的或开花的植物，组成密实的篱笆，围成院落的一种形式。大体上用三种类型的植物作篱笆。

1.绿篱

以绿篱为主的宅间绿地，整齐美观。绿篱的高度与厚度可根据住户生活的需要及周围环境条件，选择适宜的树种，可种单行或双行，绿篱能自由修剪，可高可低，比较灵活。如用高约 1m 的榆树围成绿地，形成一条绿色走廊，既安静又美观。横向的绿篱与垂直的建筑物，在形态上和色彩上都互相起着对比、衬托的作用，增加了居住环境的美观性。但绿篱的修剪比较费工，应根据不同情况布置。

2.竹篱

我国竹子品种十分丰富，主要生长于南方各省。竹材在建筑及日常生活中应用十分普遍，在居住区，常见各种形式的竹篱，作装饰和分隔庭院用。

3. 花篱

在篱笆旁边栽种爬蔓或直立的开花植物形成花篱。如南方的扶桑、栀子等。

篱笆型的宅间绿地，主要突出了篱笆，除注意选用合适的开花植物外，还要注意篱笆或栏杆的造型、纹样、布置形式以及庭院内外树木花草的配置，还需要注意与宅间小道、支路行道树的距离等等。在篱笆内一般还应种遮阴大树、花草或瓜豆之类，因此篱笆的高度应以 1～1.5m 较合适。

4. 棚架型

在一些没有庭院且住房外门正对道路的住户，常常在门前搭棚架，种植各种爬蔓植物，作为入门的缓冲绿地。

(四)庭院型

在绿化的基础上，适当设置园林小品，如花架、山石、水景、雕塑等。

(五)园艺型

根据居民的爱好，在庭院绿地中种植果树、药材，一方面绿化，另一方面生产果品、药材，供居民享受田园乐趣。此类型一般种些管理粗放的果树，如枣、石榴、海棠果、山梨等。

总之，宅间绿地要根据我国南北方不同的气候条件、生活习惯、树种的习性和形态以及住户的经济条件与爱好，因地制宜地进行绿化布置。在同一个居住区的宅间绿地，可以采用大同小异的设计形式，做到既统一风格，又各具特色、丰富多彩。

四、住宅建筑局部的绿化

由于攀援植物和盆栽植物在艺术和管理上的一些优势，因此在居住区里，特别是在住宅建筑局部及其周围环境中被广泛采用。

攀援植物应用于窗台、阳台、墙面，对降低夏季高温、防止西晒效果显著。与围墙、篱笆结合可起分隔庭院的作用，并可形成绿色屏障或背景，对建筑物起衬托作用，还可隐蔽厕所、晒衣场，垃圾场或建筑设计上的某些缺陷。棚架绿化既可纳凉又有收益。同时攀援植物的苗木(扦插)较易成活,生长迅速,短期内能发挥其景观作用,养护管理也比较方便;特别是由于它占地较少却扩大了绿化面积,在居住区绿地不足的情况下显示出很大的优越性。盆栽的运用则更为灵活,不仅可加强室内外的绿化气氛,还可为二层以上的住户创造更多的绿色景观,因此,这种绿化形式受到居民群众的普遍喜爱,是改善和美化居住环境的一个重要方式。

(一)入口和围墙的绿化

居住小区入口环境对居民和小区的形象来说都至关重要。入口部分的环境设计应考虑场地条件,既要交通方便,便于出入,还要做好入口的标志设计,便于识别。居住区或住宅的入口,一般都采用围墙或篱笆,如结合攀援植物进行绿化,往往使人感觉生动活泼和富有生命力。

(二)窗台和阳台的绿化

窗台和阳台是攀援植物运用最普遍的地方,特别是在多层与高层建筑上,这种绿化方式采用得最多。在用地紧张的大城市,住宅的层数不断增多,使住户远离地面,人们在心理上,因为与大自然隔离而感到失落,人们渴望借助阳台、窗台的狭小空间创造与自然亲近的感觉。因此阳台与窗台的绿化越来越受到人们的重视,其中攀援植物的装饰作用显得尤为突出。生活的需要加以民众的创造使我国居住区内住宅窗台和阳台的绿化方式多种多样,既增加家庭生活乐趣又对建筑立面与街景起装饰美化作用。

1.窗前设花坛

为了避免行人临窗而过或小孩在窗前打闹玩耍,最常见的办法是在窗台下设置花坛,宽约 2m 以上,使人们不能靠近窗前。

2.窗前立花竿或花屏

在比较安静的居住区,窗前绿化可采用一种最简便的垂直绿化方法,即用几根竹竿,插入地下,使之固定,竹竿交错,构成一定的图形,然后种下攀援植物。当花盛开时,在窗前形成一个直立疏朗的花屏。这种做法要注意花屏的形式与窗台的大小、高低之间的协调。

3.窗台绿化材料

可用于窗台绿化的材料较为丰富,有常绿的、落叶的,有多年生的和一二年生的,有木本、草本和藤本。根据窗台的朝向等自然条件和住户的爱好加以选择,适合的植物种类和品种。有的需要有季节变化,可选择春天开花的球茎,如风信子,然后夏秋换成秋海棠、天竺葵、半枝莲、福禄考等,使窗台繁花似锦、五彩缤纷,这些植物材料也适用于阳台绿化。

4.植物配置方式

有的采用单一种类的栽培方式,以一种植物绿化多层住宅的窗台,有的采用常绿与落叶,观叶与观花的植物相配置,使窗台的绿化植物相映生辉,如在窗台上种常春藤、秋海棠、天竺葵等,植物形态各异、色彩丰富、姿态秀丽、花香袭人。

5.窗外用绿篱环绕

在窗前沿小路设置低矮绿篱,既不影响采光又整齐美观。

6.窗前设棚架

在窗前适当位置支架荫棚栽种多年生藤本植物,这是最常运用的一种垂直绿化方法,效果很好。

7.窗台上摆设盆花

利用盆花装饰和绿化窗台、阳台、墙角等是最常见的一种美化方式。在窗台、阳台上摆设盆花时,特别是二层以上的住户,要防止花盆掉下来伤人。有些住宅设计,把阳台栏杆的扶手设计成"L"形的断面用来放置花盆,或统一设计花盆的底托,既可保证安全又可防止浇花时的水弄脏了楼下邻居晾晒的衣服。

8.阳台边缘设花池

在住宅设计时,有的住宅将二层以上住户阳台的边缘栏杆设花池,宽仅 15～20cm,深 20cm,栽植一年生或多年生的各种花卉。

总之,窗台和阳台的绿化,形式多样、内容丰富,对居民的生活和住宅区的面貌影响很大。

(三)屋顶和屋角的绿化

住宅的屋顶绿化多见于低层平房,特别是独院住宅。但在屋顶上,宜选用枝叶较轻的植物,如在平房种植瓜豆,将其牵引至屋顶,也别具风格。

如果在屋顶上摆设盆栽,这种方式则更为灵活。如有的小区在屋顶花园上摆了二百多盆果树,如葡萄、苹果、梨等,被人们称为"空中果园"。这个例子说明居住区绿化不仅方式多种多样而且还能结合植物的生产创造一定收益。

(四)棚架绿化

架设棚架进行垂直绿化在居住区绿化设计中是很普遍的一种绿化方式,但这种绿化方式的占地面积较多,所以这种绿化方式在旧式平房的庭院中应用较多。

棚架绿化的植物材料种类很多,常见的有葡萄、藤萝、木香、蔷薇以及瓜果蔬菜和药用植物等。棚架绿化能遮阴纳凉、美化庭院并产生一定的经济价值。棚架的大小、方向和高度等都要因地制宜,适合于住宅庭院的使用要求。棚架与住宅建筑一般可保持 3m 以上的距离,以免影响室内采光和一些昆虫飞入室内。

(五)墙面绿化

为了减轻墙面的热量或弥补建筑外观的缺点,可用攀援植物将建筑物的整个墙面或局部绿化起来,使之成为有生气的绿墙。

运用攀援植物绿化墙面具有以下优点:①占地少而绿化的面积大;②降低墙面及室内温度;③减少灰尘,保持环境清洁;④与篱笆栅栏、栏杆结合分隔庭院;⑤装饰建筑及建筑小品,弥补建筑设计上的缺憾,丰富建筑色彩;⑥适应于各种绿化环境,受多层住宅的住户的欢迎;⑦容易繁殖、管养方便、易成活、生长快。在我国南方和北方应用十分广泛,是值得大力提倡的一种绿化方式。⑧墙面朝向不同,适宜采用的植物材料不同。一般来说,朝南和朝东的墙面光照较充足,而朝北和朝西的光照较少,还有的住宅墙面之间距离较近,光照不足,因此要根据具体条件选择与光照等生态因素,选择相适合的植物材料。在不同地区,不同朝向的墙面所适用的植物材料不完全相同,要因地制宜地选择植物材料。

(六)草皮的运用

草皮是居住区地面绿化的一种植物材料。草皮可使居住区有一个凉爽的环境,草皮和地被植物的运用,将逐步在居住区绿化设计中普遍起来。

居住区的公共花园和楼间绿地可用草皮和地被植物加以种植覆盖。大树底下可种植耐阴或耐瘠薄的地被植物,如玉簪、留兰香、马蹄莲等都给人以十分安适和舒畅的感觉。

第六章 城市园林绿化设计

第一节 城市园林绿化的系统规划

一、规划背景与意义

在当今城市化进程飞速发展的时代,城市园林绿化系统规划的重要性愈发凸显。随着人口大量涌入城市,城市规模急剧扩张,一系列诸如热岛效应、空气污染、生态失衡等"城市病"接踵而至。城市园林绿化作为城市生态系统的关键组成部分,承载着改善城市环境、提升居民生活品质、塑造城市特色形象等诸多使命。

一方面,从生态角度来看,合理规划的园林绿地系统能够有效调节城市气候。植被通过蒸腾作用释放水分,吸收热量,降低城市气温,缓解热岛效应。同时,植物的枝叶能够吸附空气中的尘埃、有害气体,起到净化空气的作用,为城市居民提供清新健康的呼吸空间。再者,绿地系统为野生动植物提供了栖息地和迁徙廊道,有助于维护城市生物多样性,构建完整的生态链。

另一方面,从社会层面出发,城市园林绿地为居民提供了丰富多彩的休闲娱乐场所。公园、广场等公共绿地成为人们日常散步、健身、社交的好去处,满足了人们亲近自然、放松身心的精神需求。在快节奏的城市生活中,这些绿色空间犹如城市的"绿洲",舒缓人们的压力,增强居民对城市的归属感和幸福感。此外,优美的园林景观还能够提升城市的文化品位,承载城市的历史记忆与地域特色,成为城市对外展示的亮丽名片。

二、规划原则

(一)生态优先原则

始终将生态功能的发挥放在首位,尊重自然生态规律,保护城市内原有的山体、水体、植被等自然生态要素。尽量减少对自然地形地貌的破坏,依据自然条件进行绿地布局,构建以乡土植物为主的植物群落,促进生态系统的自我修复与稳定发展。例如,在山地城市,依托山脉走势规划森林公园、郊野公园,利用山体植被涵养水源、保持水土,同时形成城市的生态屏障;对于滨水城市,重点保护河岸湿地生态系统,建设滨水绿带,发挥湿地净化水质、调节洪水的功能。

(二)系统性原则

强调城市园林绿化是一个有机的整体,各个绿地斑块、绿廊、绿道之间应相互连通,形成网络状结构。确保绿地系统与城市的水系、道路系统、基础设施系统等紧密结合,协同发挥作用。比如,通过绿道将城市公园、居住区绿地、街头小游园串联起来,居民可以沿着绿道便捷地抵达不同的绿色空间,实现城市绿地资源的共享;道路绿化不仅要考虑美化街景,还要与周边的公园、广场绿化相衔接,形成连续的绿色视觉廊道。

(三)以人为本原则

充分考虑城市居民的需求与使用便利性,绿地的选址、规模、功能设置等都应以满足市民的日常游憩、健身、文化活动等需求为导向。在居住区周边,合理布局小型社区公园、儿童游乐绿地,配备健身器材、休闲座椅等设施,方便居民尤其是老人、儿童就近使用;在城市中心区,结合商业、办公区域的人群活动特点,打造兼具景观性与休闲功能的广场绿地,设置遮荫廊架、餐饮售卖点等,为上班族提供舒适的午休和休闲场所。

(四)特色塑造原则

深入挖掘城市的历史文化、地域特色,将其融入园林绿地规划设计之中,打造具有独特魅力的城市景观。每个城市都有其自身的文化底蕴、民俗风情,通过园林植物、景观小品、建筑风格等元素加以展现。例如,历史文化名城可以在古典园林的修复与新建中传承传统造园技艺,选用具有历史文化象征意义的植物品种,如梅花、竹子等,营造出古韵悠长的园林氛围;海滨城市则突出海洋元素,在绿地中设置海浪造型的雕塑、滨海植物景观区,彰显城市的滨海风情。

三、规划内容和方法

(一)绿地现状调查与分析

对城市现有园林绿地进行全面细致的调查,包括绿地的位置、面积、类型、植被状况、设施配套等。运用地理信息系统(GIS)等技术手段,绘制城市绿地现状图,直观呈现绿地分布格局。同时,分析现有绿地存在的问题,如绿地分布不均、功能不完善、植物老化单一等,为后续规划提供依据。例如,通过调查发现某老城区绿地面积严重不足,且多为零散的街头绿地,缺乏大型公园,居民休闲空间匮乏,这就需要在规划中有针对性地增加老城区的绿地供给,规划新建综合性公园。

(二)城市自然与人文要素分析

研究城市的自然地理特征,如地形起伏、土壤类型、气候条件(包括气温、降水、光照、风向等)、河流水系分布等,这些要素直接影响着绿地的布局与植物选择。例如,在降水丰富、土壤肥沃的地区,可以规划建设湿地植物园,展示丰富的水生植物资源;在风力较大的区域,设置防风林带,选择抗风能力强的树种。此外,深入挖掘城市的历史文化遗迹、民俗传统、城市风貌等人文要素,将其融入绿地规划设计中。如具有古老城墙遗址的城市,可以结合城墙保护修复,打造城墙遗址公园,通过景观展示、文化解读等方式,让市民了解城市历史。

(三)绿地系统布局规划

根据城市的总体发展战略、功能分区,结合自然与人文要素分析结果,进行绿地系统的布局规划。常见的布局模式有环状布局、楔形布局、带状布局、混合布局等。环状布局以城市中心区为核心,由内向外构建多层环状绿地,如内环公园绿地、中环防护绿地、外环郊野绿地,形成层层防护、逐步过渡的生态格局;楔形布局是利用城市中的自然河道、交通廊道等,将郊外的自然生态空间以楔形绿地的形式引入城市中心区,为城市输送新鲜空气、引入生态元素;带状布局通常沿河流、海岸线、铁路等线性要素展开,形成连续的滨水绿带、铁路防护绿带等,发挥生态防护与景观美化的双重功能;混合布局则综合运用多种布局模式的优势,根据城市不同区域的特点灵活布局,以满足多样化的需求。

(四)绿地分类规划

按照不同的功能与用途,将城市园林绿地分为公园绿地、生产绿地、防护绿地、附属绿地等类型,分别进行详细规划。

1.绿地分类规划——公园绿地

公园绿地是城市绿地系统的核心,为居民提供休闲娱乐、文化教育、生态体验等多种服务。

2.绿地分类规划——生产绿地

作为城市绿化苗木的生产基地,保障城市绿化工程所需的优质苗木供应。选址应考虑交通便利、土壤肥沃、水源充足等条件,规划合理的育苗区、花卉生产区、盆景制作区等。生产绿地不仅要满足本地市场需求,还可结合产业发展,培育特色苗木花卉品种,拓展外销市场,推动城市绿化产业经济发展。

3.绿地分类规划——防护绿地

防护绿地具有防风固沙、涵养水土、净化空气、隔离噪声等重要生态防护功能。根据防护对象与需求的不同,分为卫生防护林、防风林、水土保持林等多种类型。

4.绿地分类规划——附属绿地

附属绿地与城市各类建筑、设施紧密结合,包括居住区绿地、单位附属绿地、道路绿地等。

(五)绿道与慢行系统规划

绿道作为连接城市绿地、水系、历史文化节点等的线性绿色空间,已成为城市园林绿化系统规划的重要内容。绿道规划应结合城市的自然地形、水系走向、居民出行需求,打造集休闲健身、生态保护、文化旅游等多功能于一体的绿色廊道。绿道一般包括步行道、自行车道以及配套的休息驿站、标识系统等设施。通过与城市慢行系统相结合,鼓励居民采用步行、自行车等绿色出行方式,减少机动车使用,既节能减排,又能让居民在慢行过程中充分享受城市的绿色美景。例如,在滨水区域规划滨水绿道,串联沿岸的公园、湿地、历史古迹,居民可以沿着绿道骑行或漫步,欣赏河景、感受历史文化氛围;在城市居住区与商业区之间规划通勤绿道,方便居民绿色出行上下班,同时在绿道两侧设置小型商业服务点、健身设施,提升绿道的实用性与吸引力。

(六)近期建设规划与实施保障

制定切实可行的近期建设规划,明确在未来 3～5 年内城市园林绿化的建设目标、重点项目、实施步骤等。近期建设规划应与城市的经济发展水平、财政预算相适应,优先解决当前城市绿地系统存在的突出问题,如绿地短缺区域的补充建设、老旧绿地的改造升级等。同时,为确保规划的顺利实施,需要建立健全一系列保障措施,包括完善法律法规,制定城市园林绿化管理条例,明确绿地建设、保护、管理的责任主体与规范要求;加大资金投入,通过政府财政拨款、社会资本参与、发行专项债券等多渠道筹集资金;加强人才队伍建设,培养引进园林规划设计、施工养护、管理运营等专业人才;强化监督考核,建立科学的评估指标体系,定期对绿地建设项目进行考核评估,确保建设质量与效果。

第二节　城市园林绿地定额与类型

一、城市园林绿地定额指标

(一)人均公共绿地面积

人均公共绿地面积是衡量城市居民生活环境质量的关键量化指标之

一,它直观反映出每位城市居民所能享有的公共开放绿地资源的平均水平。其计算公式为:人均公共绿地面积=城市公共绿地总面积÷城市常住人口总数。

在国际上,不同国家和地区因经济发展程度、地理环境、人口密度以及城市规划理念的差异,所设定的人均公共绿地面积标准也不尽相同。发达国家凭借雄厚的经济实力与先进的生态理念,往往追求更高的人均绿地占有量。例如,德国的一些城市人均公共绿地面积可达 30 平方米以上,居民在日常生活中能够轻松步入葱郁的公园、宁静的绿地,尽情享受自然的馈赠。这些充裕的绿地空间不仅为休闲娱乐提供了场所,还对提升居民身心健康起到重要作用,大量研究表明,亲近自然有助于降低压力、改善心血管功能等。

而在我国,随着城市化进程的加速推进与居民生活水平的持续提高,对人均公共绿地面积的重视程度也日益攀升。近年来,各级政府纷纷加大投入,致力于拓展城市绿地版图。目前,我国对于大城市的人均公共绿地面积要求不低于 8 平方米,中小城市则根据自身特点与发展潜力,相应制定了更高的标准,一般在 10~15 平方米左右。像杭州、成都等宜居城市,通过新建公园、改造老旧绿地等举措,已逐步接近甚至超越这一标准,城市居民的幸福感在绿意盎然中不断提升。

(二)城市绿地率

城市绿地率是从宏观角度衡量城市建设用地范围内绿地覆盖程度的重要指标,它涵盖了城市中各类绿地的总面积占城市建设用地总面积的比重,计算公式为:城市绿地率=(城市绿地总面积÷城市建设用地总面积)×100%。

较高的绿地率对于城市生态系统的稳定与优化意义非凡。一方面,绿地能够有效调节城市气候,植被通过蒸腾作用释放水汽,吸收热量,从而缓解城市热岛效应,使城市气温趋于温和,减少极端高温天气对居民生活的困扰。另一方面,绿地还能起到净化空气的关键作用,植物的叶片如同天然过滤器,吸附空气中的尘埃、二氧化硫、氮氧化物等有害气体,改善空气质量,为居民提供清新健康的呼吸环境。

我国在城市规划法规中明确规定,新建城区的绿地率不得低于

30％,这一硬性指标旨在确保城市从诞生之初便具备良好的生态基础。对于旧城区改造项目,考虑到历史遗留问题与改造难度,绿地率也要求不宜低于 25％。各地在实际执行过程中,积极探索创新,通过屋顶绿化、墙体绿化等立体绿化形式,在有限的空间内拓展绿地面积,提升绿地率,为城市增添绿色生机。

(三)绿化覆盖率

绿化覆盖率相较于绿地率,范畴更为宽泛,它将城市中所有植物的垂直投影面积都纳入考量,无论是常规绿地中的植被,还是建筑物墙面、屋顶上的攀援植物,以及道路边坡等地被植物的覆盖面积,统统计算在内,以此来全面衡量城市被绿色植被实际笼罩的程度。计算公式为:绿化覆盖率＝(城市内全部绿化种植垂直投影面积÷城市用地总面积)×100％。

在一些人口密集、土地资源紧张的城市,绿化覆盖率指标的提升为城市生态改善开辟了新路径。例如,上海、深圳等一线城市大力推广立体绿化,鼓励在建筑物屋顶种植佛甲草、垂盆草等耐旱、耐寒、轻质的草本植物,这些植物不仅适应屋顶环境,还能在夏季有效隔热,降低建筑物能耗;在墙体设置爬山虎、常春藤等攀援植物支架,让绿色顺着墙壁蔓延,不仅美化建筑外观,还能起到一定的降噪、保温作用。通过这些立体绿化措施,城市绿化覆盖率得以显著提高,即使在钢筋水泥丛林中,也能营造出绿意盎然的生态氛围。

二、城市园林绿地类型

(一)公园绿地

1. 综合性公园

综合性公园作为城市公园绿地体系中的核心成员,宛如一颗璀璨明珠,集多种功能于一身,满足城市居民全方位的休闲娱乐诉求。其占地面积通常较为可观,少则几十公顷,多则上百公顷,内部依据不同的活动需求与景观营造目标,精细划分为多个功能各异的区域。

入口区是公园的"门面担当",设计上注重营造独特的氛围,以吸引游客入园。通过精心布置景观小品,如造型别致的喷泉、寓意深刻的雕塑,搭配色彩斑斓、层次丰富的植物配置,让游客尚未踏入公园,便能感受到浓郁的自然与人文气息。

游览观赏区汇聚了公园内最为精华的自然景观与人文景致。这里或许有波光粼粼的人工湖泊,湖畔垂柳依依,水中鱼儿嬉戏;或许有起伏连绵的假山,山间曲径通幽,亭台错落有致。游客漫步其间,既能欣赏到四季更迭带来的不同自然风光,如春日繁花似锦、夏日绿树成荫、秋日红叶似火、冬日银装素裹,又能领略到传统园林建筑的典雅韵味,沉浸于历史文化的长河之中。

休闲活动区则是市民放松身心、开展社交活动的理想天地。宽敞舒适的草坪上,人们可以铺上野餐布,享受户外美食;造型各异的遮阳亭下,时常聚集着下棋对弈、品茶聊天的市民;露天舞台定期举办各类文艺表演、社区活动,为居民提供展示才艺的平台,欢声笑语回荡在公园上空。

儿童游乐区针对不同年龄段儿童的身心特点,量身定制了丰富多彩的游乐设施。既有适合低龄儿童的沙池、跷跷板、小型滑梯,保障孩子玩耍的安全性与趣味性;也有满足大龄儿童探险欲望的攀爬网、秋千、旋转木马等,周边种植无毒、无刺、色彩鲜艳且具有一定科普价值的植物,如马缨丹、三色堇等,让儿童在游乐过程中亲近自然、学习知识。

体育健身区配备了齐全的运动设施,满足市民日常锻炼需求。标准的篮球场、羽毛球场吸引着年轻人挥洒汗水;平坦宽阔的健身步道环绕公园,无论是清晨慢跑还是傍晚散步,都能让人尽情享受运动的快乐;各类健身器材分布在步道两侧,方便老年人进行适度锻炼,强身健体。

科普教育区依托公园丰富的植物资源与生态环境,承担起向公众普及科学知识的重任。植物科普馆内陈列着各类植物标本、模型,通过图文并茂、实物展示与多媒体互动等方式,深入浅出地讲解植物的分类、生长习性、生态价值等知识;生态展示区模拟自然生态系统,展示湿地生态、森林生态的奥秘,引导市民树立保护生态环境的意识。

餐饮服务区为游客提供便捷的饮食服务,让人们在游玩过程中能够随时补充能量。从简单的小吃摊位供应热狗、冰淇淋,到环境优雅的餐厅提供正餐,满足不同消费层次游客的需求,确保游客拥有舒适、愉悦的游园体验。

2.专类公园

(1)植物园。植物园犹如一座植物王国的宝库,肩负着收集、保存、研究、展示各类植物的神圣使命,同时也是向公众普及植物科学知识、传播生态保护理念的重要科普基地。

园内布局严谨且富有科学性,依据植物的分类系统、生态习性以及地理分布等因素,精心划分出多个特色鲜明的植物展示区。热带雨林植物区通过模拟高温、高湿的雨林环境,营造出神秘而繁茂的景观,高大的望天树直插云霄,下层的蕨类植物郁郁葱葱,让游客仿若置身于遥远的亚马逊雨林;沙漠植物区则相反,以沙砾为基质,耐旱的仙人掌、龙舌兰等植物形态各异,展现出顽强的生命力,让人们了解到沙漠生态的独特魅力;温带花卉区四季分明,春季郁金香、牡丹争奇斗艳,夏季百合、玫瑰芬芳馥郁,秋季菊花、大丽花绚丽多彩,冬季梅花傲雪凌霜,呈现出不同季节花卉的绚烂之美。

除了丰富的植物展示,植物园还配备了专业的科研团队与先进的科研设施。科研人员致力于植物引种驯化工作,从世界各地引进珍稀濒危植物,通过人工培育、改良,使其适应本地环境,丰富本地植物多样性;同时开展植物新品种培育研究,为园艺产业发展提供技术支持。此外,植物园积极举办各类植物科普活动,如植物标本制作大赛、科普讲座、亲子植物探索营等,激发公众尤其是青少年对植物学的兴趣,培养他们热爱自然、保护自然的情怀。

(2)动物园。动物园是动物的家园,也是人类了解动物、保护动物的重要窗口。在这里,动物们依据种类、生活习性被合理安置在不同的区域,每个区域都尽可能模拟它们的自然栖息地环境,确保动物能够舒适生活,展现出自然行为。

猛兽区为老虎、狮子、豹子等大型食肉动物提供了宽敞且安全的活动空间,模拟山林、草原环境,设置了隐蔽的观察点,游客既能近距离观赏猛兽的威猛身姿,又能保障自身安全;食草动物区有温顺的长颈鹿、斑马、羚羊等,大片的草地、清澈的饮水池,以及适宜的遮荫设施,让食草动物悠然自得;灵长类动物区充满趣味,猴子们在模拟的丛林环境中跳跃、嬉戏,饲养员还会定期投放食物,进行简单的行为训练,展示动物的智慧;鸟类区则打造出鸟语花香的氛围,高大的鸟舍、茂密的树枝,为各种鸟类提供栖息、繁殖的场所,游客可以欣赏到五彩斑斓的鸟类羽毛,聆听悦耳的鸟鸣声。

除了展示动物,动物园更加注重对动物的保护和教育。科普展示板随处可见,它们详尽地描述了各种动物、它们的分布、面临的濒危情况以及相应的保护方法;专业的讲解员会定期为游客提供关于动物的知识,并解答他们的疑惑;在互动体验区,游客可以参与一些简单的动物保护小游戏,例如模拟动物救助和垃圾分类等,这有助于增强他们保护动物的意识。此外,动物园也积极地与国内外的科研机构进行合作,参与了如大熊猫、华南虎等稀有动物的人工繁殖研究项目,为全球的生物多样性保护做出了贡献。

(3)儿童公园。儿童公园是孩子们的欢乐天堂,一切设计都围绕儿童的身心特点与兴趣爱好展开。园内游乐设施琳琅满目,涵盖了传统经典与现代创新的各类项目。

传统游乐设施经久不衰,滑梯的造型愈发多样,有直线型、螺旋型、波浪型等,满足不同孩子的冒险需求;跷跷板依旧是孩子们合作玩耍的热门选择,培养他们的平衡感与团队协作精神;旋转木马则承载着孩子们的童话梦想,色彩鲜艳的木马伴随着欢快的音乐旋转,带来无尽欢乐。

现代游乐设施更是独具匠心,攀爬网设计成各种主题,如城堡、森林、太空等,激发孩子的探索欲望,锻炼他们的身体协调能力;沙池配备了各种模具,让孩子发挥想象力,创造出属于自己的沙雕作品;水上乐园则在夏季成为孩子们的最爱,浅水池、喷泉、水滑梯等设施,让孩子们在清凉中嬉戏玩耍,享受夏日的快乐。

儿童公园在安全保障方面下足功夫,游乐设施选用环保、无毒、无尖锐边角的材料制作,场地地面采用柔软、防滑的铺装材料,如橡胶颗粒、人造草坪等,周边配备足够的监护人员,确保孩子们的每一次游玩都安全无忧。此外,儿童公园还注重寓教于乐,设置一些科普小区域,如小小植物园展示常见植物的生长过程,昆虫观察区让孩子近距离观察昆虫的生活习性,培养孩子对自然科学的兴趣。

(4)主题公园。主题公园凭借独特的主题概念、精彩绝伦的游乐设施以及沉浸式的体验环境,成为城市旅游与娱乐的新热点。

历史文化主题公园以某一特定历史时期或地域文化为蓝本,深度挖掘历史故事、民俗风情、建筑风格等元素,进行全方位的景观复原与游乐项目打造。例如,以唐朝长安为主题的公园,园内重现了气势恢宏的大雁塔、繁华热闹的朱雀大街、古色古香的坊市格局,游客可以穿上古装,漫步其中,感受大唐盛世的繁华;游乐项目则结合历史典故,设计如"玄武门之变"模拟体验、"唐诗挑战"互动游戏等,让游客在游玩中了解历史知识。

动漫影视主题公园将热门动漫、影视作品中的奇幻世界搬到现实,成为粉丝们的打卡圣地。从《哈利·波特》魔法世界主题公园中的霍格沃茨城堡、禁忌森林,到《迪士尼》主题公园中的米老鼠、唐老鸭等经典卡通形象,游客可以与喜爱的角色亲密互动,体验如过山车、虚拟现实魔法对决等惊险刺激的游乐项目,沉浸在梦幻般的童话世界里。

海洋主题公园以海洋文化为核心,打造出丰富多彩的海洋生物展示区、惊险刺激的水上游乐项目以及寓教于乐的海洋科普课堂。游客可以在巨大的水族箱前观赏各种珍稀海洋生物,如鲨鱼、海豚、海龟等,近距离感受海洋的神秘与美丽;乘坐水上过山车、漂流筏等游乐设施,体验水上冒险的刺激;参加海洋科普讲座,了解海洋生态保护的重要性,增强环保意识。

科技主题公园聚焦于前沿科技成果的展示与体验,园内设有机器人展示区、虚拟现实体验区、航天科技馆等。游客可以观看机器人表演、与智能机器人互动,感受人工智能的魅力;戴上虚拟现实头盔,体验穿越时空、探索宇宙的奇妙之旅;参观航天科技馆,了解我国航天事业的发展历程,激发对科学技术的探索热情。

(二)生产绿地

生产绿地作为城市绿化的"幕后英雄",默默地为城市园林绿化工程输送着源源不断的优质苗木与花卉。它的选址有着诸多讲究,通常优先考虑交通便利之处,以便苗木能够快速、高效地运输到城市各个角落,减少运输成本与损耗;土壤肥沃、水源充足也是必备条件,肥沃的土壤为苗木生长提供充足养分,而稳定的水源供应确保苗木在生长关键期不受干旱影响。

生产绿地内部依据生产流程与产品类型,精细划分出多个功能区域。育苗区是苗木诞生的摇篮,通过种子繁殖、扦插、嫁接等多种精细的技术手段,培育出各类苗木幼苗。这里对环境条件要求严苛,温湿度需精准调控,为此配备了现代化的温室、荫棚等设施。温室犹如一座温暖的"植物产房",在寒冷的冬季为喜温苗木提供适宜的生长温度,利用自动控温、通风、灌溉系统,模拟出最佳的生长环境;荫棚则为耐阴苗木遮荫挡阳,避免强光直射对幼苗造成伤害。

花卉生产区宛如一座五彩斑斓的花园,专注于各类观赏花卉的生产。根据花卉不同的生长周期、花期特点,合理规划种植计划,确保全年各个时段都有鲜花绽放,满足城市绿化、节庆布置等多样化需求。从春季的郁金香、风信子,到夏季的玫瑰、荷花,再到秋季的菊花、桂花,冬季的水仙、腊梅,不同季节的主打花卉在这里有序轮作,绽放出绚丽色彩。

花卉生产区宛如一座五彩斑斓的花园,专注于各类观赏花卉的生产。根据花卉不同的生长周期、花期特点,合理规划种植计划,确保全年各个时段都有鲜花绽放,满足城市绿化、节庆布置等多样化需求。从春季的郁金香、风信子,到夏季的玫瑰、荷花,再到秋季的菊花、桂花,冬季的水仙、腊梅,不同季节的主打花卉在这里有序轮作,绽放出绚丽色彩。

苗木储备区则是苗木的"临时家园",用于存放已经长成、等待销售或移栽的苗木。这里需要有足够宽敞的场地空间,确保苗木能够整齐排列,避免相互挤压损伤;良好的排水系统必不可少,防止积水导致苗木烂根;同时,定期的养护管理工作也在持续进行,如施肥、修剪、病虫害防治等,保证苗木处于最佳状态,随时准备奔赴城市绿化建设的新战场。

(三)防护绿地

防护绿地宛如城市的忠诚卫士,默默守护着城市的生态安全与居民健康,具有防风固沙、涵养水土、净化空气、隔离噪声等一系列不可或缺的生态防护功能。

卫生防护林恰似一道绿色屏障,矗立在城市工业区与居住区之间,凭借多层次的植被配置,有效阻挡工业废气、粉尘向居住区肆意扩散。其植被结构通常分为三层,外层选用高大挺拔、枝叶茂密的乔木,如杨树、槐树等,它们凭借高大的身躯与宽阔的树冠,初步拦截空气中的大颗粒污染物;中层为各类灌木,如丁香、紫薇等,进一步过滤细小尘埃,同时利用自身芬芳的花朵,为周边环境增添宜人香气;内层则种植一些耐阴、吸附能力强的草本植物,如麦冬、葱兰等,对残留的有害气体进行深度吸附净化,确保居住区空气质量达标。

防风林则沿着城市盛行风的方向傲然挺立,选用抗风能力超强的树种,如松树、杉树等,构建起坚固的防风战线。这些树木根系发达,深扎土壤,能够牢牢稳固土壤,抵御狂风侵袭,降低风速,减轻风沙灾害对城市基础设施、农田以及居民生活的负面影响。在风沙肆虐的北方城市,防风林的存在尤为关键,为城市发展保驾护航。

水土保持林多见于山地丘陵地区,它们扎根于贫瘠的山地土壤,通过植树造林,枝叶截留降雨,根系固持土壤,有效防止水土流失,保护城市水源地。在水源涵养方面,森林植被就像一块巨大的海绵,降雨时吸收并储存大量水分,然后缓慢释放,维持河流水量稳定,保障城市供水安全。同时,水土保持林还为野生动植物提供了栖息地,促进生物多样性发展,维护生态平衡。

(四)附属绿地

居住区绿地,作为城市绿地系统中与居民生活最为贴近的关键一环,宛如城市喧嚣中的宁静绿洲,切实融入居民日常生活的每一个细微瞬间,成为衡量居住品质高低与幸福感强弱的重要标尺。它绝非随意铺陈的绿植堆砌,而是依据居住区科学缜密的规划布局,匠心独运地分化为多个层次,如同层层递进的绿色乐章,全方位奏响温馨舒适的居住环境旋律。

居住区绿地是居民日常生活接触最多的绿地类型,因此在规划时应注重营造舒适、温馨的居住环境,设置宅旁绿地、组团绿地、小区游园等不同层次的绿地空间,满足居民邻里交往、健身休闲的需求。单位附属绿地根据不同单位的性质与功能,打造各具特色的绿色景观,如学校绿地注重营造宁静、优美的学习氛围,配备植物园地、户外阅读区等;医院绿地则侧重于营造舒缓、康复的环境,种植具有药用价值、香气宜人的植物,设置安静的散步道。道路绿地沿着城市道路分布,具有美化街景、引导交通、降噪防尘等作用,根据道路等级与功能,规划不同的绿化形式,主干道采用规则式绿化,以高大乔木、整形灌木为主,形成连续的绿廊,展现城市风貌;次干道和支路则偏向于自然式绿化,选用多样的植物品种,营造亲切宜人的街道景观。

宅旁绿地,恰似灵动俏皮的"绿色小精灵",轻盈地依偎在居民家门口,与住宅建筑构建起亲密无间的共生关系。在植物品类的甄选上,以低矮的灌木、缤纷绽放的花卉以及身姿绰约的小型乔木为主力军。这些植物经过精心布局,错落有致地扎根生长,仿若一幅天然的绿色织锦。设计团队深知居民对于私密空间与宁静氛围的执着追求,故而在植物配置环节巧思妙想,利用植株的高低落差、枝叶的疏密程度,巧妙营造出专属个人的静谧小天地。与此同时,充分考量居民住宅的采光需求,绝不因追求绿化而牺牲居住的舒适度。诸如桂花、栀子花这类香气馥郁且淡雅宜人的植物脱颖而出,成为宅旁绿地的宠儿。每至花期,微风轻拂,馥郁的花香悠悠飘散,居民轻轻推开家门,便能瞬间被这股清甜的芬芳裹挟,仿佛所有的疲惫都在这一瞬间被温柔拂去,惬意之感油然而生,尽情沉浸于这一方专属的绿色温馨角落。

组团绿地,则华丽转身为邻里交往浓情四溢的温馨大舞台,其面积把控恰到好处,既不会因过于狭小而显得局促,也不会大到让人产生疏离感。这里是社区活力的汇聚地,一系列人性化的配套设施错落其间。休闲座椅宛如忠实的伙伴,静静等待着居民前来小憩,或在阳光正好的午后,慵懒地晒晒太阳,或在月色如水的夜晚,与老友促膝长谈;色彩鲜艳的儿童游乐设施是孩子们欢乐的源泉,放学后,孩子们如同脱缰的小马驹,欢笑着奔向滑梯、秋千、跷跷板,在这里尽情释放童真与活力;功能多样的健身器材则吸引着不同年龄段的居民,年轻人可以利用闲暇时光舒展筋骨,强身健体,老年人则能在适度的运动中保持身体康健。邻里之间因这片绿地而频繁相聚,日常的家长里短、社区的大小事务都在这里交流探讨,小型的社区文艺表演、趣味运动会等活动也时常在此热闹上演,欢声笑语与和谐氛围交织弥漫,让邻里之情在这片绿地上生根发芽、茁壮成长。

小区游园,无疑是居住区绿地中最为璀璨夺目的核心亮点,宛如一颗绿境中的明珠,集多元功能于一身,景观构建更是美轮美奂。踏入园内,首先映入眼帘的或许是一泓澄澈如镜的小型湖泊,湖面波光粼粼,偶尔有几尾小鱼欢快游弋,泛起圈圈涟漪;湖畔垂柳依依,细长的柳枝随风摇曳,似是在与湖水低语呢喃。不远处,假山嶙峋而立,怪石奇巧,或挺拔如峰,或蜿蜒似龙,为整个园区增添了几分古朴典雅的韵味与灵动的层次感。亭台楼阁错落有致地分布其间,飞檐斗拱,雕梁画栋,仿若穿越时空而来的古韵遗珍。居民们闲暇之时,总爱漫步于此,沿着蜿蜒的石板路,穿梭于山水园林之间,时而驻足观赏湖光山色,时而小憩于亭台之中,让身心在这一步一景的诗意旅程中得到彻底的放松与滋养,尽情享受这一方家门口的绿色仙境所带来的无限美好。

第三节　城市园林绿地的种植设计

一、植物选择原则

(一)生态适应性原则

植物的生态适应性是种植设计的基石。不同植物对环境条件有着各异的耐受范围,包括光照、温度、水分、土壤酸碱度等关键因素。例如,在阳光充足的开阔区域,如城市主干道旁的绿地、广场中心等,应优先选择喜光植物,像向日葵、紫薇、银杏等。向日葵花朵随着太阳转动,需要大量光照进行光合作用以积累养分,保证花朵硕大艳丽;紫薇树形优美,夏季繁花满树,在强光照射下生长旺盛,花期持久,为城市增添绚丽色彩;银杏作为古老的孑遗植物,喜光且耐寒,秋季金黄的叶片极具观赏价值,能适应城市中较为开阔、光照良好的空间,为秋日街头营造出独特的景观氛围。

而对于建筑物北侧、林下等光照相对不足的荫蔽环境,耐阴植物则成为主角。玉簪,叶片宽大且质地柔软,呈优雅的卵形,夏季抽出细长的花茎,绽放出洁白或淡紫色的花朵,它能在半阴甚至全阴的条件下茁壮成长,为阴暗角落带来生机;八角金盘,其掌状的叶片浓绿且富有光泽,植株繁茂,可耐受长时间的低光照,常作为林下植被或建筑物背光处的绿化首选,有效填充空间,提升绿化层次感。

温度方面,热带植物如椰子树、三角梅等,对低温耐受性差,适宜在南方温暖湿润的城市种植,为城市带来浓郁的热带风情。椰子树高大挺拔,羽状叶片随风摇曳,象征着海滨城市的活力;三角梅繁花似锦,苞片颜色鲜艳夺目,花期长,在温暖环境下生长迅速,常攀援于围墙、栏杆之上,将城市装点得五彩斑斓。相反,北方城市冬季寒冷,松柏类植物如油松、白皮松等,因其耐寒特性成为冬季景观的重要支撑。油松树干挺拔,针叶四季常绿,在皑皑白雪映衬下更显苍劲,为寒冷的北方大地增添一抹生机;白皮松树皮斑驳如银,树形优美,同样能抵御严寒,与冰雪共同勾勒出如画景致。

水分条件也是决定植物分布的关键。水生植物如荷花、睡莲适应水生环境,荷花扎根于淤泥之中,花朵亭亭玉立,出淤泥而不染,是夏季池塘、湖泊等水景的标志性花卉;睡莲叶片浮于水面,花朵昼开夜合,色彩丰富,为水体增添宁静优雅之美。而耐旱植物如仙人掌、龙舌兰等,则适用于降雨量少、土壤干旱的地区,仙人掌肉质茎储存大量水分,形态各异,或扁平如掌,或柱状挺立,在沙漠植物园、干旱城市绿地边缘展现独特魅力;龙舌兰叶片厚实坚韧,呈剑形,边缘带刺,能在缺水环境下长期生存,为干燥的城市景观带来别样质感。

土壤酸碱度同样影响植物生长。在酸性土壤地区,杜鹃、山茶等植物如鱼得水,杜鹃花色繁多,春季花朵密集绽放,漫山遍野如花海;山茶花朵硕大,花瓣层层叠叠,红如烈火或白似冰雪,在酸性土壤滋养下,花繁叶茂,为园林增添艳丽色彩。碱性土壤区域,则可选择柽柳、紫穗槐等植物,柽柳枝条纤细柔软,夏季粉红色的小花密集开放,能适应高盐碱性土壤,常用于沿海城市或盐碱地绿化;紫穗槐枝叶繁茂,紫色的穗状花序在秋季格外醒目,对土壤适应性强,可改良土壤结构,为城市绿地建设发挥重要作用。

(二)乡土植物为主原则

乡土植物历经长期的自然选择与本地环境磨合,对当地气候、土壤等条件具有高度适应性,养护成本低,且能展现地域特色。以华北地区为例,国槐是极具代表性的乡土树种,其树冠宽广如盖,夏季绿荫浓密,为行人提供清凉休憩之所;秋季串串荚果垂挂,增添自然野趣。国槐耐旱、耐寒、耐瘠薄,根系发达,能有效固沙保土,在城市道路、公园、居住区等地广泛应用,承载着当地居民的历史记忆与乡愁情感。

再看江南水乡,垂柳几乎是水乡景观不可或缺的元素。细长柔软的柳枝随风飘舞,倒映在波光粼粼的水面,勾勒出"杨柳岸,晓风残月"的诗意画卷。垂柳喜湿,根系浅且发达,能稳固河岸土壤,净化水体,在河道两旁、园林湖边大量种植,与江南的温润气候、水乡风情相得益彰。

乡土草本植物同样独具魅力。蒲公英在田野、路边随处可见,春季金黄的花朵如繁星点点,随后白色的绒球随风飘散,传播种子,为城市绿地带来自然、随性的气息;狗尾巴草摇曳在风中,毛茸茸的穗状花序似狗尾摆动,虽朴实无华,却唤起人们儿时在乡间玩耍的美好回忆,可用于营造自然、野趣的景观氛围,在城市公园的自然式草坪、郊野公园等区域适当保留或种植,增添生态韵味。

(三)生物多样性原则

生物多样性是维持生态系统稳定与平衡的核心要素,在种植设计中体现为植物种类的丰富多样。一个健康的园林绿地应汇聚乔木、灌木、草本、藤本等多种植物类型,形成复杂的植物群落结构。例如,在城市大型公园的核心区域,构建以高大乔木为上层,如樟树、枫杨等,樟树树形雄伟,枝叶四季常绿,散发独特香气,有驱虫杀菌功效;枫杨枝干粗壮,奇数羽状复叶随风摇曳,夏季为人们提供浓密绿荫。中层搭配各类灌木,像木槿、金钟花等,木槿花朵大而艳丽,有单瓣、重瓣之分,花期贯穿夏秋,为公园增添色彩;金钟花花色金黄灿烂,早春开放,点亮春景。下层种植草本植物,如麦冬、葱兰等,麦冬四季常绿,叶片细长,夏季开出淡紫色小花,填补地面空间;葱兰秋季白色花朵成片开放,如雪花飘落,纯洁素雅。藤本植物如紫藤、爬山虎等则可攀援于廊架、墙体之上,紫藤春季繁花似紫瀑,花香四溢;爬山虎夏季绿叶密布墙体,降温隔热,为建筑披上绿装。

不同植物的花期、果期错落有致,能确保园林绿地四季景观各异。春季,樱花、桃花、杏花等相继绽放,繁花似锦,将城市装点得如世外桃源;夏季,荷花、紫薇、木槿等争奇斗艳,荷花水中娇美,紫薇陆上绚烂,为炎炎夏日带来清凉与艳丽;秋季,桂花飘香,菊花缤纷,银杏、枫叶金黄火红,营造出诗意的金秋氛围;冬季,腊梅傲雪凌霜,松柏常青,为银装素裹的城市增添生机与坚毅。通过合理搭配,让城市居民在一年之中都能领略到自然的多彩变化,感受四季轮回之美。

二、植物配置方式

(一)规则式配置

规则式配置呈现出严谨的几何图案,具有强烈的秩序感与对称美,常用于城市广场、政府机关、纪念性园林等庄重场合。在城市广场中心花坛,常采用中心对称的圆形或多边形布局,以一种或几种花卉为主体,如四季海棠、矮牵牛等,围绕中心雕塑或喷泉整齐排列。四季海棠花朵小巧玲珑,花色丰富,有红、粉、白等多种颜色,四季常开,矮牵牛花朵喇叭状,色彩鲜艳,二者按一定间距组合,形成色彩斑斓、层次分明的花坛景观,吸引市民驻足观赏,为广场增添活力与焦点。

道路绿化中的分车带也多采用规则式配置,选用高大乔木作为行道树,如法桐、银杏等,按等距离间隔种植,树干笔直,树冠整齐,形成连续的绿廊,引导交通视线,净化空气,降噪防尘。在行道树下方,搭配低矮的灌木,如金叶女贞、红叶石楠等,金叶女贞叶片金黄,在阳光下熠熠生辉,红叶石楠春季新叶鲜红,二者修剪成整齐的绿篱,与行道树高低呼应,强化道路绿化的层次感与规整性,展现城市的整洁与严谨风貌。

(二)自然式配置

自然式配置模仿自然植物群落的生长形态,追求自然、随意、野趣的风格,多见于城市公园、郊野公园、居住区绿地等休闲场所。在公园的湖边湿地,依据自然湿地生态群落,种植芦苇、菖蒲、荷花等水生植物,芦苇高大挺拔,秋季芦花飞扬,营造出诗意的湿地景观;菖蒲叶片细长如剑,终年常绿,为湿地增添绿意;荷花在夏季绽放,水中仙子般亭亭玉立,与周围的水生昆虫、鱼类等生物构成和谐的生态系统。岸边则搭配垂柳、水杉等喜湿乔木,垂柳依依,水杉挺拔,再加上一些野生地被植物,如三叶草、紫花地丁等,三叶草叶片心形,常三片聚生,紫花地丁花朵紫色小巧,它们自然生长,点缀在树下、草丛中,让游客仿佛置身于自然湿地之中,放松身心,感受大自然的魅力。

　　居住区绿地中的宅旁绿地、组团绿地也常采用自然式配置,以满足居民对自然、舒适居住环境的需求。宅旁绿地选取多种乡土植物,如桂花、紫薇、腊梅等,根据植物的生长习性、花期、高矮进行随机组合,桂花秋季飘香,紫薇夏季开花,腊梅冬季傲雪,让居民在家门口一年四季都能欣赏到不同的花卉美景。组团绿地中,设置自然式的草坪,草坪上随意散落几棵高大乔木,如枫杨、朴树等,枫杨枝叶繁茂,朴树树形古朴,树下种植一些耐阴的灌木和草本植物,如八角金盘、麦冬等,形成自然、温馨的邻里交往空间,让居民在繁忙的城市生活中拥有一片属于自己的自然天地。

(三)混合式配置

　　混合式配置成功地结合了规则式和自然式的各自优势,同时融合了秩序之美和自然之美,以满足园林绿地多样化的需求。在综合性公园的入口区域,为了创造一个既庄重又充满活力的环境,通常会选择混合式的布局。入口广场的设计遵循了规则,通过对称的花坛和整洁的铺装来欢迎游客。花坛里用矮牵牛、三色堇等各种花卉绘制出鲜明的图案,充分展示了公园的活力和热情。广场附近的绿化区域逐渐转向了自然布局,其中种植了高大的乔木,如樟树和银杏等。而在树下,自然生长的灌木和草本植物,如木槿和麦冬等,形成了从有序到自然的渐变效果。这样的设计不仅让游客在进入公园时能够感受到有序的环境,还能体验到大自然的魅力,从而激发他们对园内游玩的热情。

三、植物群落构建

(一)乔灌草结合

　　乔灌草结合是构建稳定、高效植物群落的关键模式。在城市山地公园的植被恢复项目中,上层选用适应山地环境的高大乔木,如马尾松、黄山松等,马尾松树干通直,针叶细长,能在贫瘠的山地土壤中扎根生长,迅速形成山林的骨架;黄山松树形优美,枝干曲折,更具观赏性,二者共同为下层植物遮荫挡雨。中层搭配各类灌木,如映山红、油茶等,映山红春季繁花似锦,漫山遍野如花海,为山林增添艳丽色彩;油茶秋季果实累累,既能观赏又有经济价值,与乔木、下层植物相互依存。下层种植草本植物,如芒草、狗牙根等,芒草秋季叶片金黄,随风摇曳,极具美感;狗牙根草坪质地细密,耐践踏,用于游步道周边,方便游客行走,同时保护土壤,防止水土流失。通过乔灌草的有机结合,形成多层次的山地植物群落,不仅美化环境,还能涵养水源、保持水土、促进生态平衡。

在城市道路绿化中,同样遵循乔灌草结合原则。主干道绿化以高大乔木为主体,如国槐、法桐等,国槐树冠宽广,法桐枝叶繁茂,二者为道路提供浓密绿荫,缓解城市热岛效应。中层搭配金叶女贞、紫叶小檗等彩色灌木,金叶女贞金黄叶片与紫叶小檗紫红色叶片相互映衬,形成鲜明的色彩对比,提升道路绿化的视觉冲击力。下层种植麦冬、葱兰等草本植物,填补地面空间,防止扬尘,同时在非绿廊季节(如冬季,乔木落叶后),仍能保持一定的绿化效果,确保道路四季有绿,为城市交通营造舒适的视觉环境。

(二)植物群落演替

植物群落演替是一个动态过程,在种植设计中需前瞻性地考虑。在新建城市公园的湿地景观区,初期可根据湿地生态特征,种植先锋植物,如芦苇、香蒲等,芦苇生长迅速,能在短时间内扎根湿地,固定土壤,改善水质;香蒲叶片狭长,夏季抽出褐色的蒲棒,极具特色,二者为后续植物的生长奠定基础。随着时间推移,当湿地环境逐渐稳定,一些中生植物开始侵入,如荷花、睡莲等,荷花在夏季盛开,为湿地增添艳丽色彩,睡莲昼开夜合,丰富景观层次。后期,可能会有一些耐阴的木本植物慢慢扎根,如柳树、水杉等,柳树依依,水杉挺拔,形成更为复杂的湿地植物群落结构。种植设计时,要依据演替规律,合理安排植物种植顺序,为植物群落的自然发展预留空间,避免过度干预,实现湿地景观的可持续发展。

在城市老旧公园改造中,同样要关注植物群落演替。对于一些生长多年、植物群落结构单一的区域,可通过引入新的植物种类,模拟自然演替过程,促进群落更新。例如,在一片以单一草坪为主的区域,可逐步引入一些本地野生花卉,如紫花地丁、蒲公英等,它们能在草坪中自然生长,增加植物多样性,吸引昆虫、鸟类等生物,恢复生态活力,同时保留原有草坪的部分功能,实现公园绿化的优化升级。

(三)植物间距与密度控制

植物间距与密度控制直接影响植物的生长发育、景观效果及养护成本。在城市广场的花卉展览区,为了短期内呈现出繁花似锦的效果,花卉种植密度相对较大,如矮牵牛、三色堇等一年生花卉,每平方米可种植30～50株,它们植株矮小,紧密排列能形成色彩鲜艳、图案清晰的花坛景观,但花期过后需及时更换,养护工作量较大。

而在城市居住区绿地的宅旁绿地,植物间距则需考虑居民的采光、通风及植物的长期生长。乔木间距一般控制在3～5米,既能保证树木有足够的生长空间,又不会过于稀疏影响绿荫效果,如桂花树,间距合理能让居民在秋季充分享受桂花飘香,同时不影响住宅采光。灌木间距在1～2米,方便修剪、养护,也能形成错落有致的景观,如木槿、紫薇等灌木,合理间距可使其花朵相互映衬,美化环境。草本植物如麦冬、葱兰等,根据其生长习性,每平方米种植20～30株,既能铺满地面,又能保证生长良好,为宅旁绿地营造出温馨、自然的氛围。

在城市道路绿化的行道树种植中,为了保证行车安全与树木生长,行道树间距一般在5～8米,根据道路等级、树种特性略有调整。如城市主干道,选用法桐等大型树种,间距可适当放宽至8米,以确保树冠有足够空间伸展,不影响交通视线;城市支路,选用较小的树种,如樱花树,间距可缩至5米,尽快形成道路绿化景观,提升支路的美观度与舒适度。通过合理控制植物间距与密度,实现园林绿地的景观效益、生态效益与经济效益的最大化。

四、植物色彩搭配

(一)对比色搭配

通过对比色的组合,可以创造出令人震撼的视觉效果,让园林的景色立刻变得生动有趣。在城市公园内的花卉专区,红色郁金香与蓝色的风信子被种植在一起,这些郁金香的花朵饱满且颜色鲜红,宛如熊熊燃烧的火焰;风信子的花序紧凑而深邃,呈现出一片深蓝色的海洋,两者之间的对比非常鲜明,色彩相互交融,成功吸引了游客的注意,使得整个花区充满了活力和激情。在秋天的城市绿地上,金黄色的银杏叶与火红的枫叶相互映衬,形成了一幅金色闪亮的画面。枫叶犹如掌心,红得非常热烈。当秋风轻轻吹过,金黄和火红交织在一起,就像一幅绚烂的油画,为这座城市带来了浓厚的秋意。

在城市广场的节日花坛设计中,人们经常采用对比色的组合来创造一个欢乐的环境。例如,在国庆节这一特殊的日子里,黄色的万寿菊和紫色的矮牵牛共同构成了一幅壮观的大型图案。万寿菊的花朵茂盛而醒目,黄色显得格外醒目,而矮牵牛的喇叭状花朵和紫色则显得神秘而神秘。这两种颜色组合成了国旗和国徽等图案,在阳光的照耀下显得格外耀眼,这不仅激发了市民的爱国情怀,还为节日增添了浓厚的喜庆氛围。

(二)邻近色搭配

邻近色搭配营造出和谐、温馨的氛围,给人以舒适的视觉感受。在城市居住区绿地的组团绿地中,将粉色的樱花与白色的梨花种植在一起,樱花花瓣轻盈,粉色柔美,梨花洁白如雪,二者色彩相近,春季开放时,如云似雾,让居民仿佛置身于童话世界,为邻里交往空间增添了温馨浪漫的气息。在城市植物园的温带花卉区,将橙色的金盏菊与黄色的向日葵排列组合,金盏菊花朵小巧,橙色温暖,向日葵花盘硕大,黄色明亮,它们在阳光的沐浴下,色彩相互交融,展现出一种宁静而祥和的美感,吸引游客驻足欣赏,感受大自然的色彩魅力。

在城市公园的湖边步道,种植浅黄色的菖蒲与淡绿色的荷花,菖蒲叶片细长,浅黄色淡雅,荷花初绽时,淡绿色清新,二者邻近色搭配,与湖水的蓝色相互映衬,营造出一幅清新自然的湖滨画卷,让游客在漫步中身心愉悦,陶醉于这和谐的色彩之美中。

第七章　绿色城市理念下园林绿化种植施工与管理技术的应用

在国家大力建设生态环境的背景下,园林绿化作为最基本的规划单位,也应积极做好城市内部的绿化施工与管理,尤其园林作为城市生态环境的基本组成,其内部的绿化种植与管理更是影响着城市自身的生态环境水平。而且在市场大经济环境中,国民对生态环境的要求明显上升,城市园林的绿化,能够为城镇居民带去更舒适的生活环境,获得紧张工作之后的放松感。因此,更要积极做好市政园林的绿化种植施工与管理,贯彻绿色城市理念,打造绿色城市,为国民健康生活,城市经济发展,提供环境保障。

第一节　园林绿化种植施工与管理现状概述

一、施工组织与管理不到位

当下,城市环境污染问题日渐突出,而园林绿化种植是生态环境的一部分,逐步受到国家及地区的重视,坚持将城市园林绿化种植,作为提高生态环境水平的手段,也取得了一定的实践成效,城市园林绿化水平逐渐提升。但分析当下市政园林的绿化种植施工及管理,仍然存在一些典型问题,影响着城市生态环境的打造成效。施工组织与管理不到位,是园林绿化种植施工中,最为典型的问题之一,也是有待解决的问题之一。城市自身发展,需要配置园林,并做好绿化,而一般市政园林的建设多为施工单位进行施工组织,并展开施工管理,这也就影响了整体的质量和效率。施工单位资质千差万别,在施工组织及管理方面也是各有不同,管理方法管理手段不严谨不科学比比皆是,正因如此,影响了城市园林绿化建设的整体成效。此外,部分园林绿化施工单位在施工过程中,对植物的种植管理尤为不足,使得绿化种植存在诸多漏洞,影响着绿化工程的专业美观甚至整个城市的生态美感。足以说明,对于城市的园林绿化种植,应坚持以专业施工组织和管理团队为主,方能有力地保障园林打造的基础目标①。

二、施工人员专业差距较大

目前的城市园林绿化,仍需要专业施工人员,完成园林绿化种植任务,这就意味着城市园林绿化施工建设,还会受到人为因素的影响,造成园林绿化建设质量参差不齐。正因如此,城市园林绿化建设中,人员因素尤为显著。很多城市园林工程建设,多由施工单位组织和管理,而施工单位内部的专业人员数量较为有限,为节省成本,施工单位还会聘用更多未经过专业培训和筛选的绿化员工,这也就影响了绿化工作展开的专业性。尤其那些未经过严格考核的员工,在绿色园林建筑中,明显缺乏专业知识和专业技能,甚至在职业素养上都千差万别,很难保证城市园林绿化种植的成活率,最终园林绿化的整体效果,对城市生态环境的改善成效,都将在一定程度上受到影响。而且,当代施工单位在组织施工时,其内部的管理工作也会影响专业人员的工作积极性,所能提供的专业知识和技能可能会大打折扣,能够为城市园林绿化建设提供的支持也自然较为有限,影响了绿化的质量。

三、缺乏园林绿化种植理念

园林绿化种植工作的开展,多需要正确的理念作为支持,方能从源头做好绿化设计,完成一系列绿化建设目标。而传统的园林绿化工作,多与城市发展有所脱离,跟城市生态环境建设的相关度也有待提升。更重要的是,园林绿化工作中,仍停留在简单的绿化层面,没有真正转变绿化建

---

① 庆建军.园林绿化中苗木种植的施工与养护管理策略[J].园艺与种苗,2023(06):51—52.

设的认知,很多时候没有将其作为城市生态环境的核心而打造,这样会影响城市园林绿化种植的整体水平。究其根本原因,在于缺乏园林绿化种植的先进理念,缺乏有效的价值观念指引,更缺乏科学的种植及管理方法支撑,最终将使得城市园林绿化种植更为混乱,严重影响了城市生态环境的美观度、经济性,对未来发展也容易造成不良危害。与此同时,对于城市自身的园林绿化种植,仍然要坚持与城市自身发展规划相结合,部分城市在进行园林绿化建设时,容易忽略这一要点,生搬硬套其他城市其他地区的园林绿化方案,最终建设效果自然并不理想,需要树立正确的园林绿化种植理念[①]。

第二节　绿色城市理念下园林绿化种植施工的指导价值

一、符合适用经济美观原则

绿色城市理念的指引下,应坚持打造城市内部的环境建设,做好资源利用,显著应用生态环保等诸多理念规划设计城市,让城市具有更好的生态环境和社会福利。正基于这一理念,城市内部的园林绿化种植,也获得了全新的指导方向。符合适用,经济美观原则,是城市园林绿化种植最关键的要素,也需要合理结合当地的季节气候环境进行设计,从而形成优化的园林景观。而绿色城市理念下,园林绿化种植施工中,要坚持打造生态美观的园林,做好园林内部生态环境的构建。因此,在前期园林绿化种植的设计阶段,便需要做好一定的完善,可以显著结合绿色城市理念设计,更能呈现出优美景色舒适环境的园林绿化种植方案。与此同时,对于城市的园林而言,注重适用原则十分关键。所打造的城市园林,应坚持为城

---

① 徐光喜.绿色城市理念下园林绿化种植施工与管理研究[J].中华建设,2023(05):117－119.

市居民提供生态环境支持,营造舒适环境的作用,有效设计绿色种植工程,并尽量降低投入成本,选取性价比最优的种植技术和种植方案,从而让城市园林绿化工程得到显著提升。更重要的是也能让越来越多的绿化植物长久留存于城市环境体系中,感受到生态环境日益向好,缓解城市生态环境压力,也能为民众带来更好的环境基础。

二、符合植物生活习性要求

城市园林建设中,往往会选取不同类型的绿色植物,从而丰富园林整体的美观度,也能形成生态环境多样性,但不可否认不同植物的生长习性有所区别,部分植物喜阴,部分植物喜阳,也有部分植物在酸碱度上存在区别,耐水耐旱能力更是各有不同。为此在城市园林绿化种植的过程中,尤其要充分考虑植物生活习性的要求,需要按照其生活习性特征,设计绿色种植方案并展开种植活动,完成种植任务。以往城市园林绿化种植施工过程中,设计者为了保证园林的最终呈现效果,提高园林的整体美观度,容易忽略绿色种植植物的生活习性,仅能在短时间内维持园林的外表美观效果。但在后续长期的园林运营中,绿色植物自有的生活习性仍然是客观条件,会受到外界环境因素影响,极其容易死亡,最终导致园林绿化效果显著下降。而绿色城市理念,强调要以生态环保资源节约的原则,做好城市绿化工作,美化城市环境,提高城市绿化品质。正因如此,园林建设的植物绿化应遵循其生活习性特征,最大限度保证植物的存活率,降低园林绿化种植的投入成本,也能提升园林的社会经济效益,生态环境效益。

三、符合城市生态环境规划

绿色城市目前已经成为城市发展的重要规划之一,也是推进城市内部生态环境建设的重要基础。坚持绿色城市理念,能为城市自身的生态环境提供有效指引,也为生态环境的营造奠定基础,形成民众青睐且热爱的城市环境氛围。而绿色城市建设过程中,园林绿化极为重要,是城市绿化的基础组成部分,基于绿色城市里面的指引,能够有效为城市园林绿化提供指导方向,并且让城市园林绿化渐渐与自身的生态环境规划相贴合,打造科学全面且优质的生态环境规划基础。而且对于城市园林绿化种植而言,往往需要结合不同的季节完成相应植物的绿化种植,并定期做好修剪和养护,这些都应该与城市内部生态环境规划建设相符合,形成统一的种植方案。尤其园林种植过程中,部分植物对季节要求较高,必须根据城市内部规划,合理选择绿化种植的植物品种,保证种植成活率。并将后续园林的绿化养护纳入园林生态规划之中,定期展开修剪美化工作。另外,城市园林绿化过程中,要坚持以空间方案优化管理水平提升,完成对城市生态环境的建设任务,因而必须合理完善园林绿化种植的相关要素,全面配合城市生态环境构建的总体目标,共同打造城市绿化新生态。

第三节　绿色城市理念下园林绿化种植施工分析

一、植物的选择和准备

园林绿化种植施工中,首先必须做好植物的选择,选取合适的绿化种植植物,品种能够保证园林绿化度,而且还要综合考量园林绿化的整体目标。尤其要注意的是,相关工作人员在确定绿化植物时,要提前做好不同植物生长习性的调研工作,严格分析植物的生长特点,对生长环境的要求。并结合绿化种植的整体成本需求,遵循经济性和美观性多种因素,选取最恰当的绿化种植品种,园林绿化种植中常用的为苗木品种,要选择合适的品种类型,综合考量各方因素。具体而言,一般选择苗木有以下几个原则和要求。其一,苗木的选取应以根系发达,树干笔直的优良苗木为主,这类苗木不仅易于存活,且具有较强的美观度,后续病虫害问题更少[①]。其二,相关人员在苗木的选择上必须严格把关苗木预设的品种、高

---

①　李青春.论园林绿化种植工程施工现场管理及质量管理[J].建筑与预算,2021(12):50−52.

度、干茎,唯有符合一系列指标的苗木,后续成活率才能达标,也能降低养护成本。其三,苗木选择过程中,相关工作人员还要基于当地气候条件深入展开调查,所选取的苗木品种,尤其应适合当地的气候条件,并且已有苗木生长较为旺盛。最后,苗木的选择还要注意与周边环境相融合,尽量选取苗木色彩和周围建筑色彩相搭配的品种,能够提高园林绿化种植的美观度,更能融入当地生态环境。

二、植物的运输和种植

在确认好园林绿化种植的植物品种后,便要将合适的苗木运输到园林种植区域,做好种植准备工作。苗木运输过程中要注意做好保护工作,避免影响苗木后续成活率,因此苗木的运输质量极为关键,相关工作人员在展开苗木品种运输时,一定要注意保证苗木的根系,能够携带土球,土球的大小也必须严格按照相关标准来确定,如苗木干劲的大小和苗木的规格都对苗木根系土球有一定影响。具体而言,苗木在移栽到园林内部时,不仅需要携带一定大小的土球,也必须在限定的时间内安全运输,到园林种植区域,缩短运输时间,这样才能保证苗木保护得当。因此,在园林苗木的运输过程中,一般由专业工作人员完成苗木的保护,借助专业知识严格规范园林苗木的保护环节,避免造成苗木的损伤,不利于后续种植,也将影响苗木的存活率。而且在专业人员的护送下,即使苗木品种在运输过程中出现问题,也能在短时间内快速做出补救措施,避免影响苗木的整体生长效果。而在苗木的种植过程中,首先应剔除运输过程中受到损伤的枯枝和断枝,并处理好剩下的苗木根系,将带有土球的苗木置于土坑内部,将其扶正后,再次调整苗木的高度,一切准备就绪进行封土处理,固定树木,最后为苗木浇水。要注意的是在苗木种植过程中,应及时搭建支撑,避免苗木种植完毕后倾斜歪倒,影响生长效果,种植完成还要进行点缀,铺植草皮等等①。

---

① 杨森姬.绿色城市理念下园林绿化种植施工与管理探析[J].绿色环保建材,2021(12):189-190.

三、植物的施肥与灌溉

种植结束后,需要做好后续园林绿化的养护工作,尤其在施肥和灌溉这一环节是保证植物生长旺盛并健康营养的关键每一种园林绿化种植的植物,在生长过程中需要外界的干预,或灌溉水分,或施加肥料,从而为植物营造健康营养的生活环境,保证成活率。与此同时,在对植物进行施肥与灌溉时,也必须严格按照绿化种植的要求,做好施肥和灌溉的各个细节工作。必要时可制订详细的园林,绿化灌溉和施肥计划,由相关工作人员定期执行,有助于提高园林绿化施肥和灌溉的效果,保证苗木品种生长良好。苗木的绿化灌溉要适当结合当地的气候条件,在自然界降雨量较多的时候,绿化灌溉可适当延长间隔时间,而自然界降雨量不足的时候,要适当增加灌溉次数和灌溉水量。并且不同的苗木品种对水分的需求度各有区别,灌溉人员必须严格按照植物的生长习性为其灌溉合适的水量,避免影响植物生长。如喜好干旱的植物,必须严格控制水分灌溉量,避免水分过多造成植物根系腐烂。除园林灌溉,极为关键外,施肥也是重要的组成部分,苗木对肥料的需求有所不同,施肥工作人员要根据苗木的生长情况,合理调整施肥用量,坚决不能过度施肥。如若经济成本允许,可适当选用环保的有机肥料,提高绿化种植的健康度,也能减少对外界环境的负面影响。

四、植物的修剪和防治

植物后期生长过程中,修剪和防治是养护最关键的一部分,也是园林日常养护工作的基本内容。相关工作人员应严格按照植物修剪规范,观察植物的生长情况,对于已经枯萎或者丧失功能的枝丫进行切除,避免影响原有的枝干。而且在修剪植物过程中还要适当遵循美观度原则,保证植物健康生长的同时,适当将园林植物群落形成整齐划一的状态,也有利于提高园林美观的整体效果。此外,相关工作人员要积极制订园林植物修剪计划和修剪周期,严格执行修剪方案,保证对园林植物景观的修剪效果,避免因工作疏忽影响植物的生长形态。修剪过程中应遵循提高植物生长形态的目标,尽量改善植物生长情况,还要观察植物生长条件是否符合其生长习性,及时作出调整,要尽量为园林植物增加通风性和透光性。另外,园林植物的病虫害是最为常见的问题,必须做好病虫害防治工作,才能保证园林绿化达到理想效果。而对于病虫害的防治方法,尽量以生物防治为主,降低对园林环境的污染影响,也可节约资源,实现有效防治。以有益生物控制病虫害的方法,不适用于虫害已经较为严重的园林,需要采取物理防治技术,由专业人员完成病虫害处理工作。需人工清除掉苗木的病枝,控制病虫害的蔓延,必要时还需采取化学防治技术,防治见效快,成本不高,但容易引起一些负面影响,必须谨慎选取。

第四节　绿色城市理念下园林绿化施工管理要点

一、做好施工前期准备工作

基于以上分析,在绿色城市理念下,园林绿化施工过程中,一定要加强管理工作的有效性,提高管理成效,保证园林绿化达到应有的标准。而园林绿化工程具有前期准备工作复杂的特点,因此必须积极做好施工前期的整体管理工作,保证施工前期准备得当,有利于提高后续园林的建设水平①。一般而言,园林前期建设的准备工作,须做好环境勘察工作,并且结合地质条件合理设置绿化方案。另外,还要由相关工作人员宣传绿化的技术和工艺,保证园林绿化具有美观性和实用性。为此前期必须结合园林建设需求,选取合适的施工工艺和操作标准,从而满足工程建设所需。正因如此,前期也要加强对施工技术人员的筛选保证园林施工建设由专业的工作人员完成,从而提高建设质量。各类施工工艺的操作人员必须严格做好培训,具有良好的应变能力、协调能力,储备丰富的专业知

---

① 谢军,刘艳,颜晓燕.对于园林工程中的绿化种植及铺装施工管理探析[J].花卉,2018(16):88-89.

识,能够严格遵循园林工程建设的相关规章制度,保证整体建设的目标。另外,还要及时做好园林绿化种植中的苗木准备工作,选择合适的苗木品种,并安全快速运输到园林种植区域,加强场地部署安排,测定种植区域的土壤酸碱度以及土壤硬度情况,还要保证排水性和透水性,全方面完善施工前期的各项准备要素。具体如下:

(一)精准的场地勘察

在正式施工前,必须对施工场地进行全方位、精细化的勘查。这包括对土壤条件的详细检测,分析土壤的酸碱度、肥力、质地、排水透气性等指标。例如,对于喜酸性土壤的植物如杜鹃、山茶等,若场地土壤偏碱性,就需要提前制定土壤改良方案,可添加硫磺粉、硫酸亚铁等酸性物质来调节土壤酸碱度。同时,要对地形地貌进行测绘,明确场地的高差变化、坡度走向,以便合理规划排水系统,避免积水影响植物生长。此外,勘察还需关注场地内的地下管线分布,与相关部门沟通协调,精准定位水、电、气等各类管线位置,防止施工过程中对其造成破坏,引发安全事故与工程延误。

光照条件的评估也不可或缺。通过实地观测和专业仪器测量,了解不同区域的日照时长与强度,将喜光植物如向日葵、紫薇布置在阳光充足区域,耐阴植物如绿萝、龟背竹安排在光照较弱的林下或建筑物背阴处,确保植物能获得适宜的光照环境,发挥最佳生长状态。

(二)科学的植物选型

根据绿色城市的理念,植物的选择应该遵循乡土性、多样性和生态适应性的原则。首选的是当地的本土植物,这些植物经过长时间的自然筛选,能够适应当地的气候和土壤条件,具有很强的抗病虫害能力,并且养护成本相对较低。例如,当地的国槐和银杏等树木,不仅展示了该地区的独特风貌,还为当地的生物创造了一个他们所熟知的生活环境。与此同时,我们还需要搭配适当比例的高质量外来植物品种,以丰富植物的景观多样性,但同时也必须严格执行引种和驯化的工作,以防止外来物种的侵入。

构筑了一个包含乔木、灌木和草本植物在内的多层次植物群落结构。高大的乔木,例如杨树和樟树,作为上层的主干,为我们提供了遮荫和生态保护;中间层与各种花灌木,例如丁香和木槿相结合,为其增添了更多的色彩和季节变化;下层种植了如麦冬和葱兰这样的地被植物,这些植物覆盖了土壤并起到了水土保持的作用,各个层次的植物之间相互合作,增强了生态系统的稳定性,并提高了绿地的生态功能和景观效果。

(三)完善的施工计划制定

在制定施工计划时,必须详细考虑项目的整体工期,并将种植施工的各个环节细分为月、周、日,明确每个阶段的任务开始和结束时间,例如苗木的购买和进场时间、种植坑的挖掘时间、苗木的定植时间等,并为突发天气或苗木供应延迟等突发事件预留一定的弹性时间。

对施工人员和机械的配置方案进行合理的规划。根据各个施工环节的具体工作量和技术标准,我们需要配置充足的园艺工人和技术专家,以确保施工过程的各个环节都达到高质量标准。此外,根据实际需求,我们配备了挖掘机、吊车和运输车等机械设备,并制订了设备的维护和保养计划,以确保在施工过程中机械能够正常工作,避免因机械故障而导致的停工情况。

二、优化绿化现场施工管理

在园林绿化种植的过程中,要充分优化现场施工管理,制定详细的规章制度和标准规范,有利于相关工作人员在工作之中严格落实,提高管理成效。在园林植物的绿化种植过程中,必须以规范的种植流程完成种植任务,这项系统复杂的工程需要统筹多方资源,为此现场施工过程中要合理进行管理,高效衔接,各项工序提高植物种植成活率。在此基础上,园林绿化施工管理过程中也要加强顶层设计工作,强化相关工作人员的科学管理意识,能够实现全局统筹规划,统筹管理,有序开展各项施工管理工作,减少资源浪费,保证实现绿色施工的目标。同时,在绿色城市理念下,施工人员必须充分理解绿色城市理念,始终遵循绿色施工,绿色管理,避免影响园林建设的整体效果。并且,园林绿化施工管理中,要充分明晰工作人员的职责,尤其在后续园林植物的工作中,唯有明晰的工作岗位职责,才能保证后续养护管理达到标准取得最佳效果。具体如下:

(一)苗木栽植质量把控

在进行苗木的定植过程中,我们必须严格监控种植穴的规格,并根据苗木的根系大小和土球的直径来合理确定其大小。通常,种植穴的深度应比土球的高度深20～30厘米,宽度则应在30～40厘米之间,以确保苗木的根系有足够的空间进行舒展。苗木的定植深度需要适中,裸露的根部根部应该与地面对齐,带有土球的苗木的土球顶端应稍微低于地面大约5厘米,以避免苗木种植过深导致根系缺氧腐烂或根系太浅而暴露失水。

在苗木被定植之后,需要及时给予足够的定根水,并确保浇透以确保土壤与根系能够充分接触。通常,每一株苗木的浇水量会根据其大小和土壤湿度来决定,例如大树的浇水量应在20～30升之间,而中小苗的浇水量则应在10～15升左右。浇水之后,应及时进行土壤的松化和覆盖以保持湿度,例如使用干草或地膜来覆盖树盘,这样可以减少土壤水分的蒸发,从而提高苗木的存活率。

(二)施工工艺规范执行

苗木修剪遵循"去弱留强、疏枝为主、短截为辅"原则,修剪枯枝、病枝、过密枝,减少苗木水分蒸发,调整树形,提高苗木移植成活率与景观效果。例如,对行道树法桐,修剪其内向枝、交叉枝,保持树冠通透、树形美观。对于一些具有明显主干的苗木,如银杏,要注意保护顶芽,维持主干优势。

大树移植采用科学的吊运与定植方法。吊运时,选用合适吨位吊车,用软质绳索捆绑树干,保护树皮不受损伤,土球要用钢丝绳与网兜固定牢固。定植时,按照预定方向入坑,扶正苗木,解除绳索与包装物,填土分层夯实,确保大树定植稳固,尽快恢复生长。

(三)施工材料质量监管

对苗木质量严格把关,挑选根系发达、枝干健壮、无病虫害、规格符合设计要求的苗木。苗木进场时,检验人员要对照苗木清单,检查苗木品种、胸径、高度、冠幅等指标,不合格苗木坚决退回。例如,设计要求胸径8厘米的樱花苗木,实际进场苗木误差应控制在±0.5厘米范围内,且苗木根系完整,须根多,无明显机械损伤。

肥料、农药等辅助材料同样要确保质量合格。选用有机肥要符合国家标准,无重金属超标、无异味,能有效改良土壤肥力;农药要高效低毒、低残留,防治病虫害的同时保障生态环境安全,对采购的每批次材料留存样品,以备后续质量追溯。

三、施工安全管理要点

(一)人员安全防护

为施工人员配备齐全的个人防护装备,如安全帽、安全鞋、手套、护目镜等,在进行苗木修剪、机械操作等高风险作业时,必须确保人员正确佩戴防护用品。例如,使用绿篱修剪机修剪绿篱时,操作人员要戴上护目镜,防止枝叶飞溅伤人;攀爬树木修剪作业时,工人要系好安全带,安全带应固定在牢固枝干上,安全帽要佩戴端正,防止坠落事故。

定期组织施工人员参加安全培训,培训内容包括安全操作规程、事故应急处理方法、安全意识教育等,新入职员工必须先培训后上岗,老员工每年至少接受一次复训,通过案例分析、现场演示等方式,强化施工人员安全防范意识,提高自我保护能力。

(二)机械与电气设备安全

施工机械设备在使用前进行全面检查与调试,确保性能良好,安全装置齐全有效。如挖掘机的制动系统、吊车的限位装置、电锯的防护挡板等必须正常运行,严禁设备"带病"作业。对机械设备操作人员实行持证上岗制度,定期考核,使其熟悉设备操作流程、维护要点,避免因误操作引发安全事故。

施工现场临时用电严格遵循《施工现场临时用电安全技术规范》,配电箱要上锁,实行"一机、一闸、一漏、一箱"配置,电线要架空或埋地敷设,防止电线拖地、泡水引发触电事故。定期对电气线路、设备进行巡检,发现老化、破损线路及时更换,确保用电安全。

(三)施工现场环境安全

在施工现场设置明显的安全警示标识,如"前方施工、注意避让""高压危险""严禁烟火"等标识牌,在坑洞、陡坡、临边等危险区域设置防护栏、防护网,夜间施工配备足够照明设施,警示灯要闪烁醒目,保障过往行人与车辆安全。

合理规划材料堆放场地,苗木、肥料、建筑材料等分类堆放整齐,保持通道畅通,防止因材料乱堆乱放阻碍人员疏散、消防救援。对易燃易爆物品,如汽油、农药等,设置专门库房,远离火源、热源,配备消防器材,专人管理,严格领用登记制度,消除火灾隐患。

四、施工进度管理要点

(一)进度动态监控

建立施工进度跟踪机制,安排专人每日记录施工进展情况,对比实际进度与计划进度,绘制进度横道图或网络图,直观呈现进度偏差。例如,通过项目管理软件,实时录入苗木种植完成数量、施工工序完成时间等信息,自动生成进度报表,以便管理人员及时掌握工程进度全貌。一旦发现进度滞后,迅速分析原因,是由于苗木供应延迟、劳动力不足还是恶劣天气影响等,为采取纠偏措施提供依据。

(二)进度调整优化

根据进度偏差原因,制定针对性的调整措施。若因苗木供应商问题导致苗木进场延迟,及时与供应商沟通协调,必要时更换供应商,同时调整后续施工工序安排,优先进行场地整理、土壤改良等不依赖苗木的工作;若遇连续暴雨等恶劣天气,合理压缩非关键线路工期,增加劳动力、机械设备投入关键工序,如在天气转好后,集中力量抢种苗木,延长日工作时间,确保总工期不受大的影响。

定期召开施工进度协调会,施工各方包括建设单位、监理单位、施工单位齐聚一堂,沟通工程进展,协调解决施工中的问题,如交叉作业冲突、设计变更处理等,统一各方行动,保障施工进度按计划推进。

五、施工成本管理要点

(一)成本预算控制

在施工前编制详细的成本预算,涵盖苗木采购、施工机械租赁、人工费用、肥料农药支出、水电费等各项开支,明确各分项成本上限,作为成本控制的基准。例如,根据设计方案估算所需苗木数量、规格,结合市场价格调研,精准测算苗木采购成本;依据施工进度计划,确定机械租赁时长、人工用工量,核算相应费用,将成本预算细化到每个施工环节。

在施工过程中,严格执行预算审批制度,各项费用支出须经项目经理审核,超预算支出要详细说明原因,申请追加预算,防止成本失控。如购买超出预算价格的高档景观苗木,须论证其必要性,经建设单位同意后方可采购。

(二)资源优化利用

优化苗木采购渠道,与多家优质苗木供应商建立长期合作关系,通过批量采购、集中配送等方式降低采购成本,争取价格优惠与质量保障。在施工场地内,合理调配土方,挖方区多余土方用于填方区,减少土方运输费用;对施工用水,采用节水灌溉技术,如滴灌、微喷灌,较传统漫灌节水30%~50%,降低水费支出。

合理安排施工人员与机械作业,避免窝工、闲置现象。根据施工工序难易程度、工作量大小,灵活调配劳动力,提高人工效率;对机械设备,采用单车核算、满负荷运转等管理方法,提高机械利用率,降低单位成本。

综上所述,园林绿化作为绿色城市打造的一部分,尤其要做好绿化种植和施工管理工作。应始终坚持以绿色城市理念完善园林的绿化施工和养护工作相互作用,相互提升,为城市生态环境建设做好基础工作。同时,也应严格规范城市园林绿化种植的相关环节,提高绿化种植存活率,满足绿化标准要求。

第八章 "海绵城市"建设理念在园林工程垂直绿化中的应用

第一节 "海绵城市"建设背景

多年来,逢雨必涝逐渐演变为我国大中城市的痼疾,为了解决城市内涝问题,国家提出了建设海绵城市的要求。2013 年,在中央城镇化工作会议上,习近平总书记提出,在提升城市排水系统时,要优先考虑把有限的雨水留下来,优先考虑更多利用自然力量排水,建设自然积存、自然渗透、自然净化的"海绵城市"[①]。自此,"海绵城市"成为现代城市发展的主要追求目标。

在过去的漫长岁月里,我国大中城市在高速发展的进程中,逐渐陷入了一场逢雨必涝的困境,这一顽疾如同阴霾,笼罩着城市的每一个雨季,给城市的正常运转以及居民的生活质量带来了诸多负面影响,也成为城市可持续发展道路上的巨大阻碍。回首往昔,随着城市化步伐的急剧加速,城市规模如气球般迅速膨胀。大量的农田、湿地、自然水系被填埋、改造,用以建设高楼大厦、宽阔马路以及各类基础设施。原本疏松多孔、能够自然吸纳雨水的土地被硬质化的混凝土、沥青所取代。城市的排水系统虽然在一定程度上不断更新完善,但面对日益密集的建筑群、日益增大的不透水面积,依旧显得力不从心。每逢暴雨倾盆而下,雨水无法迅速渗入地下,也无处滞纳,只能在地表肆意横流。街道瞬间变成湍急的河流,

---

① 娄勤俭.开创治水兴水新局面—深入学习贯彻习近平同志关于系统治水的重要论述[N].人民日报,2016-06-20(007).

车辆在积水深处熄火抛锚,行人艰难地在没过脚踝甚至膝盖的水中跋涉,交通陷入瘫痪,商铺进水受损,居民家中被淹,财物遭受损失。这种逢雨必涝的场景年复一年地上演,城市仿佛在雨季中变得脆弱不堪,居民们苦不堪言。

面对如此严峻的城市内涝问题,国家高瞻远瞩,毅然提出了建设海绵城市的战略要求。这一理念的诞生犹如一场及时雨,为城市的治水困境带来了全新的破解之道。2013 年,在具有深远影响力的中央城镇化工作会议上,习近平总书记提出了极具前瞻性的指示:在全力提升城市排水系统时,必须优先考虑把有限的雨水留下来,要将目光更多地投向自然力量,借助自然的神奇伟力实现排水功能,全力建设自然积存、自然渗透、自然净化的"海绵城市"。这一指示如同一盏明灯,照亮了城市雨水管理的新方向,自此,"海绵城市"这一闪耀着生态智慧光芒的理念,迅速成为现代城市发展矢志不渝的主要追求目标。

深入探究海绵城市的核心要义,建设的关键在于匠心打造形形色色的"海绵体"。当天空中的雨水纷纷扬扬飘落地面的那一刻起,这些精心布局的"海绵体"便开始各司其职,施展浑身解数应对雨水的挑战。雨水首先可能会滞蓄在专门规划设计的雨水滞纳区,这些滞纳区形式多样,有的是地势低洼、经过生态改良的绿地,如城市公园中的下沉式绿地,平日里是市民休闲散步、亲近自然的好去处,而在雨中,它们就如同巨大的海绵凹槽,能够暂时容纳大量雨水,减缓雨水径流速度,避免积水快速汇聚形成洪涝;有的则是在居民小区、商业区周边因地制宜设置的雨水塘、雨水湿地,它们利用水生植物、土壤的吸附与渗透特性,将雨水层层过滤、滞纳,宛如城市的小型"天然水库"。

与此同时,透水铺装也发挥着至关重要的作用。城市的道路、广场、停车场等大面积区域采用透水铺装材料,如透水混凝土、透水砖、植草砖等。这些材料相较于传统的硬质铺装,有着独特的孔隙结构,仿佛为雨水开辟了一条条直达地下的绿色通道。当雨水降落其上,能够迅速下渗到地下,补充日益匮乏的地下水。这不仅缓解了地表径流压力,还如同给大地的"水脉"注入了新的活力,维持了土壤的湿度与生态平衡,让城市地下水资源得以休养生息。

还有一部分雨水通过地下管网的合理引导,直通地下水道,但这并非简单的一排了之。在雨水进入地下水道之前,会经过一系列的净化处理环节。有的是利用管网中的生物滤池,让微生物分解雨水中的有机物;有的则是借助物理过滤装置,去除泥沙、杂质等污染物。经过净化处理后的雨水,一部分可以摇身一变成为城市绿化灌溉、道路喷洒、景观补水等方面的优质水源,实现水资源的循环利用,大大减少城市对自来水的依赖,节约宝贵的水资源;其余的雨水在达到排放标准后,才排入江河湖泊,确保不对自然水体造成污染。

建设海绵城市,关键在于打造"海绵体",当雨水降落到地面时,通过海绵体,或滞蓄在雨水滞纳区,或通过透水铺装下渗到地下,补充地下水,或通过地下管网直通地下水道。部分雨水经过净化处理后使用,其余则排入江河湖泊,做到"渗、滞、蓄、净、用、排",缓解城市内涝压力,实现雨水有效循环利用[①]。建设"海绵城市",既是一项"面子"工程,也是一项"里子"工程,既关乎城市的生态性及美观性,又关乎人们生活的幸福感。

建设"海绵城市",其意义远超单纯的治水范畴,它既是一项装点城市门面的"面子"工程,也是夯实城市根基的"里子"工程。从生态性来看,海绵城市通过构建完善的雨水管理系统,恢复了城市自然水循环的部分功能,让城市重新与自然的水生态系统紧密相连。湿地、绿地等海绵体成为野生动植物的栖息地,各类植物蓬勃生长,鸟类、昆虫等生物纷至沓来,生物多样性得以提升,生态系统愈发稳定。城市的空气得到植物的净化,热岛效应得到缓解,蓝天白云、绿树成荫的生态美景逐渐回归。

在美观性方面,海绵城市的建设成果为城市增添了一道道亮丽的风景线。下沉式绿地中繁花似锦,雨水花园里水生植物摇曳生姿,彩色透水铺装与周边绿植相互映衬,打造出富有艺术感的城市景观。漫步在这样的城市

---

① 吴小业.园林立体绿化在海绵城市中的应用[J].建筑工程技术与设计,2017(21):4428—4428.

中,人们仿佛置身于自然与城市和谐共生的画卷之中,心情愉悦舒畅。

更为重要的是,海绵城市直接关乎人们生活的幸福感。居民不再需要在雨季为出行受阻、家中进水而忧心忡忡,孩子们可以在雨后清新的绿地中嬉戏玩耍,上班族能够顺畅地往返于家和单位之间,老人们能在舒适宜人的城市环境中悠闲散步。城市因海绵城市的建设变得更加宜居、宜业、宜游,居民们切实感受到生活品质的提升,对城市的归属感与认同感也与日俱增。总之,海绵城市建设承载着城市的未来希望,是迈向可持续发展的必由之路。

第二节　垂直绿化与园林工程概况

一、垂直绿化的定义

垂直绿化又称立体绿化,是指利用植物材料(藤本植物、攀援植物、垂吊植物)对构筑物(檐、墙、杆、栏等)或建筑物进行立体空间绿化,形成非水平面的一种绿化形式,且呈现出植物种类繁多、应用形式多、环境适应能力强、生态作用突出的特点。

二、园林工程运用垂直绿化的意义

(一)增加绿化面积

随着城市化进程的加剧,城市土地资源变得越来越有限,在园林工程地面空间有限的情况下,发展垂直绿化能最大程度发挥空间资源优势,增加园林绿化面积,发挥隔离噪声、吸纳灰尘、降低污染的功效,起到优化园林空间环境,改善空气质量的作用。尤其是在改善空间小气候方面效果尤为突出,有研究显示,有"绿墙"与无"绿墙"相比,室内温度降低了 3~4℃,湿度增加了 20%~30%①。

在当今时代,城市化宛如一台高速运转的巨型引擎,推动着城市规模

---

① 彭嶷松,吕兰,金鑫. 当前立体绿化在海绵城市中的重要性[J]. 建筑工程技术与设计,2018(11):4229.

以惊人的速度向外扩张,各类高楼大厦如雨后春笋般拔地而起,鳞次栉比地填满城市的每一寸土地。然而,与之相伴而来的是城市土地资源愈发捉襟见肘,传统的地面绿化模式在有限的空间内遭遇重重瓶颈,难以满足人们对绿色生态环境日益增长的渴望。此时,垂直绿化宛如一道曙光,打破了这一僵局,为城市园林绿化开辟出全新的广阔天地。

当园林工程的地面空间被建筑、道路等基础设施挤占得所剩无几时,垂直绿化巧妙地借助建筑物的立面、墙体、围栏、高架桥桥墩等垂直界面,将绿色植物层层铺展,宛如为城市披上了一件生机勃勃的绿色外衣。无论是繁华商业区的写字楼外墙,还是老旧小区的居民楼阳台,抑或是车水马龙的高架桥两侧,都能成为垂直绿化的舞台。通过精心设计与巧妙布局,原本单调荒芜的垂直空间瞬间被激活,绿意盎然的植物群落蓬勃生长,使得园林绿化面积得到前所未有的拓展。

这新增的绿化面积绝非仅仅是视觉上的点缀,它如同一个个绿色的生态卫士,肩负着诸多至关重要的环境使命。在隔离噪声方面,垂直绿化发挥着神奇的屏障功效。城市的喧嚣声浪,如汽车的轰鸣、工厂的嘈杂、人群的喧闹,在遇到垂直绿化构建的"植物幕墙"时,声波被层层枝叶反复折射、吸收,能量逐渐衰减。研究表明,一片茂密的垂直绿化墙能够有效阻隔30%~50%的外界噪声传入室内,为人们营造出相对宁静的生活与工作空间。

吸纳灰尘则是垂直绿化的另一项绝技。植物的叶片表面布满微小的绒毛、气孔与蜡质层,如同细密的滤网,空气中悬浮的灰尘颗粒在随风飘荡过程中,一旦触碰到叶片,便会被牢牢吸附。尤其是像绿萝、吊兰等具有宽大叶片且叶面绒毛丰富的植物,它们对于直径小于10微米的可吸入颗粒物有着极强的捕捉能力,每平方米的叶片每天能够吸纳数克灰尘,如同城市空气的净化器,持续为空气质量的改善默默奉献。

不仅如此,垂直绿化还能在降低污染的战场上大显身手。城市中汽车尾气排放、工业废气污染等问题严峻,许多植物具有吸收有害气体的特殊本领。例如,常春藤能够有效分解甲醛,芦荟对二氧化硫具有较强的抗性并能部分吸收转化,这些植物组成的垂直绿化系统如同绿色的空气净化工厂,持续不断地过滤空气中的污染物,为人们的健康保驾护航。

尤为值得一提的是,垂直绿化在改善空间小气候方面成效卓著。在炎炎夏日,太阳的炽热光线无情地炙烤着城市,建筑物在高温烘烤下成为巨大的"热容器",热量迅速积聚并向室内传导,使得室内闷热难耐。而此时,若建筑物外墙覆盖着郁郁葱葱的垂直绿化,情况则大不相同。植物的蒸腾作用宛如一台天然的空调,水分从叶片气孔中源源不断地蒸发出去,带走大量热量,使得周围空气温度显著降低。有研究精准地揭示了这一神奇变化:与裸露无绿化的墙面相比,有"绿墙"的室内温度平均降低了 $3\sim4℃$,这一温度降幅让人在夏日里能明显感受到清凉惬意。同时,蒸腾作用还会增加空气湿度,湿度提升幅度可达 $20\%\sim30\%$,让干燥的城市空气变得湿润宜人,有效缓解城市热岛效应,优化园林空间环境,为人们打造舒适的微气候空间。

(二)提升园林工程的美观性

在园林工程领域,建筑物数量众多。垂直绿化不仅能够充分展示植物的多样性和延展性,还能使坚硬的建筑形态变得柔软。植物的柔软性与建筑的刚性相互辉映,从而提升建筑物的艺术价值。通过垂直方向的绿化设计,我们能够创造出富有艺术感的园林空间和多层次的景观绿化,这不仅赋予园林空间艺术价值,还增强了其实用性,使得整个园林环境显得更为干净、美观和自然。

园林工程被视为城市景观的核心部分,它代表了人们对美的渴望和追求。尽管其中众多的建筑为人们提供了功能性的空间,但由于其坚硬的线条和冷硬的材料,它们往往显得有些僵硬。垂直绿化就像是一位充满魔力的艺术大师,他用充满植物多样性和延展性的画笔为这些建筑物注入了生命的活力。

植物本身具有千变万化的形态、五彩斑斓的色彩与婀娜多姿的姿态。当它们沿着建筑物的立面攀爬、垂挂或镶嵌生长时,柔软的枝叶与坚韧的建筑结构相互交织,形成了刚柔并济的独特美感。例如,紫藤花以其蜿蜒曲折的藤蔓紧紧缠绕在廊架之上,每逢花期,一串串紫花如瀑布般倾泻而下,为古朴的廊架增添了一抹浪漫而柔美的色彩,原本单调的木质结构瞬间被赋予了诗意与活力;再看那爬满外墙的爬山虎,夏季时叶片繁茂翠绿,层层叠叠地覆盖墙面,如同为建筑披上了一件绿色的披风,弱化了建筑的生硬棱角,随着季节更替,到了秋季,叶片又逐渐转变为绚丽的红色、橙色,宛如一幅天然的油画,为城市增添了浓郁的秋韵。

垂直绿化不仅能软化建筑形体,更能通过巧妙布局与精心搭配,营造出充满艺术性的园林空间以及丰富多样的景观绿化层次。在园林入口处,设置一组造型别致的立体花坛,选用不同高度、花色的花卉与绿植,如高挑的羽扇豆作为背景,中间层搭配色彩鲜艳的矮牵牛,下层铺以细密的常春藤,层次分明,错落有致,瞬间吸引游客的目光,成为园林的标志性景观亮点。在庭院角落,利用铁艺围栏打造垂直花境,将玫瑰、铁线莲等攀援植物与各类草本花卉组合种植,花朵盛开时,芬芳四溢,为静谧的庭院增添了浪漫温馨的氛围,让园林空间兼具观赏性与实用性。

而且,垂直绿化使得园林环境愈发整洁美观、自然生态。相较于裸露的建筑墙面、杂乱的空地,被绿植覆盖的垂直空间显得井然有序、绿意盎然。植物在生长过程中还会吸引鸟类、昆虫等小动物栖息繁衍,为园林注入生机活力,形成一个完整的自然生态链。清晨,鸟儿在垂直绿化的枝头欢唱,蝴蝶在花丛中翩翩起舞,人与自然和谐共生的美好画卷在园林中徐徐展开,让人们在繁忙都市生活中寻得一处心灵的慰藉之所,沉浸于自然之美,感受园林艺术的无穷魅力。

三、园林工程中垂直绿化应用形式

由于园林建筑物或构筑物空间结构的差异性,加上立地条件和植物资源的不同,使得垂直绿化在园林工程中的形式较为多样,具体可分为墙面绿化、屋顶绿化、廊架绿化、假山石绿化、围栏绿化、护坡绿化 6 种[①]。

第三节　园林工程垂直绿化施工要点

一、科学制定垂直绿化方案

在园林工程中应用垂直绿化,植物的选用及栽培方法较常规方法有

---

①　王霞.垂直绿化在园林绿化中的应用研究[J].农业与技术,2018(22):230+241.

一定差异性。因此,需要充分结合园林工程实际情况,包括地形、植物及其他自然条件,在遵循因地制宜原则的基础上,科学制定垂直绿化施工方案及后期养护管理方案,才能将施工技术与植物特性有机结合,从而提高植物成活率及绿化效果,保证园林工程生态功能和经济功能的发挥。为保证方案的切实可行性,规避不合理的设计,在绿化方案完成后,需要经过严格的可行性评估,只有当评估达标后,方案才能予以实施,以提高垂直绿化施工效率。另外,具体实施垂直绿化施工时,采用施工责任制,对项目责任人、项目管理人员、项目施工人员进行明确的责任划分,能极大提升工作人员的责任心,一旦施工某个环节出现问题,可以第一时间追溯到责任人,从而提高垂直绿化施工效率和质量。

二、合理选用垂直绿化形式、植物

合理选用垂直绿化形式、植物,对于园林绿化的科学布局及绿化效果的实现尤为重要。

(一)垂直绿化形式的选择

不同的垂直绿化形式适用的区域大不相同。例如,墙面绿化多运用于墙面,包括建筑外墙、护坡墙、挡土墙、围墙等垂直墙面;屋顶绿化多运用于建筑屋顶、露台、天台、阳台或大型人工假山山体;廊架绿化多运用于游廊、棚架、亭子等景观设施。

1.墙面绿化

墙面绿化的绿化特点为:绿化面积大、成本低,施工工艺较为简单,植物资源丰富。常见植物多选用具有攀援习性的藤本植物,如常春藤、爬山虎、紫藤、凌霄、藤本月季等。

2.屋顶绿化

绿化形式可划分成密集型、半密集型、拓展型3种,屋顶距地上越高,绿化条件越差,绿化形状通常为规则的几何形状,绿化效果生态性、美观性突出。受屋顶承重能力限制,植物选择有一定的局限性,避免采用深根性或生长迅速的高大乔木,多选用浅根性、株型矮小、耐旱能力强的植物,如佛甲草、垂盆草、凹叶景天、金叶景天等。

3.廊架绿化

绿化需借助铁丝网和绳索等工具,使得植物能向廊架顶、立柱等区域蔓延。绿化具有遮风挡雨的基本功能,同时具有观赏性,还能营造曲径通幽的氛围。多选用茎秆细柔、缠绕茎发达的植物,如凌霄、紫藤、扶芳藤、葡萄、三角梅等。

4.假山石绿化

绿化能营造出动态景观效果,对植物的选择与配置要求较为严格,避免喧宾夺主。多选用色彩鲜亮、多姿多彩的草本、藤本及灌木植物,如爬山虎、常春藤、金银花、牵牛花等。

5.围栏绿化

绿化形式分为悬挂式、攀援式、种植槽3种,兼具美观性、实用性及环保性。多选用色彩鲜亮、多姿多彩的草本、藤本及灌木植物,如爬山虎、常春藤、金银花、牵牛花等。

6.护坡绿化

多为草坪满铺+灌木间植,绿化兼具观赏性、生态性、经济性,既能保持水土,又能美化环境。多选用耐寒、耐旱、根茎发达及覆盖性强的植物,如白三叶、果岭草、早熟禾、高羊茅、四季春等。

(二)垂直绿化植物的选择

不同的垂直绿化形式,选用的植物资源也不同,在具体选用时,一是要考虑垂直绿化植物的生物学特性、速生性及是否常绿;二是要考虑环境功能绿化方式和目的;三是要考虑园林工程所在区域的自然条件,包括土壤、水文、气候等;四是要考虑到周边环境是否相协调。只有正确选择垂直绿化植物,确保植物健康生长,才能达到美化环境、优化环境、服务于人的目的。例如,若是在水域附近实施垂直绿化,应选用耐湿、耐阴的植物,如凤仙花、鸢尾花、薄荷、水葱、碗莲、铁线蕨、睡莲、凤眼莲、金鱼藻、香蒲等;若是采用墙面绿化,应根据墙面的不同朝向选择对应的植物,朝北的墙面,应选用耐阴、半耐阴的攀援植物[1],如常青藤、君子兰、兜兰、蝴蝶兰、风车茉莉、黄金络石等,而朝南的墙面,应选用喜阳的攀援植物,如紫

---

① 倪玲玲.城市立体绿化的植物造景研究[J].花卉,2019(2):154.

藤、三角梅、铁线莲、牵牛花、藤本玫瑰、金银花、凌霄花、炮仗花、藤本茉莉等。

三、科学配置垂直绿化植物

科学的植物搭配,对于提高园林工程的美观性和生态性具有重要意义,只有根据不同的空间形式、周边环境,并结合园林植物生长特性进行合理搭配,才能营造出四季皆有景可赏的园林景观效果。针对植物栽植形式,可采用花境式、点缀式、垂直式,在丰富园林绿化层次的同时,还能提升园林景观与周边环境的协调性。针对植物进行景观设计,可将不同颜色的花卉植物搭配种植,营造色彩缤纷的景观效果,用来凸显春日勃勃生机的氛围,也可将常绿植物与落叶植物相搭配,丰富景观造型的同时,还能避免出现秋冬季节无景可赏的情况。

第四节 "海绵城市"建设理念与园林工程垂直绿化的结合

一、园林绿地建设

首先,充分了解场地环境的地形地貌,在充分利用原有绿化资源的基础上,规划整体景观框架,包括场地区域、功能布局的划分,保证植物能与地形协调发展。例如,园林工程中的草地,属于公共开放性空间,可将其打造成凹型绿地,平时供人们休憩、娱乐所用,而遇暴雨天气,可将其看成"海绵体"[①],可有效促进雨水的渗透、积累和净化,能大幅减小地表雨水径流速度,发挥园林绿地的雨水调控功能。其次,在具体设计园林绿地时,为贯彻"海绵城市"理念,可通过在绿地附近水域设置拦水坝及加设渗井的方式,提高绿地雨水渗透能力,从而起到滞留和疏导雨水的作用。

---

① 吕吉青."海绵城市"建设理念下立体绿化工程施工技术初探[J].住宅产业,2022(5):30-33.

在园林工程领域,园林绿地宛如城市的绿色肺腑,其建设承载着生态、休闲与雨水调控等多重使命。首先,精准且深入地了解场地环境的地形地貌是基石。每一处起伏的山丘、低洼的谷地,都蕴含着独特的生态密码。在开启规划蓝图之前,专业团队需运用先进的测绘技术,对场地进行全方位勘查,构建精细的地形模型。这不仅是简单勾勒等高线,更是要洞悉土壤的类型分布、地质的承载能力以及地下水的水位走向。例如,对于黏土含量较高的区域,土壤的排水性能欠佳,在后续设计中就需着重考虑增设排水设施或改良土壤结构;若场地临近地下水位较高的地带,植物选择则要偏向耐湿品种,防止根系因过度水浸而腐烂。

在充分挖掘并利用原有绿化资源这一关键环节,须秉持着生态延续的理念。那些历经岁月扎根生长的原生树木、繁茂草丛,都是场地生态记忆的守护者。规划者应以敬畏之心,巧妙地将它们融入新的景观框架。对于一片古老树林,可围绕其打造静谧的林下休憩空间,铺设生态步道,既保护了生物栖息地,又为市民提供亲近自然的场所。在此基础上规划整体景观框架,划分场地区域与功能布局时,要像一位高瞻远瞩的棋局大师,兼顾美学、实用性与生态性。公共开放型的草地,绝非仅仅是一片绿意平铺,它实则是一个多功能的生态枢纽。将其精心塑造为凹型绿地,这一微小却精妙的设计改动,蕴含着巨大的雨水调控智慧。日常里,它是民众野餐、嬉戏、晒太阳的欢乐场,柔软的草地承载着欢声笑语;而一旦暴雨来袭,它瞬间化身城市的"海绵体"。雨水如断了线的珠子般纷纷洒落,凹型绿地以其独特的地形构造,巧妙减缓地表雨水径流速度,如同给湍急的水流套上了缰绳。雨水不再肆意横流,而是有序地渗透进土壤深处,滋养着大地的根系,或是汇聚在精心设计的雨水收集池中,等待后续净化利用,充分发挥园林绿地对雨水的渗透、积存与净化功能。

其次,当具体雕琢园林绿地细节时,为让"海绵城市"理念落地生根,一系列精妙的工程措施应运而生。巧妙地在与绿地相邻的水域中建立了拦水坝,这绝不仅仅是简单地堆砌土石。拦水坝在高度、坡度和材料选择上都经过了严格的科学评估。它不仅需要在水量充沛的时候有效地拦截过多的雨水,以避免水位过高导致的洪水风险,同时也要确保在常水期不会妨碍水流的正常循环,从而维护水域的生态平衡。此外,增设渗井实际上是一种深入土壤中的"雨水吸收管道"。渗井的孔径、深度和填充材料都是根据场地土壤的特性进行定制的,其深入地下的结构就像毛细血管一样,能够迅速将雨水输送到更深的土壤中,补充地下水,防止雨水在地表短暂停留后迅速流失。因此,绿色空间仿佛被赋予了一种神秘的魔力,不仅可以容纳壮观的雨水洪流,还能有序地引导它们流向最适合的目的地,从而成为城市雨水管理的重要助手。

二、园林水景建设

水景建设是园林工程的主要内容,建设内容主要有驳岸、护坡、水池、人工泉等。现阶段,基于"海绵城市"建设理念,对园林水景建设也提出了更高要求。目前,在园林水景建设中,主要采用雨水过滤技术来满足"海绵城市"建设要求。雨水过滤技术主要是依靠透水铺装工程来实现,即园路铺设采用混凝土材料,包括透水混凝土、透水砖、植草砖等新型材料[1],具有良好的透水性、透气性,且质量轻,具备柔性,能使雨水迅速渗入地下,补充土壤水分和地下水,保持土壤水分,改善地面植物和土壤微生物的生存条件。若采用传统水泥地面材质,自然渗透能力差,既会造成雨水资源的浪费,又会对自然环境产生负面影响。已有研究显示,利用透水铺装,既能净化雨水,防止水土流失,又能有效减缓雨水径流及洪峰,有利于保持土壤生态平衡[2]。

园林水景建设恰似为城市园林披上灵动的霓裳,是园林工程中熠熠生辉的明珠,赋予整个空间以灵动感与诗意氛围。其涵盖的驳岸、护坡、水池、人工泉等多样元素,在"海绵城市"建设的时代浪潮下,被赋予了全新的使命与更高的标准。

现阶段,雨水过滤技术成为园林水景满足"海绵城市"需求的关键密钥。这一技术的核心依托——透水铺装工程,正悄然改写着园路铺设的传统篇章。往昔,传统水泥地面一统天下,其坚硬、密实的特性虽带来了

① 陈就,邓樱.基于"海绵城市"建设理念下立体绿化工程施工技术分析[J].现代园艺,2022(17):104-105.

② 林希峰.海绵城市理念如何在市政道路工程中落地实施[J].建设科技,2023(14):60-63.

平整与坚固,却也成为雨水自然渗透的顽固阻碍。雨水滴落在水泥路面,仿若撞上了冰冷的铜墙铁壁,只能无奈汇聚成流,匆匆奔向排水管道,不仅造成珍贵雨水资源的大量浪费,还因地表径流的骤然增加,给城市排水系统带来沉重负荷,甚至引发水土流失、城市内涝等系列生态恶果。

而如今,透水铺装材料如透水混凝土、透水砖、植草砖等新型材料闪亮登场,宛如一场及时雨,为这些难题带来了曙光。透水混凝土摒弃了传统混凝土的密实配方,采用特殊的骨料级配,孔隙率大幅提升,雨水得以如灵动的精灵般迅速渗入地下,为干涸的土壤送去甘霖,补充地下水的储量,让大地的"水脉"重新充盈。透水砖以其精致的多孔结构,兼具美观与透水性能,铺设在园路上,既承载着游客的脚步,又为雨水开辟了下行通道。植草砖更是别具匠心,砖体的孔洞为小草预留了生长空间,绿意从砖缝间蔓延而出,与雨水渗透功能相得益彰,形成一片生机勃勃的绿色海绵。这些新型材料质量轻盈,具备柔性特质,如同为大地铺上了一层温柔的缓冲垫,有效缓冲了行人脚步与车辆行驶对地面的冲击力,保护了土壤结构,为地面植物的根系舒展与土壤微生物的繁衍创造了宽松的环境。

已有科学研究确凿证实,透水铺装的魔力远不止于透水。当雨水渗透经过这些材料时,其内部的孔隙结构与特殊材质就像一个个微型过滤器,吸附、截留雨水中携带的泥沙、杂质与部分污染物,实现雨水的初步净化。在一场春雨过后,经透水铺装过滤的雨水潺潺流入周边水域或土壤,不仅没有裹挟大量泥沙污染水体,反而为水域带来清新活力,助力维持土壤生态平衡。同时,由于雨水能够快速渗入地下,地表径流大幅削减,如同给汹涌的洪峰套上了紧箍咒,有效减缓了雨水径流速度,削弱了洪峰强度,为城市应对暴雨洪涝灾害筑牢了一道坚实防线,让园林水景成为兼具美学与生态功能的典范。

三、屋顶花园建设

屋顶绿化作为海绵城市建设的重要措施之一,已成为现代城市绿化体系的重要组成部分,可产生诸多生态环境效益,能有效降低建筑物能耗,延长建筑物寿命,改善雨水径流质量,缓解城市热岛效应,增加生物多样性,减少噪声和空气污染,在美化城市环境、改善生态环境等方面都有着极其重要的意义。而在我国园林工程建设中,大部分园林建筑屋顶为硬质屋面,不仅防水性能差,而且会对生态环境造成一定的负面影响。因此,在实际施工过程中,可将屋顶改为"屋顶花园",即景观设计和海绵设施融合而成的空中花园,包含防水层、排水层、过滤层、种植层等空间结构①。其中,在种植层方面,主要是利用植物造景的方式,将乔、灌、草组合搭配,形成丰富的植物景观层次,能产生较好的景观效果和生态效益。通过屋顶花园建设,雨水经过海绵体的净化后,一部分可用于浇灌,节约水资源,另一部分可通过植物层储存起来,再通过土壤的净化作用,既实现了水质的净化,防止雨水分散、径流流失,又能有效缓解城市雨水径流压力。

在城市向着天空拓展绿色空间的征程中,屋顶绿化脱颖而出,成为海绵城市建设的关键一翼,为现代城市绿化体系注入磅礴活力,编织出一幅绚丽多彩的生态画卷。

屋顶绿化所衍生的诸多生态环境效益,如同繁星照亮城市可持续发展的道路。从降低建筑物能耗这一维度来看,夏日骄阳似火,炽热的阳光毫无保留地倾洒在建筑屋顶,若无绿化覆盖,屋顶宛如滚烫的铁板,热量迅速穿透建筑外壳,使得室内空调系统不得不马力全开,消耗大量电能以维持凉爽。而当屋顶变身花园,繁茂的植被如同一层天然隔热毯,枝叶交错间截留阳光,蒸腾作用持续吸热,有效降低屋顶温度,进而削减室内空调负荷,实现电能的显著节约。在寒冷冬季,植被与土壤层又如同保暖外衣,减缓室内热量散失,降低供暖能耗,让建筑实现冬暖夏凉的节能奇迹。

再者,屋顶花园对建筑物寿命的延长有着不可忽视的助力。硬质屋面长期经受风吹雨打、日晒雨淋,防水材料在恶劣环境侵蚀下极易老化、开裂,导致屋顶漏水隐患丛生。一旦屋顶花园扎根其上,防水层之上层层叠加的排水层、过滤层与种植层,如同多重护盾,为防水层遮风挡雨,减轻外界环境对其的直接冲击,大大延缓防水材料的老化进程,确保屋顶持久防水,建筑物寿命自然得以延长。

---

① 张怡斐.屋顶花园在城市园林景观设计中的应用[J].现代园艺,2022(10):88—90+94.

于改善雨水径流质量而言,屋顶花园是雨水的净化驿站。雨水自天空而降,裹挟着大气中的尘埃、污染物,若直接流入下水道,会给城市水体带来污染负荷。但当雨水邂逅屋顶花园,植物的叶片、枝干如同细密的滤网,吸附灰尘;土壤中的微生物群落宛如勤劳的清洁工,分解有机污染物,经过海绵体般的层层净化,雨水得以脱胎换骨,水质显著提升。

缓解城市热岛效应方面,城市高楼林立,硬质表面密集,热量积聚难散,形成酷热难耐的热岛。屋顶花园宛如城市上空的绿色凉岛,大面积植被通过蒸腾散热,源源不断地将水汽释放到空气中,调节空气湿度,降低周边气温,削弱热岛强度,为城市居民带来清凉慰藉。同时,丰富多样的植物吸引昆虫、鸟类栖息繁衍,为城市生物多样性添砖加瓦,奏响生命的和谐乐章。此外,屋顶花园还能有效阻隔外界噪声传入室内,吸附空气中的有害气体,净化空气,全方位守护城市的生态健康。

然而,回首我国园林工程建设过往,大部分园林建筑屋顶为硬质屋面,问题重重。防水性能欠佳,每逢雨季,屋内渗漏现象屡见不鲜,给使用者带来极大困扰;生态负面影响更是不容小觑,硬质屋面加剧热量吸收与雨水径流,成为城市生态短板。故而,在实际施工过程中,将屋顶革新为"屋顶花园"势在必行。这一空中花园融合景观设计与海绵设施,精妙构筑防水层、排水层、过滤层、种植层等空间结构。防水层选用高品质、耐穿刺材料,确保万无一失;排水层采用疏水板材或砾石,迅速疏导多余雨水;过滤层以无纺布等精细材料拦截土壤颗粒,防止堵塞排水通道;种植层则是植物生长的乐土。

在种植层领域,植物造景的艺术与生态智慧完美交融。乔、灌、草巧妙组合搭配,高大乔木如银杏、国槐撑起绿色天幕,提供遮荫纳凉空间;中层花灌木如紫薇、木槿缤纷绽放,增添季相色彩变化;下层草本植物如麦冬、葱兰覆盖地表,涵养水土。不同层次植物相互协作,不仅营造出层次丰富、错落有致的景观效果,吸引人们驻足欣赏,更构建起高效的生态群落,强化雨水截留、净化与储存功能。雨水飘落屋顶花园,一部分被植物根系与土壤迅速吸纳,储存起来以备旱季植物生长所需,如同为植物打造了专属"蓄水库";另一部分经海绵体净化后,通过精巧设计的雨水收集系统,用于浇灌园内植物,实现水资源的循环利用,既避免雨水分散流失,又有效缓解城市雨水径流压力,让屋顶花园成为城市生态建设的璀璨明珠,为海绵城市建设添上浓墨重彩的一笔。

近年来,随着物质生活水平的不断提升,人们开始重视精神生活需要的满足,因而园林绿化建设越来越多地出现在城市中。"海绵城市"属于一种新型水资源管理模式理念,能对城市水资源进行科学的管理,目前已成为我国城市现代化建设的主要方向。而垂直绿化的实施,既能增加城市绿化面积和绿量,又能实现对雨水资源的循环利用,对于实现"海绵城市"建设发挥着重要作用。因此,需要在园林垂直绿化施工中,充分贯彻"海绵城市"建设理念,使两者更好地相融合,从而更好地推动城市绿化建设。

第九章 反季节栽植施工技术在城市园林绿化工程中的应用

第一节 反季节栽植技术

在当今飞速发展的社会变革浪潮之下，城市绿化建设作为提升城市品质、改善居民生活环境的关键一环，正面临着诸多挑战与机遇。其中，反季节栽植技术的广泛应用成为城市绿化领域一道独特的风景线。

传统的绿化观念往往局限于在植物自然生长的适宜季节进行种植，然而随着城市化进程的加速推进，城市建设的需求日益迫切，对于绿化景观即时呈现的要求也越来越高。于是，反季节栽植技术应运而生，它打破了自然规律对植物种植时间的严格限制，使得城市绿化建设基本能够摆脱季节的桎梏，采用非季节性的植物来满足城市发展的急切需要。

这些被应用于反季节栽植的植物，有着非凡的适应能力。它们通常并非生长于本地常规的种植区域，而是凭借自身独特的生理特性，跨越地域界限，扎根于原本未种植的地区。这些植物仿佛是一群无畏的开拓者，无论是高温酷暑、凛冽寒冬，还是干旱少雨、洪涝频发等非周期性的不利自然条件，它们都能鼓足勇气去应对，顽强地在新环境中扎下根来，努力生长，不受时间和空间的严苛约束，进而达到我国为城市绿化所精心设定的标准生存率，为城市绿化工程的持续推进注入强大动力。

在实际的社会变革中，城市绿化建设基本上采用非季节性的植物，这些植物通常生长在原本未种植的地区，并且可以应对非周期性的不利条件，不受时间和空间的限制，并达到我国设定的标准生存率。这些植物一方面可以起到美化城市建设的作用，另一方面可以起到净化环境的作用，从而大大改善城市的绿色环境。但是,在实际施工中,有必要进一步提高社会中植物的成活率,确保植物健康生长而不受其他因素的干扰。在园林建设时,需要雇用相关的植物维护人员来管理和维护植物,改善植物生长状况,并更好地种植反季节植物。

从城市景观美化的角度考虑,这些在反季节种植的植物起到了不可或缺的关键作用。城市,作为人类文明的高度汇聚之地,高楼大厦由钢筋混凝土构建,硬质铺装遍布大街小巷,如果没有绿色植物的装点,整个城市将会显得单调乏味、缺乏活力。反季节植物的适时出现,仿佛为城市披上了一层四季常绿、花团锦簇的华美外衣。在原本应该是草木凋零的寒冷冬季,街头巷尾却可以看到青翠的松柏傲然挺立,鲜艳的一品红犹如火焰般绽放,为寒冷的城市带来了一抹温暖而热烈的色彩;在骄阳似火的盛夏时节,那些喜欢凉爽但又怕热的花卉绿植在精心打造的微环境中茁壮成长,用淡雅的香气和清新的绿意驱散暑气,让城市居民在烈日炎炎之下也能感受到一丝丝的凉爽。这些建筑巧妙地散布在城市的公园、广场、道路两侧和住宅小区等不同的地方,有的独立种植以展现其独特之美,有的则群植组成景观带。通过巧妙的设计和组合,使得城市呈现出令人眼前一亮的美景,从而极大地增强了城市的整体形象和艺术魅力。

不仅如此,反季节栽植的植物在净化环境方面同样功绩卓著。城市人口密集,工业生产活动频繁,大量的汽车尾气、工业废气以及生活垃圾等污染物无时无刻不在侵蚀着城市的空气、土壤与水体。而植物作为大自然赋予的天然净化剂,此时挺身而出。它们通过叶片上的气孔吸收二氧化碳,释放氧气,如同一个个微型的空气净化器,持续为城市输送清新的空气,有效改善空气质量;其根系深入土壤,牢牢抓住泥土,防止水土流失,还能吸附土壤中的重金属离子等有害物质,净化土壤环境;对于城市中因雨水冲刷路面而产生的污水径流,靠近水体或湿地边缘种植的反季节植物也能发挥过滤、吸附作用,助力净化城市水体。如此一来,这些植物全方位地为城市生态环境的改善保驾护航,大幅提升了城市的绿色底蕴。

然而,我们必须清醒地认识到,反季节栽植技术在实际应用过程中并非一帆风顺,诸多难题如影随形。由于违背了植物自然生长的季节性规律,植物在反季节种植时面临着巨大的生理压力,这无疑给植物的成活率带来了严峻挑战。在冬季低温环境下,植物的根系生长缓慢,水分吸收能力减弱,若防寒保暖措施不到位,很容易遭受冻害,导致根系受损甚至植株死亡;而在夏季高温酷暑时,植物蒸腾作用加剧,水分散失过快,若不能及时补充足够水分并做好遮荫降温工作,就会因失水过多而枯萎。此外,土壤条件、病虫害侵袭等因素也会对反季节植物的生长造成干扰。

因此,在实际的建设活动中,进一步增加反季节植物的存活率变得尤为关键。为了实现这一目标,我们需要从多个维度和角度出发,实施一套科学而有效的保护措施。在挑选苗木时,我们必须格外小心,优先考虑那些生长旺盛、根部健壮、没有疾病和害虫,并且能够适应当地环境的苗木。对于某些从外地引入的品种,我们更需要进行早期的引种实验和驯化,以确保它们在当地能够稳定地生长和扎根。接下来,在苗木的运输和种植过程中,必须严格按照操作指南来执行。在进行起苗操作时,应优先确保根系的完整性,并通过使用带有土球的起苗方法或将根系浸入泥浆等手段来降低根系受损的风险;在运输苗木的过程中,必须采取如保湿、遮阳和防风等多种防护措施,以确保苗木能够在一个适宜的环境中生长;在种植过程中,应依据苗木的特性和土壤状况来精确设定种植深度和株行间距等关键参数,并确保及时给予足够的定根水,以便苗木能迅速适应新的生长环境。

再者,土壤改良也是关键一步。反季节栽植的苗木对土壤肥力、透气性、酸碱度等指标较为敏感,因此要针对不同植物的需求,对土壤进行优化调整。如对于喜酸性土壤的植物,可适量添加硫磺粉、硫酸亚铁等酸性物质来调节土壤酸碱度;对于土壤板结严重的区域,可掺入适量的腐叶土、珍珠岩等疏松土壤,提高透气性。此外,加强病虫害防治同样不可或缺。由于反季节植物自身抵抗力相对较弱,更容易遭受病虫害侵袭,所以要建立健全的病虫害监测预警机制,定期巡查,一旦发现病虫害迹象,及时采取生物防治、物理防治或化学防治相结合的综合防治措施,将病虫害的危害降到最低。

在整个园林建设过程中,聘请专业的植物保养人员进行细致的管理和保养变得尤其重要。这批维护工作人员就像是植物的忠实保护者,他们肩负着优化植物生长环境和确保反季节植物健康生长的重大责任。他们必须拥有深厚的植物学背景、丰富的维护知识和强烈的责任感。在他们的日常职责中,他们需要持续监控植物的生长趋势,并根据气候的变化适时地调整其养护方法。在冷天即将到来之前,为植物构建防风屏障并使用保温材料进行覆盖;在气温较高的时段,应提高浇水的频率并安装遮阳设备;定时进行枝叶的修整,移除干枯和病态的枝条,调整植物的外形,以增强植物的通风和透光性能;为了满足植物在生长过程中的各种营养需求,我们需要合理地施加肥料,并根据植物的生长阶段为其提供氮、磷、钾等必要的营养元素。通过这些精心设计和细致的养护措施,我们为反季节植物创造了一个优质的生长环境,从而更有效地实现了城市美化和环境净化的双重目标。这不仅为城市绿化建设提供了有力的支持,也推动了我们朝着建设绿色、宜居和美丽城市的方向稳步前进。

(1)苗木选择。在反季节性种植中,当时的气候环境对于要种植的植物而言是严酷的,并且对植物的生命力提出了更高的要求。选择植物时,可以尝试选择生长旺盛的植物。根系发达,生长条件良好,无病虫害,具体大小和外观符合有关标准。选择幼苗时,幼苗和壮苗最好。目前的经验表明,种植的幼苗的根部较细,可以从囊中生长出来。种植后,这种树的负面影响小,成活率高。播种后,幼苗的生存要好于幼苗。

(2)栽植的场地相关准备。在种苗之前,需要选择好种植的场地。及时种植并保证绿化工程建设的进度,提高植物的成活率。应当选择土壤疏松、肥沃、排水和通气、通风性良好的场地。这样可以进一步提高栽培的存活率,保证幼苗茁壮成长。选择适宜的位置后,可以要求相关专家清洁植物地面并改善土壤质量,从而进一步提高移植树的相应存活率。

(3)苗木移栽。苗木移栽是反季节栽植的重要环节,很多农作物种植进度缓慢都是由于管理不善造成的。移栽时,注意种植的时间和环境气候,确保植物生长充足的水分。播种完成后,应立即进行灌溉,并在铜栅栏上装满土壤,此时不能直接给幼苗的根浇水,水必须缓慢渗入种植孔以促进植物吸收。在相对干燥的北方地带,可以在水中添加抗旱的授粉剂和根粉,促进幼苗在干燥环境中的生存。树木应每天早晨和晚上播种,播种时间应相同。

(4)播种前修剪枝。选择幼苗后,需要对幼苗进行某些处理,以使它们外形变得更加美丽。其中,通常对幼苗的顶根和裸根进行加工。因为这两个是保证幼苗健康成长的基础。修剪的主要目的是减少蒸腾作用。同时,当使用反季节种植技术时,选定的幼苗必须具有土壤团块,而没有土壤团块的幼苗存活率较低。修剪选定的幼苗后,在树顶上喷洒保湿剂或蒸腾抑制剂。它还可以抑制植物的生理活性,以减少水分和养分的蒸发。以上所有方法均旨在顺利完成苗木的运输和播种工作。因此,在种植过程中使用修剪技术也是关键。

(5)苗木的养护管理。植物病虫害的防治和浇水工作是苗木维护的主要内容,在实际实施过程中,应事先制定有效的规划,并分配专门的人员进行维护工作。幼苗浇水取决于物种。通常,工作人员会定期给地面和树冠浇水,以改善土壤和空气的湿度,保证周围环境适宜幼苗的生长。在夏季种树时,应适当增加浇水次数,并应采取适当的遮阴措施,防止幼苗直接暴露在阳光下。冬季植树时,要根据植被的耐寒性差异采取防寒措施,一般可以用稻草包裹耐寒性差的树木,用石灰水保暖。另外,由于淡季种植的幼苗比较脆弱,对病虫害的抵抗力较弱且难以预测,因此专家需要采取有效措施来预防病虫害的威胁。例如,预先喷洒预防重大疾病的药物或通过生物防治方法,减少幼苗中的害虫,并施用适当的肥料以提高幼苗抵抗外部病虫害的能力[①]。

---

① 杨洪泉,高维杰.城市园林绿化工程中反季节栽植施工技术的应用探讨[J].居舍,2019(5):116.

第二节　反季节栽植施工技术的意义

植树生长的最佳时节是每年的 3～5 月,9～11 月。城市景观工程的反季节种植工作是指上述时期以外的时间,在这些特殊时期,根系由于休眠而缺乏再生能力,它降低了移植的存活率。这种反季节种植技术似乎违背了自然的生长规律,但实际上与季节性种植没有太大区别。反季节种植具有季节性特征,可以克服气候、土壤和温度等不利因素。为了保证苗木成活率,在进行反季节栽培时,有关研究人员和种植者应注意施工后幼苗的选择,运输和维护,并在城市园林绿化工程中采用反季节栽培的施工技术工艺。种植效率也大大提高,因此城市园林绿化项目的反季节种植建设技术也可以提高城市园林绿化水平。随着社会经济、科学技术的发展,城市现代化进程不断加快,发展的同时,我国面临的生态系统和环境问题也越来越严重,环境污染和气候异常频繁发生。这将对国家未来的发展产生重大的负面影响和阻碍。环境问题不断涌现,人们也深受其害,公众的环境保护意识和维护环境与生态平衡的意识不断增强。当下,各国政府越来越重视生态环保和可持续发展战略。城市绿化不仅可以吸收我们生活周边环境中产生的有害气体,还可以净化、清新空气,使我们生活的城市愈加美丽。此外,城市花园的绿化促进了我国的经济发展,促进了社会现代化进程,增加了人民的幸福感[①]。

一、满足城市景观即时性需求

在城市化进程不断加速的当今时代,城市景观建设不再仅仅局限于传统的按部就班式发展,而是面临着更高的时效性要求。城市作为人类生活、工作与社交的核心集聚地,各类大型活动、盛会频繁举办,如国际体育赛事、文化艺术节、商务峰会等。这些活动往往吸引着来自世界各地的

---

① 姜亚薇.反季节栽植施工技术在城市园林绿化工程中的分析应用[J].现代园艺,2019(8):187－188.

目光,此时城市的景观面貌成为展示城市形象与实力的关键窗口。

传统的季节性栽植遵循植物自然生长规律,在适宜的春秋两季进行大规模种植,难以迅速满足活动筹备期间对景观绿化的迫切需求。而反季节栽植施工技术的出现,犹如一场及时雨,打破了时间的束缚。例如,为迎接一场盛大的国际园艺博览会,举办城市需要在盛夏时节快速打造出一片繁花似锦、绿意盎然的园区景观。通过反季节栽植,能够在短短数月内将原本不应季的各类花卉、观赏树木精准就位,让园区提前呈现出四季如春的迷人景致。从娇艳欲滴的郁金香到高大挺拔的棕榈树,不同地域、不同季节的植物齐聚一堂,瞬间点亮城市的特定区域,为活动营造出热烈、优美的环境氛围,向世界展现城市的活力与魅力。

这种即时性景观营造能力不仅体现在大型活动场合,在城市日常更新改造中同样发挥关键作用。随着城市老旧小区改造工程的推进,居民们渴望在改造完成的第一时间就能享受到舒适美观的居住环境。反季节栽植使得小区绿地能够快速披上绿装,新植的灌木花卉为单调的建筑外立面增添色彩,居民不必苦等春秋季节,即刻便能漫步于充满生机的花园式小区,极大提升了生活幸福感与满意度。

二、优化城市生态环境

城市生态系统是一个复杂而脆弱的平衡体系,绿植作为其中最重要的生态调节因子之一,其数量、种类与分布时刻影响着生态环境质量。反季节栽植施工技术为城市生态环境优化注入了新的活力,助力城市生态系统在全年各个时段维持良好运转一方面,反季节栽植能够填补城市绿化在特殊时段的空白,持续强化城市绿肺功能。在冬季,大部分落叶植物进入休眠期,城市绿地的光合作用减弱,空气质量容易下滑。此时,若能通过反季节栽植引入耐寒常绿植物,如冬青、松柏等,它们在低温环境下依然能够进行光合作用,持续吸收二氧化碳、释放氧气,维持空气中氧气含量的稳定,有效缓解冬季城市雾霾问题,为市民提供清新健康的呼吸环境。同样,在炎热的夏季,反季节栽植的耐高温植物,像紫薇、三角梅等,为城市增添绿荫,降低地表温度,减少热岛效应,调节城市微气候,让市民在高温酷暑中感受到丝丝凉意。

另一方面,反季节栽植植物在净化水体与土壤方面也功不可没。城市中的水体由于生活污水、工业废水的混入,面临着污染风险。靠近水域周边种植的反季节水生植物,如菖蒲、水葱等,即便在非生长旺季,也能利用根系吸附水中的氮、磷等营养盐,降解有机污染物,抑制藻类过度繁殖,净化水体生态环境,助力恢复城市水体的自净能力。对于城市土壤,一些反季节栽植的深根性植物,它们在扎根过程中能够疏松土壤,增强土壤透气性,同时根系分泌物还能促进土壤微生物的繁衍,加速土壤中有害物质的分解转化,改良土壤结构,提高土壤肥力,为城市生态系统的可持续发展筑牢根基。

三、推动园林产业多元发展

园林产业作为城市绿色发展的支柱产业之一,涵盖了苗木培育、园林设计、施工养护等多个环节。反季节栽植施工技术的广泛应用,如同一股强大的驱动力,从多维度推动园林产业迈向多元化发展之路。

在苗木培育领域,反季节栽植需求促使苗农和苗圃企业革新传统培育模式。为供应适应不同季节种植的苗木,他们加大研发投入,探索新型培育技术,如容器育苗技术。通过将苗木培育在特制容器中,精准控制土壤肥力、水分、温度等生长条件,实现苗木的全年生长供应,不仅提高了苗木质量,还缩短了苗木出圃周期,满足市场对反季节苗木的急切需求。同时,对苗木品种的选育也更加多元化,除了常见的乡土品种,还积极引进具有特殊适应性的外来品种,并开展杂交育种工作,培育出既耐寒又耐热、抗病虫害能力强的新品种苗木,丰富了园林植物种质资源库,为园林景观设计提供更多创意素材。

从园林设计角度来看,反季节栽植技术拓宽了设计师的创作边界。以往设计师受限于植物季节性生长特点,在冬季和夏季方案创作时往往选择较少,景观呈现相对单调。如今,反季节栽植让各种植物素材随时可用,设计师能够大胆构思跨季节、跨地域的景观组合。他们可以在隆冬设计出热带风情的景观小品,利用反季节栽植的棕榈树、旅人蕉搭配人造雪景,营造出独特的视觉冲击;在盛夏打造欧式冷凉花园,引入耐寒花卉与本地耐热植物混搭,创造出别样的浪漫氛围。这种创意无限的设计理念不仅提升了园林景观的艺术价值,还吸引了更多客户关注,促进园林设计业务的蓬勃发展。

在施工养护环节,反季节栽植催生了一系列专业服务。由于反季节植物种植难度大,对施工工艺和养护技巧要求极高,专业的反季节栽植施工团队应运而生。他们配备了先进的施工设备,如精准控温的苗木运输车辆、高效的根部灌溉系统等,确保苗木在运输和种植过程中处于最佳状态。养护方面,针对反季节植物易受病虫害侵袭、生长环境不稳定等问题,养护公司研发出个性化的养护方案,包括定期的植物健康监测、智能灌溉施肥系统、特殊的病虫害防治药剂等,为反季节植物的生长全程保驾护航。这些新兴的施工养护业务不仅创造了大量就业机会,还带动了相关产业设备制造、农资研发等领域的协同发展,形成园林产业多元化发展的良好生态。

四、促进跨区域植物引种与交流

植物的分布原本受自然地理条件如气候、土壤、海拔等因素的严格限制,不同地区拥有各具特色的植物群落。反季节栽植施工技术为跨区域植物引种与交流搭建了一座畅通无阻的桥梁,打破地域隔阂,让全球植物资源得以共享,极大地丰富了各地的植物多样性。

随着国际交往日益频繁,城市绿化建设中对异域风情景观的需求不断攀升。通过反季节栽植技术,城市能够从热带、亚热带等遥远地区引种各类奇花异木,将热带雨林景观、地中海式花园景观等搬至本地。例如,我国南方城市为打造具有东南亚风情的旅游度假区,利用反季节栽植引种了大王椰子、蝴蝶兰等热带植物,让游客不出国门就能领略浓郁的热带风光;北方城市在冬季冰雪节期间,反季节引入耐寒的高山杜鹃等花卉,为冰天雪地的景观增添一抹鲜艳色彩。这种跨区域引种不仅满足了人们对多元景观的观赏需求,还为本地植物研究提供了新的素材,促进植物学知识的传播与创新。

在促进植物交流方面,反季节栽植技术使得各地植物园、科研机构之间的合作更加紧密。不同地区的植物样本能够在非自然生长季节安全运输并存活,便于开展植物基因测序、杂交育种、抗逆性研究等前沿科研工作。国际的植物种质交换项目也因反季节栽植技术的保障而更加频繁,各国共享珍稀植物品种,共同攻克植物保护与培育难题,推动全球植物保育事业的发展。例如,欧洲一些国家将具有优良耐寒特性的玫瑰品种与我国科研机构交换,我国则提供适应高温高湿环境的兰花品种,双方通过合作研究,培育出更具适应性与观赏性的花卉新品系,回馈给全球园林市场,实现植物资源的互利共赢。

五、提升城市应急绿化能力

城市在发展过程中难免遭遇各种突发情况,如自然灾害、重大污染事件等,此时城市的应急绿化能力至关重要。反季节栽植施工技术作为城市绿化的"应急先锋",在关键时刻能够迅速响应,助力城市恢复生机与活力。

在自然灾害过后,如台风、洪水、地震等,城市绿地系统往往遭受重创,大量树木倒伏、植被被损毁,土壤侵蚀严重。此时,传统的绿化恢复方式受季节限制,难以快速重建绿色屏障。而反季节栽植技术可在短时间内调配适应灾后环境的苗木,快速开展绿化重建工作。在洪水退去后的河岸,立即反季节栽植根系发达、耐水湿的柳树、菖蒲等植物,加固堤岸,防止次生灾害发生;在地震灾区的临时安置点周边,通过反季节栽植速生、遮阳的树种,为受灾群众提供舒适的休憩环境,缓解心理压力,同时改善空气质量,降低灰尘污染。

面对重大污染事件,如化工园区泄漏事故、雾霾长时间笼罩等,反季节栽植的净化能力凸显。迅速在污染区域周边种植具有强吸附能力的反季节植物,如吊兰、绿萝等室内常见净化植物的户外版本,它们能够快速吸收空气中的有害气体、重金属粉尘等污染物,净化空气;在受污染水体附近,反季节栽植水生植物净化水质,减轻污染扩散风险。这些应急绿化措施依托反季节栽植技术,为城市在危机时刻提供了有力的生态支撑,保障市民生命健康与城市可持续发展。

反季节栽植施工技术在当今城市发展进程中意义非凡,它满足城市即时景观需求、优化生态、推动产业、促进交流并提升应急能力,全方位助力城市向着绿色、宜居、美丽的目标大步迈进。

第三节　反季节栽植施工技术的原则

在现代城市绿化与园林景观建设中,反季节栽植施工技术日益成为满足城市景观快速成型、提升环境品质需求的关键手段。然而,由于违背了植物自然生长的季节性规律,反季节栽植面临诸多挑战,为确保植物成活率、实现景观与生态效益最大化,必须严格遵循一系列科学严谨的原则。

一、因地制宜原则

反季节栽培技术的使用要求对植物特征有特定的了解。每种植物都有其自身的特征,所需的气候、土壤和温度也有很大差异。因此,在施工过程中,必须采取适合当地条件的措施。在施工之前,有必要分析和了解城市的环境和气候。只有对这方面有足够的了解才能完成作业。同时,员工必须对植物习惯有深刻的了解。例如,植物是否喜光、接收的阳光是否充足、是否可以承受寒冷或干燥。了解植物的习性能帮助员工合理地种植植物。同时,反季节栽培技术通常在不利的天气条件下工作,因此有必要创造一个有利于植物生长的环境。以上方法可以帮助员工更好地利用反季节栽培技术,这也是确保城市园林绿化项目完整性的关键。

二、了解植物生长习性

在建设城市园林绿化工程期间,员工必须对植物的生长习性有透彻的了解。在开始栽种之前,需要充分了解所选幼苗的综合特征,注意幼苗的生长规则,并掌握正确的播种时间。同时,根据幼苗类型的不同,播种时间也不同。例如,落叶类植物播种在其发芽前为播种的最佳时机。因为此时的叶子落下了,幼苗生理代谢变得缓慢,叶片具有较少的水分蒸发并且更容易产生愈伤组织,并且将这些特征与种植工作相结合,可以有效提高施工质量。种植时应采用裸根种植和土球种植,以进一步确保幼苗的成活率①。

三、苗木选择原则

(一)适地适苗

了解本地的气象规律,精准避开高温、严寒、暴雨、大风等极端天气时段进行栽植。在夏季高温时段,气温常常超过35℃,植物蒸腾作用剧烈,水分散失过快,此时栽植苗木,即使采取遮荫、保湿等措施,苗木仍极易因失水过多而枯萎。所以,一般选择在夏季清晨或傍晚气温相对较低、光照较弱时进行苗木栽植,让苗木有相对温和的过渡环境适应新家园。

依据栽植场地的小环境差异细化苗木选择。即使在同一城市,不同区域的微气候、土壤质地也不尽相同。如城市高楼林立区,形成"高楼风"且光照遮挡严重,在这种区域进行反季节栽植,需选择抗风性强、耐阴性好的苗木,像八角金盘、常春藤等;而靠近工厂、道路等污染区域,应挑选对粉尘、尾气等污染物具有较强抗性的植物,如构树、夹竹桃,它们能在恶劣环境下净化空气,维持自身生长。

(二)苗壮根优

苗木的健壮程度直接关系到反季节栽植后的成活率与生长势。选择

---

① 杨秀清.反季节栽植施工技术在城市园林绿化工程中的分析应用[J].城市建设理论研究:电子版,2019(11):202.

枝干粗壮、通直,树皮光滑、无明显病虫害损伤的苗木,这类苗木通常营养积累充足,具备较强的自我修复能力。例如,挑选胸径合适且树干均匀、分支合理的乔木,能在反季节栽植后迅速适应新环境,启动生长机制。

根系是植物的"生命线",发达、完整的根系对于反季节栽植尤为重要。优先选择根系发达、主根短而侧根多,根系无明显折断、腐烂迹象的苗木。带土球苗木的土球要完整、紧实,土球直径一般为苗木胸径的8~10倍,确保根系在起苗、运输与栽植过程中得到充分保护,减少对根系的损伤,提高苗木定植后的吸水吸肥能力,助力苗木快速扎根生长。

四、栽植时间选择原则

(一)避开极端天气

了解本地的气象规律,精准避开高温、严寒、暴雨、大风等极端天气时段进行栽植。在夏季高温时段,气温常常超过35℃,植物蒸腾作用剧烈,水分散失过快,此时栽植苗木,即使采取遮荫、保湿等措施,苗木仍极易因失水过多而枯萎。所以,一般选择在夏季清晨或傍晚气温相对较低、光照较弱时进行苗木栽植,让苗木有相对温和的过渡环境适应新家园。

冬季则要避开严寒期与寒潮来袭时段,北方地区尤其要关注冻土层深度变化。当冻土层尚未解冻或即将再次冻结时,土壤坚硬,根系难以伸展,且低温易造成苗木冻害。通常在冬季土壤解冻后的早春或秋末冬初土壤尚未冻结前,选择气温相对稳定、无风或微风的天气进行栽植,给苗木创造适宜的初始温度条件,提高其耐寒能力。

(二)结合植物生长习性

各种植物都有其特有的生长特点,因此在进行反季节种植时,必须给予充分的重视。对于那些在春天盛开的植物,例如樱花和桃花,建议在秋天的落叶之后到土壤冻结之前进行反季节种植。在这段时间里,植物正处于休眠的早期阶段,其营养成分已经回流到根部。种植后,根部有充足的时间来恢复其生长,这样在来年春天,它们就能正常绽放花朵。对于那些在夏季生长旺盛但在冬季进入休眠状态的植物,例如紫薇和木槿,建议在春天气温逐渐上升、土壤开始解冻后尽快进行种植。利用春天的优越气候条件，可以帮助苗木更快地发芽和生长，从而在夏季高温到来之前建立坚实的生长基础。对于像松柏这样的常绿植物，由于它们的生长速度较慢并且四季都保持常绿，所以在春天或秋天温度适中的时候进行种植是比较稳妥的，这样可以避免夏天的高温灼伤或冬天的低温冻害，确保叶子保持翠绿并正常生长。

五、土壤改良与处理原则

(一)肥力调节

反季节栽植的苗木对土壤肥力要求更高，因为它们在非自然生长季节需要更多的养分支持以应对环境压力。首先，进行土壤肥力检测，分析土壤中的氮、磷、钾等主要养分含量以及微量元素状况。根据检测结果，针对性地补充缺失养分，如土壤缺氮，可适量施加尿素、硫酸铵等氮肥；缺磷，添加过磷酸钙等磷肥，保证苗木生长初期有充足的"食物"供应。

注重有机肥的使用，它不仅能提供长效、全面的养分，还能改善土壤结构，增加土壤保水性与透气性。腐熟的农家肥、堆肥等有机肥，在栽植前与土壤充分混合，按一定比例施入，一般每平方米施入 10～15 千克，为苗木根系营造肥沃、舒适的"居住"环境，促进根系对养分的吸收，提高苗木抗逆性。

(二)透气性与排水性优化

土壤透气性差会导致根系缺氧，影响苗木生长甚至造成烂根死亡。对于黏重土壤，可掺入适量的珍珠岩、蛭石、粗砂等疏松材料，它们的多孔结构能增加土壤孔隙度，改善透气性。一般按 1：3～1：5 的比例与原土壤混合，搅拌均匀后进行栽植。

排水性同样关键，尤其是在雨季或浇水过多时，积水会使根系窒息。在栽植区域底部铺设排水层，如砾石、陶粒等，厚度一般为 10～15 厘米，形成排水通道，让多余水分迅速排出。同时，在土壤中添加适量的腐叶土、泥炭土等保水性较好但又兼具透气性的材料，维持土壤适度的干湿平衡,保障苗木根系健康。

六、苗木运输与保护原则

(一)保湿保鲜

从苗木起挖到定植的运输过程中,保持苗木水分是关键。对于裸根苗木,起苗后要迅速蘸根,用泥浆(可添加生根剂、杀菌剂)包裹根系,减少根系水分散失,然后用湿草帘、麻袋等保湿材料包裹枝干,确保苗木整体处于湿润状态。带土球苗木,土球要用草绳、塑料薄膜等严密包裹,防止土球松散,同时对苗木枝叶进行适当修剪,减少蒸腾面积,维持苗木体内水分平衡。

在运输车辆上,合理摆放苗木,避免挤压、碰撞造成损伤。大型苗木要用绳索固定,防止倒伏。对于珍贵苗木或长途运输的苗木,车内可安装喷雾装置,定时喷水保湿,确保苗木在运输途中始终保持鲜活状态,抵达栽植现场时仍具备良好的生长潜力。

(二)防风防寒(或防旱)

根据运输季节与天气状况采取相应防护措施。在冬季运输,要做好防寒工作,苗木装车后,用棉被、篷布等厚实保暖材料覆盖,尤其要保护苗木根系与枝干的结合部,这是苗木最易受冻的部位。对于一些不耐寒的苗木,车内温度要尽量保持在0℃以上,可使用暖风机等设备适当升温。

夏季运输则要防暑降温,车辆避免在烈日下长时间暴晒,尽量选择清晨、傍晚或阴天运输。运输途中,可通过遮阳网覆盖车身,降低车内温度,防止苗木因高温而失水、灼伤,确保苗木安全抵达目的地,顺利开启反季节栽植后的新生活。

七、栽植后养护管理原则

(一)水分管理

反季节栽植后,苗木定植初期的水分管理至关重要。及时浇足定根水,定根水要浇透,使土壤与根系充分接触,一般乔木需 20～30 升/株,灌木 10～15 升/株,确保根系能迅速吸收水分,缓解苗木因移栽造成的缺水状况。

后续浇水要根据天气、土壤墒情与苗木生长状况灵活调整。在高温干旱季节,增加浇水频次,保持土壤湿润但避免积水;在雨季,密切关注排水情况,防止土壤过湿引发烂根。同时,采用先进的灌溉技术,如滴灌、微喷灌,精准控制水量、提高水的利用率,为苗木提供稳定、适宜的水分环境,保障其茁壮成长。

(二)施肥管理

反季节栽植的苗木生长初期,养分消耗较大,需要适时施肥补充。但施肥要遵循"薄肥勤施"原则,避免一次施肥过多造成烧根。栽植后 1～2 周,可施入稀薄的氮肥溶液,促进苗木枝叶生长,一般浓度为 0.1%～0.3%。随着苗木生长,逐渐增加施肥种类与浓度,如添加磷、钾复合肥,满足苗木不同生长阶段的营养需求。

秋季,对于一些冬季休眠的苗木,要适当控制施肥,避免苗木徒长,增强其抗寒能力。定期检测土壤养分含量,依据检测结果调整施肥方案,确保苗木在反季节栽植后始终有充足的养分支撑,展现旺盛的生命力。

(三)修剪与病虫害防治

苗木栽植后及时修剪,去除枯枝、病枝、过密枝,减少苗木水分蒸发,调整树形,提高苗木移植成活率与景观效果。对于落叶乔木,修剪量一般不超过总枝量的 1/3;常绿乔木修剪时要保留一定的枝叶,维持光合作用。修剪切口要平滑,涂抹保护剂,防止病菌侵染。

由于反季节栽植的苗木抵抗力相对较弱,病虫害防治尤为重要。建立健全病虫害监测预警机制,定期巡查,一旦发现病虫害迹象,及时采取生物防治、物理防治或化学防治相结合的综合防治措施。如利用天敌昆虫防治蚜虫,悬挂黄板诱捕果蝇,必要时合理选用高效低毒的农药进行喷雾防治,确保苗木健康生长,维护园林景观的整体美感与生态平衡。

第五节　园林绿化施工中反季节种植的运用

反季节种植可以解决在不适合种苗的季节中种植花草树木的问题。在园林的绿化建设中,必须通过反季节种植技术满足以下要求:

一、制定方案

在园林绿化建设期间,应根据植物的生长特性和自然规律,在反季节进行种植,并规划适当的生活条件,并应计划各种种植阶段,以提高幼苗的成活率。只有制定了科学合理的种植计划,并按照规划进行景观建设,幼苗的成活率才会显著提高。

二、选择适合当地气候环境的植物种植

应用反季节种植技术时,必须做好准备。例如,在选择幼苗时,首先应确保该幼苗无病且无毒,并选择尽可能健壮的幼苗。最重要的是要遵循当地的气候条件。在运输幼苗的过程中,可以进行一些修剪除去病根和折断的根。为了避免在运输过程中水分蒸发,应尽量剪短过度茂盛的树冠,以提高幼苗的成活率。

三、处理好种植土壤

土壤的质量对幼苗的存活和健康生长具有非常重要的影响,因此在种植幼苗的过程中,必须对土壤进行相应的处理,播种区域也应仔细筛选。为了确保用于种植的土壤的质量,需要对土壤肥力,土壤层的厚度和土壤的密实性有一个全面的了解。在选择用于种植的土壤之前,应通过抽样调查测试种植区域的土壤质量,并测试土壤以确定其是否适合种植。

四、反季节种植的技术以及管理

在种苗之前,应事先做好相关准备工作,首先,应准备树坑;其次,应

进行遮光处理和假植，以提高景观建设的质量。在种苗和随后生长的所有方面，必须注意相应的保养和维护工作，确保幼苗存活并健康成长。例如，以后的保养和维护应考虑种植区域的气候和土壤条件等，制订目标维护计划以确保种植期间的温度和土壤肥力，以确保幼苗整体生长环境的质量。由于季节不同，因此护理和维护播种幼苗的方式也不同。在夏季，温度升高并且幼苗中的水分容易蒸发，这时必须使用浇水和遮荫来维护和照顾幼苗，而在冬季，随着温度降低，必须采用覆膜或现代温室。随着植物的生长检查温度，并确保幼苗不受温度的影响。

当前，反季节种植施工技术已被广泛用于城市园林绿化工程。由于其可靠性、实用性和可操作性，反季节种植技术可帮助城市绿化项目快速实现其发展目标。该技术不仅加快了城市绿化工程的建设进度，而且更好地解决了以往受气候和季节限制的绿化工程问题。在将反季节种植技术应用于城市园林绿化工程的研究过程中，我们主要针对反季节种植技术的实际应用阶段，并根据植被特征进行反季节种植，以确保植被的成活率。

第十章　数字化档案管理技术在城市园林绿化工程中的应用

近年来,随着城市化进程的加快和人们生活水平的不断提高,城市园林绿化成为现代城市建设不可或缺的一部分。随着城市园林绿化工程建设相关数据量的不断增加和管理难度的增大,数字化档案管理技术的应用变得尤为重要。数字化档案管理技术可以大幅提高城市园林绿化工程的管理效率,缩短档案的查阅时间,更好地维护园林绿化工程的安全、稳定和持久,为园林管理部门的管理决策提供参考和帮助,促进城市园林绿化工作的高效发展。

第一节　数字化档案管理技术及应用价值

在当今时代,随着城市化进程的迅猛推进,城市园林绿化工程如雨后春笋般蓬勃兴起,其规模不断扩大,复杂度持续攀升。每一个园林景观的打造,从最初的规划设计蓝图绘制,到施工过程中的苗木采购、种植施工、设施建设,再到后期的养护管理、景观优化等各个环节,都产生了海量的档案资料。这些档案涵盖了工程合同、设计图纸、苗木清单、施工日志、养护记录、验收报告以及各类技术参数、影像资料等,它们是园林工程全生命周期的忠实记录者,承载着工程的历史、现状与未来发展的关键信息。

传统的人工档案管理方式,在这股汹涌而来的档案洪流面前,逐渐显得力不从心。以往,档案管理人员依靠手工填写档案目录、纸质归档、翻阅查找等原始手段,面对堆积如山的档案资料,不仅耗费大量的人力、物力和时间成本,而且极易出现人为失误,如档案信息录入错误、资料丢失、查找困难等问题。例如,在需要紧急查阅某一园林项目几年前的一份施工变更图纸时,工作人员可能需要在浩如烟海的档案库房中耗费数小时甚至数天,逐份翻找泛黄的图纸,即便如此,还可能因档案存放混乱而无功而返。这种低效率、高风险的管理模式,显然已经无法与现代城市园林绿化工程高速发展的步伐相匹配,数字化档案管理技术应运而生,为解决这些困境开辟了一条崭新的道路。

数字化档案管理,作为信息时代的创新产物,是一种巧妙运用数字化技术或各类前沿软件工具,对传统的纸质档案以及其他形式的固有档案进行系统的数字化转换、智能化存储、高速传输以及深度利用的现代化档案管理范式。它整合了一系列先进的核心技术,为档案管理工作注入强大动力。

数字扫描技术宛如一台神奇的时光复印机,能够以极高的精度和速度,将纸质档案上的文字、图像、图表等信息逐一转化为数字图像格式,无论是古老泛黄、字迹模糊的历史园林图纸,还是密密麻麻记录着苗木生长数据的手写日志,都能在它的"妙手"之下,清晰、精准地复刻到数字世界中,实现档案载体的初步革新。而 OCR 技术(光学字符识别技术)则如同一位聪慧的文字翻译家,它可以识别数字图像中的文字信息,并将其转换为可编辑的文本格式,进一步打破了数字与文本之间的壁垒,让档案内容能够被轻松检索、编辑与利用,极大地提升了档案信息的可用性。数据库技术像是一座井然有序的超级信息宝库,它依据特定的逻辑架构与数据模型,将海量的数字化档案资料进行分类存储、索引构建,使得档案信息不再杂乱无章,而是如同图书馆书架上的书籍一般,能够按照需求被快速定位、调取,实现了档案管理的结构化与规范化。互联网技术更是为档案管理插上了飞翔的翅膀,它打破了时间与空间的限制,让数字化档案能够跨越地域界限,实现在线共享、远程协作,无论是身处繁华都市的园林管理总部,还是偏远地区的养护一线,只要接入网络,就能随时随地访问、利用档案资源,真正做到信息的互联互通。

城市园林绿化工程的不断增加,涉及的档案数量日益增多,传统的人工档案管理方式已经无法满足园林绿化工程发展的需要,数字化档案管理技术应运而生。数字化档案管理是一种利用数字化技术或软件工具对纸质或传统档案进行数字化处理、存储、传输和利用的档案管理方式,数字化档案管理技术主要包括数字扫描技术、OCR 技术、数据库技术和互联网技术等,数字化档案管理技术可以将各类档案资料数字化,使其更易于管理和利用。

在城市园林绿化项目中,数字化档案管理技术展现出了显著的应用潜力。通过数字化档案管理,我们可以进一步提升城市园林绿化项目的信息化程度,确保档案信息的高效检索和应用,从而增强档案资料的实际价值。利用数字化的档案管理技术,我们可以增强工作的效率,并通过线上的多人合作来同时完成各种任务;数字化的档案管理方法不仅可以减少存储需求,还能将众多的纸质档案资料转化为数字格式,从而更方便地进行档案的管理和检索;数字化的档案管理方法不仅可以增强档案的保密性,还可以通过数据的备份、安全的存储以及加密传输等手段,确保档案的绝对安全。

数字化档案管理技术在城市园林绿化工程领域展现出了极高的应用价值,为行业发展带来诸多变革性影响。

其一,数字化档案管理宛如一把精准的信息化钥匙,能够显著提升城市园林绿化工程的整体信息化水平。在传统模式下,园林工程各环节之间的信息流通往往存在梗阻,设计部门不清楚施工现场的实时进展,养护团队难以获取最初的设计意图,导致工作衔接不畅,效率低下。而数字化档案管理通过构建统一的信息平台,将各类档案资料数字化后有序整合,实现了信息的无缝对接。园林设计师可以在线实时查阅施工现场反馈的苗木实际生长状况、土壤改良数据等,及时优化设计方案;施工人员也能便捷获取设计变更通知、技术规范等档案信息,精准调整施工工艺,确保工程质量。同时,依托强大的数据库检索功能,档案信息的高效查询和利用成为现实。以往需要耗费大量时间人工查找的资料,如今只需在系统中输入关键词,短短几秒内,相关的图纸、报告、数据等便能精准呈现,大大提高了档案资料的利用价值,让隐藏在档案深处的知识与经验得以充分释放,为园林工程的持续创新与优化提供有力支撑。

其二,数字化档案管理技术恰似一台高效的工作加速器,能够大幅提高工作效率。在传统人工档案管理模式下,一项工作任务往往需要工作人员依次排队处理,如一份工程合同的审批,需要经办人、部门负责人、法务等多人经手,纸质合同在不同办公室之间流转,耗费大量时间,一旦其中有人出差或耽搁,整个流程便陷入停滞。而数字化档案管理引入线上多人协作机制,彻底打破了这种线性工作流程。借助专门的协同办公软件,多人可以同时在线对一份档案资料进行编辑、审核、批注,实现了工作的并行处理。例如,在园林工程的苗木采购环节,采购人员可以在线发起采购申请,附上数字化的苗木清单、供应商报价等档案资料,相关领导、财务人员、技术专家能够同步打开文档,实时提出意见、审核签字,大幅缩短了采购周期,提高了工作响应速度。而且,数字化档案管理系统还能根据预设的工作流程自动流转任务,避免人为疏忽导致的延误,确保各项工作高效、有序推进。

其三,数字化档案管理技术犹如一位空间魔法师,能够有效节省存储空间。城市园林绿化工程长期积累下来的纸质档案数量惊人,它们占据了大量的库房空间,且随着时间推移,还需要不断投入人力、物力进行防潮、防虫、防霉等维护工作。数字化档案管理将这些海量的纸质档案资料转化为数字信息存储在磁盘、服务器等电子介质中,其存储密度极高,原本需要几个大型库房存放的档案,如今只需几台服务器就能轻松容纳。以一个拥有数十年历史的大型园林管理部门为例,过去为存放档案租用了上千平方米的库房,每年用于档案维护的费用高达数十万元,实施数字化档案管理后,档案存储空间锐减至几十平方米,维护成本也大幅降低,同时减少了纸张的消耗,契合环保理念,为档案资料的长期、便捷管理创造了有利条件。

其四,数字化档案管理技术仿若一座坚不可摧的安全堡垒,能够切实提高档案的安全性。园林工程档案涉及诸多敏感信息,如工程预算、商业机密、植物品种知识产权等,一旦泄漏,将给企业、行业乃至城市生态建设带来严重损失。数字化档案管理通过多重安全防护措施,为档案保驾护航。一方面,数据备份机制至关重要,系统定期自动对档案数据进行全量或增量备份,存储在异地的安全存储设施中,即使本地服务器遭遇火灾、地震、黑客攻击等意外灾害,也能迅速从备份中恢复数据,确保档案的完整性。另一方面,在存储和传输过程中,采用先进的加密技术,如 SSL/TLS 加密协议,对档案数据进行加密处理,让非法获取者面对密文无从下手。同时,通过严格的用户权限管理,依据不同岗位、不同人员的工作职责,精细划分档案访问级别,只有经过授权的人员才能查看、编辑特定的档案资料,从源头上杜绝了信息泄露风险,保障了档案的安全与机密性,为城市园林绿化工程的稳健发展筑牢根基。

第二节　数字化档案管理技术在城市园林绿化工程中的应用

一、园林规划、设计阶段的应用

在当今时代,园林规划与设计领域正以前所未有的速度蓬勃发展,数字化浪潮如汹涌潮水般席卷而来,深刻改变着传统的工作模式。在园林规划、设计的初始阶段,数字化档案管理技术宛如一颗璀璨的启明星,为整个流程注入了崭新的活力与强大的支撑力。

传统的园林设计过程,犹如一场艺术创作者的匠心独运之旅。设计师们凭借着手中的画笔,在洁白的纸张上精心勾勒每一处山水的轮廓、亭台楼阁的风姿以及植物群落的疏密布局。手绘的园林设计方案承载着设计师们最初的灵感火花与深度构思,每一条线条、每一抹色彩都倾注了他们对自然美学与人文需求的独特理解。与此同时,大量与设计相关的资料也应运而生,现场勘查记录详细描绘了场地的地形地貌、土壤特质、水文条件等基础信息;植物资料卡片汇集了各类植物的生长习性、观赏特性、适宜环境等关键知识；还有历史文化调研成果、客户需求反馈等诸多文档，它们共同构成了园林设计的知识宝库。

然而，这些珍贵的纸质档案却如同脆弱的珍宝，时刻面临着诸多风险与困境。纸张作为载体，本身就具有易损性，长时间暴露在自然光照下，图纸上的色彩会逐渐褪去，字迹变得模糊不清，仿佛岁月悄然抹去了设计师的心血印记。潮湿的空气更是它们的天敌，一旦受潮，纸张极易发霉、粘连，不仅影响美观，更可能导致关键信息的损毁。而面对火灾、水灾等不可抗力灾害时，这些纸质档案几乎毫无招架之力，瞬间便可能化为灰烬或被洪流吞没，无数宝贵的设计创意与经验数据就此消逝。此外，日常管理中的人为疏忽也常常给纸质档案带来厄运，归档错误使得资料难觅踪迹，借阅过程中的不慎丢失更是让人痛心疾首。

数字化档案管理技术恰在此时横空出世，为解决这些难题提供了一条光明大道。在园林规划、设计阶段，其首要任务便是运用一系列先进的数字化工具，将手绘的园林设计方案以及浩繁的相关资料进行精细的数字化转换与存储。高精度的扫描仪以微米级的精度逐行扫描图纸，将设计师手绘的每一个笔触都精准地复刻为数字图像，无论是细腻的水墨渲染，还是刚劲有力的线条勾勒，都能原汁原味地保留其艺术韵味。同时，借助光学字符识别技术（OCR），那些密密麻麻记录着场地数据、植物特性的文字资料也能迅速摆脱纸张的束缚，转化为可编辑的电子文本。这些数字化后的档案被有条不紊地存储在大容量、高稳定性的服务器或云端存储平台之中，彻底摆脱了物理空间的限制，仿若被安置于一座永不沉没的数字方舟之上，无惧时间的侵蚀，随时可供调阅，完美解决了传统纸质档案易损坏、易丢失的痼疾。

不仅如此，数字化档案赋予了园林设计方案全新的生命力，极大地提升了设计的效率与精度。在传统模式下，若要对园林设计方案进行修改调整，设计师们往往需要面对烦琐的纸质图纸操作。橡皮擦涂、贴纸覆盖、重新绘制局部细节等方式不仅耗时费力，而且极易在反复修改过程中出现误差，导致设计方案偏离最初的构思方向。然而，数字化档案让这一切变得轻松自如。设计师们只需打开专业的绘图软件,导入数字化设计方案,便可利用丰富多样的编辑工具对园林要素进行随心所欲的操作。移动、缩放、旋转各类景观元素变得轻而易举,想要调整植物配置的间距,只需轻轻拖动鼠标,精准输入数值,便能即时看到效果;若是对建筑小品的造型不满意,随时可调用软件中的修改功能,重塑其外观轮廓,实时预览修改后的整体景观风貌。每一次调整都能精准到位,避免了反复试错带来的时间浪费,让设计方案以最快的速度趋近完美,大幅提高了园林设计的效率与精度。

更为关键的是,数字化档案系统打破了设计团队内部以及与外部协作人员之间的沟通壁垒,构建起一个高效协同的工作空间。过去,设计团队成员之间传阅纸质图纸,依次提出修改意见,信息传递缓慢且容易出现误解。例如,负责植物配置的设计师对某区域植物布局做出调整后,若未能及时、清晰地告知景观建筑设计师,可能导致双方设计出现冲突。如今,借助数字化档案管理平台,这一问题迎刃而解。设计师们可以同时在线打开同一个设计文档,实时看到彼此的操作轨迹,仿若并肩作战。通过内置的即时通讯工具,大家能够随时交流设计思路,分享灵感创意。负责植物配置的设计师在调整植物群落层次时,可及时与景观建筑设计师沟通,确保周边建筑布局与之相适配,双方协同优化,共同打造和谐统一的园林景观。而且,该系统支持同时编辑多个文档,不同专业的设计人员能够在各自负责的文档模块中高效工作,又能随时整合对比,方便各方面人员在设计方案时互相沟通和交流,让创意的火花在数字化空间中持续绽放,汇聚成璀璨的设计星河。

对于工程管理人员而言,数字化档案管理技术犹如一把开启智慧之门的金钥匙,极大地方便了他们检索和分析相关数据。在传统的纸质档案管理模式下,查询历史设计方案、了解材料使用情况、分析预算费用等工作,如同在浩渺的信息海洋中捞针,需要耗费大量时间精力,还难以保证数据的准确性和完整性。工程管理人员常常需要在堆积如山的档案库房中,逐份翻找泛黄的图纸、陈旧的报表,稍有不慎便可能遗漏关键信息。

然而,数字化档案管理系统内置强大的检索引擎,彻底改变了这一困境。管理人员只需在搜索栏中输入关键词,如项目名称、设计时间、材料规格等,瞬间,相关的设计稿、材料清单、预算报表等数据便能精准呈现在眼前,如同被施了魔法一般。系统还能根据不同的项目类型建立相应的数据库,将园林设计中的地形地貌数据、植物品种数据、建筑材料数据等按照科学的分类标准存储,如同图书馆书架般井然有序。当需要查找某类特定数据时,管理人员能迅速定位,精准获取所需信息,方便后续的查找和修改,为项目决策提供了坚实的数据支撑,让工程管理工作更加科学、高效。

在设计稿的存储与管理方面,数字化档案管理系统展现出无与伦比的便利性。一方面,它如同一位贴心的助手,随时随地为设计师们服务,新生成的设计稿无须烦琐地打印、归档流程,一键即可上传至系统,确保设计成果实时保存,避免因电脑故障、人为误删等造成的损失。无论设计师是在办公室挑灯夜战,还是外出考察途中突发灵感,只要身边有网络设备,就能及时将创意记录并存储下来。另一方面,历史方案被完整地存储在系统中,犹如一座永不落幕的设计博物馆,为后续的设计参考、经验借鉴提供了丰富素材。当面对新的设计挑战时,设计师可以轻松调取相似项目的历史方案,分析前人的设计思路、成功经验与不足之处,从中汲取灵感,实现设计的传承与创新。例如,在设计一个具有江南水乡特色的园林项目时,设计师通过数字化档案系统查阅以往类似项目的植物配置、水系营造等方面的经验,结合本次项目的场地条件和客户需求,快速制定出初步设计方案,大幅缩短了设计周期。

在跨部门合作项目中,数字化档案管理系统更是发挥了中流砥柱的作用,有力地保障了施工环节的质量与进度。园林工程涉及多个部门协同作战,从设计部门、采购部门、施工部门到监理部门,各环节紧密相连,犹如一条精密运行的生产线。数字化档案管理系统实现了项目文件的共享,采购人员能依据设计方案中的材料清单及时采购,施工人员可在线查阅详细的设计图纸与施工要求,监理人员对照标准规范对施工过程进行实时监督。各方人员通过共享同一数字化平台的档案信息,减少了因信息不对称导致的沟通障碍与误解,避免了施工错误、返工等问题,有效控制施工的时间节点,确保项目高效、顺利推进。例如,在一个大型城市公园建设项目中,设计部门完成初步设计后,将设计方案上传至数字化档案管理系统,采购部门随即根据方案中的苗木清单、建筑材料规格等信息启动采购流程,施工部门同步下载施工图纸,按照要求进场施工。监理部门在施工过程中,实时对比数字化档案中的标准规范,对每一道工序进行严格把关,一旦发现问题,立即通过系统反馈给相关部门,各方迅速协同解决,确保了公园建设项目按时保质完成。

然而,在畅享数字化档案管理技术带来的诸多便利时,我们绝不能忽视信息安全和隐私保护这一关键问题。园林设计档案包含大量敏感信息,如尚未公开的设计创意、商业合作机密、客户隐私数据等,一旦泄露,将对园林设计企业乃至整个行业造成严重冲击。因此,数字化档案管理系统必须嵌入各种严密的安全措施。

数据备份是保障档案安全的第一道防线。系统定期自动对所有档案数据进行全量备份,并将备份数据存储在异地的安全数据中心。这样,即使本地服务器遭受黑客攻击、硬件故障、自然灾害等不可抗力因素,也能迅速从异地备份中可恢复数据,确保档案数据的完整性与可用性。同时,数据恢复机制同样重要,它为意外情况下的数据找回提供了技术支持,让受损的数据能够快速还原,最大限度减少损失。

权限管理和访问控制则是构建信息安全堡垒的关键砖石。数字化档案管理系统根据不同用户的角色、职责,精细划分档案访问权限。设计师可以对自己创建的设计稿进行编辑、修改,但普通浏览者只能查看基本信息;项目负责人拥有更高权限,能够审核、批准设计方案的变更;而外部合作伙伴,在经过严格授权后,只能访问与其合作相关的特定档案内容。通过这种严格的权限设定,确保只有经过授权的人员才能接触到敏感档案信息,从源头上杜绝信息泄露风险。

此外,在推广数字化档案管理技术的进程中,对用户的培训至关重要。使用者熟练掌握数字化档案管理系统的操作技能，是保障系统正常运行、发挥最大效能的关键。园林设计企业应组织定期培训，邀请专业技术人员为设计师、工程管理人员、档案管理人员等讲解系统的功能使用、操作技巧、常见问题解决方法等。通过实际案例演示、模拟操作练习等方式，让用户直观感受数字化档案管理的便捷性，逐步提升他们的应用操作技能，保障数字化档案管理系统在园林规划、设计阶段乃至整个园林工程生命周期中稳定、高效地运行，为打造更多美轮美奂的园林景观奠定坚实基础。

二、施工阶段的应用

在园林工程的施工阶段，数字化档案管理技术宛如一位精密且高效的指挥官，全方位渗透至各个关键环节，为项目的顺利推进保驾护航，开启施工管理的全新篇章。

施工计划作为整个项目施工的行动纲领，其制定与调整至关重要。传统的施工计划多以纸质文档呈现，一旦面临修改，烦琐的流程令人头疼不已。手绘的图纸需要橡皮擦改，文字描述部分则可能因涂改而变得模糊不清，不仅耗费大量时间，还极易出错，导致信息传递不畅，延误工期。而数字化档案管理技术的出现，彻底扭转了这一局面。通过专业软件，施工计划被精准地数字化处理，转化为可灵活编辑的电子文档。管理人员只需轻点鼠标，就能对施工流程、工序安排、人员调配等各个板块进行便捷编辑和修改，快速、多次地变更施工计划以适应施工现场瞬息万变的情况。

例如，在一个大型城市公园的园林施工项目中，原计划在特定区域种植一批季节性花卉，以迎接即将到来的节日庆典。然而，天气预报突然显示节日期间将有连续降雨，这对花卉的观赏效果将产生极大影响。借助数字化档案管理技术，管理人员迅速打开施工计划电子文档，将花卉种植区域调整至有遮雨设施的地带，并相应更改了种植时间和后续养护计划。整个过程耗时极短，且修改后的计划能够通过系统即时同步给各个施工班组,确保每一位施工人员都能清楚知晓变更内容,避免了因信息滞后而造成的施工混乱,保障了项目进度不受影响。

施工现场勘查是施工的前期基础工作,其数据的准确性和可靠性直接关乎施工方案的科学性。以往,现场勘查数据记录在纸质表格或图纸上,查询时需人工翻阅大量资料,效率低下且容易出错。而且不同勘查人员的记录习惯和标准不尽相同,使得数据比对变得异常困难。数字化档案管理技术为解决这些问题提供了有力支撑。通过数字化手段,将现场勘查数据录入系统,如地形的高差测量、土壤的酸碱度检测、地下管线的分布位置等信息,均以标准化、规范化的数字形式存储。这不仅提高了基础数据的准确性和可靠性,还方便了查询和比对各种数据。管理人员可以在系统中输入关键词,如"某区域土壤酸碱度",瞬间就能获取该区域历年的检测数据以及与之相邻区域的对比情况,为施工决策提供精准依据。

更进一步,数字化档案管理技术还具备强大的数据挖掘与分析能力,能够将现场勘查数据与其他类似项目的数据进行深度比对。每一个园林项目都有其独特之处,但也存在诸多共性,通过分析过往类似项目在地形处理、土壤改良、排水系统设计等方面的成功经验与失败教训,结合当前项目的实际情况,制定出更加科学合理的施工方案。例如,在一个山地园林景观施工项目中,通过对比其他山地园林项目的数据,发现某一区域在处理陡峭山坡时采用的挡土墙结合植被护坡的方式效果显著,既稳固了山体,又美化了环境。于是,本项目的施工团队借鉴这一经验,根据现场实际坡度和土壤条件,优化了护坡设计,减少了施工风险,提高了工程质量,同时节省了成本和时间。

施工进度管理是施工阶段的核心任务之一,直接关系到项目能否按时交付。数字化档案管理技术为施工进度管理带来了革命性的变化,实现了对施工进度的数字化、实时化管理。在施工现场,各个施工班组通过移动终端设备,如平板电脑、智能手机等,实时上传施工进展情况,包括已完成的工程量、正在进行的工序、遇到的问题等信息。这些数据被即时汇总至数字化档案管理系统,管理人员足不出户,就能通过系统生成的可视化进度图表,如甘特图、网络图等,精准且直观地掌握施工进展情况。一旦发现某个施工环节出现延误,系统会自动发出预警,管理人员可以迅速深入分析原因,是人员不足、材料供应延迟还是技术难题,并及时调整和优化施工方案。

比如,在一个古典园林修复工程中,施工团队按照原定计划进行古建筑的修缮工作,但在拆除旧有墙体时发现内部结构存在严重安全隐患,需要额外增加加固工序,这将导致该部分工程进度滞后。通过数字化档案管理技术,管理人员第一时间收到进度预警信息,随即召集技术专家、施工负责人等召开线上紧急会议。利用系统中的历史建筑修复案例资料以及现场实时上传的影像数据,共同商讨解决方案。最终决定从其他非关键施工区域抽调部分熟练工人,同时紧急调配所需的建筑材料,调整后续工序的施工顺序,将损失的时间尽量弥补回来,确保整个修复工程的总工期不受太大影响。

施工的品质被视为园林工程的核心,而数字化的档案管理方法将施工的进度与质量要求紧密相连,为评估和分析施工成果提供了科学的工具。该系统内部集成了一个全面的质量标准数据库,该数据库覆盖了苗木的成活率、生长状态,以及景观小品的生产工艺、坚固度,还有硬质铺装的平整度和排水坡度等多个方面的量化指标。施工期间,监理工作人员利用移动设备实时收集了施工现场的各种影像和测量数据,并将这些信息上传到了数字化的档案管理系统中。该系统能够自动地将这些实际的施工数据与预先设定的质量标准进行对比和分析,从而生成一份质量评估报告。如果检测到施工成果不满足质量要求,例如苗木种植坑的深度不足或景观小品的油漆涂抹不均,该系统会迅速进行标记,并通知施工团队进行必要的整改。同时,系统会详细记录整改的进展,并建立一个质量追踪档案,为后续的工程验收和质量保证提供坚实的依据。

在施工过程中,施工材料的管理是一个不可忽视的关键环节,数字化档案管理技术在这方面起到了极为重要的作用,实现了施工材料的数字化和精细管理。传统上，材料的管理主要依赖于纸质账本来记录材料的进出、库存量和采购详情。这种方法不仅可能导致财务上的误差，而且在查询和统计时也非常困难，难以实时了解材料的供需动态。数字化档案管理技术能够将所有材料信息完整地输入到系统中，这包括了材料的名称、规格、型号、供应商的详细信息、采购的价格、进场的时间等。借助系统提供的检索工具，管理团队能够在任何时间和地点查看各种材料的存货、使用状况和途中的采购详情，从而简化材料的购买、应用和验收过程。

更为精妙的是，数字化档案管理技术将材料信息与施工进度紧密结合，实现了材料管理的动态优化。系统根据施工计划和实时进度，自动预测不同阶段所需的材料种类和数量，并与当前库存进行比对。当发现某种材料库存不足时，系统会提前发出采购预警，协助管理方及时调整材料采购计划，避免因材料短缺而导致施工停滞。同时，通过对材料使用情况的分析，如哪些材料在施工过程中消耗过快、哪些存在浪费现象等，能够及时调整材料的领用和库存策略，减少材料的库存成本，确保材料的合理使用。例如，在一个大型住宅小区的园林景观施工项目中，随着施工进度推进到绿化种植阶段，数字化档案管理系统根据预先设定的苗木种植计划和已完成的种植面积，精准计算出还需采购的苗木品种、数量，并结合库存情况，向采购部门发出采购指令。采购部门按照系统提示迅速联系供应商，确保苗木按时进场，满足施工需求。同时，系统通过对前期苗木种植过程的数据分析，发现某一区域由于工人操作不当，导致部分苗木根系受损，成活率降低，浪费了苗木资源。于是，管理人员及时组织施工人员进行培训，规范苗木种植操作流程，提高了苗木成活率，降低了材料成本。

在园林工程的施工阶段，数字化档案管理技术以其强大的数据处理、分析和共享能力，贯穿于施工计划制定、现场勘查、进度管理、质量控制以及材料管理等各个环节，将原本分散、烦琐的施工管理工作整合为一个有机整体，实现了施工管理的信息化、智能化与高效化，为打造高品质的园林景观工程奠定了坚实基础。然而，如同硬币的两面，在享受数字化带来便捷的同时,也要高度重视信息安全防护,确保数字化档案管理系统稳定运行,让技术更好地服务于园林施工实践。

三、养护阶段的应用

在城市园林绿化工程的养护阶段,利用数字化档案管理技术,可以方便地记录和保存园林绿化工程项目的养护、设施维修活动,分析项目的养护、维修历史数据,帮助各级园林绿化管理部门制订更为科学合理的养护方案,确保城市园林工程建设、养护工作的正常开展。数字化档案管理技术可以方便地记录和保存园林绿化工程项目的设施维修材料使用情况,通过分析维修材料使用情况,协助各级园林绿化管理部门合理规划维修材料的采购和存储,尽量减少库存成本,避免浪费,并保证维修材料质量符合相关要求。

此外,数字化档案管理技术也可用于园林绿化工程项目的巡查和评估,通过数字化档案管理系统,可以随时查看园林绿化工程的建设情况,及时发现存在的问题,并对园林绿化工程建设、管理成效进行评估,为园林绿化管理部门的管理决策提供科学的建议,优化园林绿化工程的管理和维护。数字化档案管理技术在城市园林绿化工程养护阶段应用时,要重视信息安全和隐私保护,在数字化档案管理系统嵌入各种安全保护模块,如数据备份、数据恢复、权限管理、访问控制等,确保系统运行稳定和信息安全。

数字化档案管理技术在园林绿化工程养护阶段应用时,同样要重视用户培训工作,提高使用者的系统操作技能,确保数字化档案管理系统的正常运行。数字化档案管理技术应用于城市园林绿化工程中的养护维修,可以提高城市园林绿化项目的效率和质量,通过记录和保存园林绿化工程项目的养护维修数据、维修材料使用情况,以及园林绿化工程项目的巡查和评估结果,能帮助各级园林绿化管理部门制订更科学合理的养护方案,提升城市园林绿化工程的养护水平。

第三节　数字化档案管理技术在城市园林绿化工程中的实施策略

一、规划与设计阶段的实施策略

完善的数字化档案管理系统是开展园林绿化工程数字化档案管理的基础。数字化档案管理系统建设应包括园林绿化工程项目的所有信息，如项目基础信息、设计方案、规划图纸、施工方案、工程材料等。建立完善的数字化档案管理系统，可以将各类数据和信息集中存储、管理和维护，为项目的后期施工、养护维修管理提供有效的数据支持。数字化档案管理系统的数据采集和更新是数字化档案管理技术应用的核心环节，因此，要建立数字化档案管理系统的数据采集和更新机制，明确数据采集的标准和规范，并利用无人机、三维扫描仪等科技工具，对园林绿化工程项目进行全面、及时、准确的数据采集并及时更新数据。

要在拓展数字化档案管理系统功能的同时，保持系统功能的灵活性。数字化档案管理系统应当具备灵活的查询、检索、分析和统计功能，可以帮助规划、设计、施工和养护维修等各个环节的人员快速查找、访问和使用所需的数据。同时，要加强数字化档案管理系统的安全性和可靠性，对数字化档案管理系统涉及的重要数据和敏感信息，主动采取如备份、加密、权限管控等多种安全措施，确保数字化档案管理系统和数据的安全。

二、施工阶段的实施策略

数字化档案管理技术在城市园林绿化工程建设与施工阶段中的实施策略，是通过数字化档案管理系统将园林绿化工程项目建设与施工的所有数据和信息输入系统并进行集中管理，包括项目基础信息、规划设计方案图纸、多媒体文件、施工材料和检测数据等，确保园林绿化工程项目建设和施工的质量。在施工阶段,应用数字化测量技术可以更准确地获取地形、地貌、地面建筑等施工现场信息,为园林绿化工程项目的建设和施工提供可靠的数据支持。

智能监控和记录也是数字化档案管理技术的一部分。智能监控记录系统可以对施工现场进行 24 小时不间断监控并记录园林绿化工程的施工状况,实时掌控施工进展,将施工信息数字化后,利用数字化平台分析和处理施工数据,对施工存在的问题和风险及时预警,帮助管理者更好地管控施工现场。施工阶段要加强数字化档案管理系统与施工管理信息系统的集成,施工管理信息系统是一个包括进度管理、材料管理、质量管理、安全管理等模块的一站式数字化系统,将数字化档案管理系统与施工管理信息系统集成,可以实现快速、高效的数据共享,减少信息重复录入和优化工作流程,防止出现"信息孤岛",提高建设和施工的效率和质量。

三、养护阶段的实施策略

数字化档案管理技术在城市园林绿化工程养护阶段中也有重要的应用价值。数字化档案管理技术可以提高养护管理效率,降低绿化工程中相关设施的维修成本。在养护阶段,数字化档案数据库可以依据园林绿化工程的特点,建立科学的数据分类和存储体系,将城市园林绿化工程项目的设计图纸、养护手册、维修记录、检测报告等历史信息进行集中管理,为养护和维修人员提供便捷和高效的查询入口和利用途径,也为城市园林绿化工程的长期管理和规划提供可靠的数据支撑。

养护阶段还可利用园林绿化工程项目智能监控系统,对城市园林绿化工程场地进行不间断监控,实时获取天气、环境、植物生长等数据,并将数据反馈给数字化平台实时分析和处理,帮助养护和维修人员更好地了解城市园林绿化工程的状况和管理需求,及时采取相应的措施。同时,远程维护技术也可以将线下的养护和维修转变为在线上的远程维护,提高养护、维修的工作效率,如通过视频监控、远程控制和协同办公等技术手段,养护和维修人员不在现场也可以对城市园林绿化工程进行相关维护操作和管理,确保养护、维修工作及时开展。在此基础上,要加强数字化档案数据库与维修管理信息系统的集成,共享维修管理信息系统中的设备管理、维修记录、维修计划信息,实现快速、高效的数据共享,避免出现"信息孤岛",并在线上对养护、维修相关信息进行分析和处理,提高城市园林绿化工程养护与维修的效率和质量,为城市园林绿化工程的长期管理和规划提供可靠的数据支持。

综上所述,数字化档案管理技术在城市园林绿化工程中的应用,对工程的规划与设计、建设与施工、养护与维修具有十分重要的实践意义;随着社会的发展和科技的进步,数字化档案管理已经成为城市园林绿化工程管理的必然趋势。本文探讨了数字化档案管理技术在城市园林绿化工程中的应用特点和实施策略,以期提高城市园林绿化工程的规划设计、施工建设和养护管理效率,降低后期养护管理成本,推动城市绿化事业的可持续发展。

参考文献

[1]姜玲.园林景观工程施工与管理研究[M].长春:吉林出版集团股份有限公司,2024.

[2]张红英,靳凤玲,秦光霞.风景园林设计与绿化建设研究[M].成都:四川科学技术出版社,2022.

[3]岳海芳,董秀蓉,刘晓东.园林工程施工与园林景观设计[M].长春:吉林科学技术出版社,2024.

[4]张尚芬,罗珊珊,祁丽茗.园林绿化设计与建筑设计[M].哈尔滨:哈尔滨出版社,2023.

[5]徐怀升,刘爽宽,张家华.风景园林工程[M].西安:西北工业大学出版社,2024.

[6]王希亮,李端杰,徐国锋.现代园林绿化设计、施工与养护第2版[M].北京:中国建筑工业出版社,2022.

[7]徐云和,黄文盛.园林工程项目管理[M].北京:北京理工大学出版社,2024.

[8]黄冬冬,冉姗.园林景观与环境艺术设计[M].哈尔滨:哈尔滨出版社,2023.01.

[9]吴立威,胡先祥,王振超,等.园林工程施工组织与管理[M].北京:机械工业出版社,2024.

[10]胡晨希,钟敏,王志海.城市园林绿化与生态环境的可持续发展探索[M].哈尔滨:哈尔滨出版社,2024.

[11]闫廷允,徐梦蝶,张振敏.风景园林设计与工程规划[M].长春:吉林科学技术出版社,2022.

[12]陈博,李夺.园林工程施工[M].北京:中国农业大学出版社,2024.

[13]陈其兵,刘柿良.风景园林概论[M].北京:中国农业大学出版

社,2021.

[14]徐倩,段绍明,于华冰.园林工程施工与管理[M].沈阳:辽宁科学技术出版社,2024.

[15]陈科东.园林工程施工技术第2版[M].北京:中国科技出版传媒股份有限公司,2022.

[16]张艳华,孙江峰,曹琦.风景园林工程与植物养护[M].长春:吉林科学技术出版社,2024.

[17]骆芳,郭莉,施德法.城市绿化优良树种与植物配置模式[M].杭州:浙江摄影出版社,2024.

[18]李慧芳.园林工程地被植物的选择和施工技术[J].建材与装饰,2024(2):43—45.

[19]傅英治.数字化档案管理技术在城市园林绿化工程中的应用及实施策略[J].行政事业资产与财务,2024(8):114—116.

[20]李书焕.“海绵城市”建设理念在园林工程垂直绿化中的应用[J].现代园艺,2023(24):162—164.

[21]贺君燕.绿化植物种植施工技术在城市园林工程中的应用[J].四川水泥,2023(2):108—110.

[22]韩志红.反季节栽植施工技术在城市园林绿化工程中的分析应用[J].花卉,2021(2):141—142.

[23]徐妞,牛卓.露骨料透水混凝土在城市园林工程中的应用——以北京市海淀区重点地区绿化环境提升工程为例[J].绿色科技,2020(1):75—76.

[24]王益斌.园林工程预算与管理分析[J].中州建设,2024(1):111+120.

[25]黄国兴.海绵城市技术在园林绿化工程中的应用探究[J].城市周刊,2020(48):58.

[26]郑俊发.风景园林工程的难点及解决方案探讨[J].花卉,2024(22):112—114.

[27]揭丽佩.园林工程施工技术资料的管理探讨[J].花卉,2024(16):40—42.